地球物理与地球化学勘探工程及工程造价

（修订本）

《地球物理与地球化学勘探工程及工程造价》编写组　编

石油工业出版社

内 容 提 要

本书内容包括：地球物理与地球化学勘探工程概述、非地震勘探工程与工程造价、地震勘探原理与技术、地震勘探工程基本工序与工程造价、物化探工程概（预）算编制等。

本书是石油勘探钻井工程造价专业培训及资质考核专用教材之一，同时也可作为石油勘探工程投资管理、项目管理及工程造价管理专业人员的业务工具书。

图书在版编目（CIP）数据

地球物理与地球化学勘探工程及工程造价/《地球物理与地球化学勘探工程及工程造价》编写组编 . —修订本 . —北京：石油工业出版社，2009.2
ISBN 978 - 7 - 5021 - 6968 - 8

Ⅰ. 地…

Ⅱ. 地…

Ⅲ. ①地球物理勘探－工程造价
②地球化学勘探－工程造价

Ⅳ. P631　P632

中国版本图书馆 CIP 数据核字（2009）第 001164 号

出版发行：石油工业出版社
　　　　　（北京安定门外安华里 2 区 1 号　　100011）
　　　网　　址：www. petropub. com. cn
　　　发行部：（010）64523620
经　　销：全国新华书店
印　　刷：北京晨旭印刷厂

2009 年 2 月第 1 版　2009 年 2 月第 1 次印刷
787×1092 毫米　开本：1/16　印张：14.5
字数：372 千字　印数：1—1500 册

定价：58.00 元
（如出现印装质量问题，我社发行部负责调换）

《地球物理与地球化学勘探工程及工程造价》
编 写 组

组　　长：肖圣竹

副组长：刘文涛　　魏伶华

成　　员：黄伟和　郭　正　司　光　郭士让　李保德

　　　　　贾兰木　陈毓云　周建平　毛祖平　李　臻

　　　　　邱宏杰　唐纯武　王　方　张桂合　刘崇利

　　　　　张小平　左顺先　张云怡　闻宝栋　马建新

　　　　　孙晓军　吕雪晴　胡　勇　郝明祥

前　言

《石油勘探工程与工程造价》出版已近四年，得到了中国石油勘探钻井工程造价管理系统领导及专业人员的肯定，为石油勘探钻井工程造价培训工作发挥了积极的作用。

近年来，随着电子技术、计算机技术的高速发展，物化探工程技术及装备也得到了飞速发展和更新，以高分辨率地震、高精度 3D 地震、叠前偏移成像、山地地震、高精度重磁等为代表的勘探地球物理技术和以约束反演、属性分析、4D 地震、井中地震、多波多分量地震等为代表的油藏地球物理技术在油气田勘探开发中普遍应用，并在油气田勘探开发中发挥着越来越重要的作用。为适应油气勘探开发的快速发展和满足勘探钻井工程造价管理及培训工作的需要，结合物化探工程的新技术、新工艺、新设备，对《石油勘探工程与工程造价》中第二篇"物化探工程与工程造价"内容做了修订和补充，最终形成本书，并将书名定为《地球物理与地球化学勘探工程及工程造价》。

本书的修订参考了近年来发表的石油物探技术论文和相关科技文献。一是补充完善了物化探工程各专业工程原理和新技术的应用，并通过实例进行辅助说明；二是用案例说明各地区不同地类的地形地貌及地下地质特点、施工与技术难点、解决办法与采取措施，以及各工序在施工中应注意的事项和质量控制要点；三是增加了质量管理与健康、安全、环保内容；四是通过与新编物探工程计价依据及案例的有机结合，系统介绍了物化探工程造价的编制及方法。

本书共分五章，包括地球物理与地球化学勘探工程概述、非地震勘探工程与工程造价、地震勘探原理与技术、地震勘探工程基本工序与工程造价、物化探工程概（预）算编制等内容。随着物化探工程技术的发展和新工艺、新方法的应用，石油勘探工程造价管理理论和方法需要不断补充完善，为科学合理地确定物化探工程造价，加强工程造价管理奠定坚实的基础。

本书的修订得到了中国石油规划计划部和石油工程造价管理中心领导、大庆油田有限责任公司价格定额中心、辽河油田分公司概（预）算管理中心、新疆油田分公司造价中心、华北油田分公司工程造价与价格定额部、大港油田分公司工程造价中心、西南油气田分公司工程项目造价管理部等单位的大力支持和具体帮助，在此一并表示衷心的感谢！

由于编者水平所限，书中难免存在问题和不足，恳请广大读者批评指正。

目　　录

第一章　地球物理与地球化学勘探工程概述

地球物理与地球化学勘探工程简称物化探工程。本章简要介绍物化探工程的构成、工作程序、发展趋势、造价的形成与影响因素等。

第一节　物化探工程构成与工作程序

一、物化探工程的种类

地学中有三种不同性质的调查方法，即地质方法、地球物理方法和地球化学方法。

地质方法是研究成矿地质条件、地质环境和地质作用，从而进行找矿的一种矿产调查方法。

地球物理勘探（简称物探）是根据地下岩石或矿体的物理性质差异所引起地表的某些物理现象的变化去判断地质构造，或发现矿体的一种勘探方法，包括地震勘探、重力勘探、磁力勘探、电法勘探、地热测量、放射性测量及地下地球物理测量等。通常将重力勘探、磁力勘探、电法勘探三种地球物理勘探方法称为普通物探，或非地震物探。

地球化学勘探（简称化探）是对岩石、土壤、地下水、地表水、植物、水系以及湖底沉积物等天然产物中一种或几种化学特征进行测定，再根据测定结果所表现的化学异常圈定目标，实现找矿目的的一种勘探方法。

物探与化探合称为物化探，地震勘探工程之外的物化探工程称之为非地震物化探工程。

物化探工程分类见图 1-1。

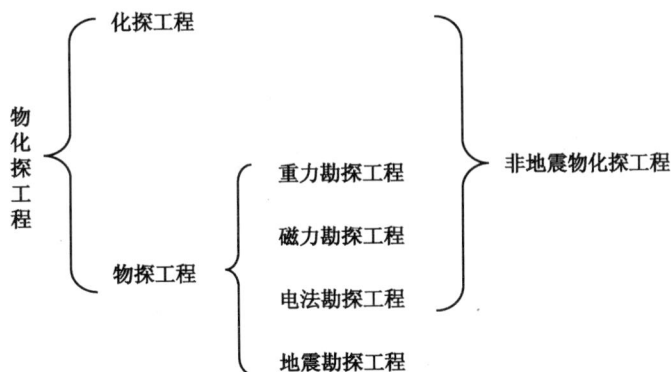

图 1-1　物化探工程分类图

二、物化探工程的构成

物化探工程从施工程序上由资料采集、资料处理、资料解释三大部分组成。

1. 资料采集

资料采集就是在地质工作和其他物化探工作初步确定可能含油气地区，布置测网、测线、测点（采样点），利用重力、磁力、电法、化学及地震方法，将获得的地下物理化学信息，如重力值（重力勘探）、磁力值（磁力勘探）、电位差值（电法勘探）、氢烃含量吸附值（化学勘探）、地震波特征（地震勘探）记录并存储的过程。

资料采集工程是物化探工程的基础。资料采集的质量直接影响资料处理与资料解释的结果，是能否完成油气勘探地质任务的关键。

2. 资料处理

资料处理是利用数字计算机设备对采集的原始信息进行各种去粗取精、去伪存真的处理，剔除原始信息中的各种干扰和无效信息，并转换成直接、直观资料的过程。

3. 资料解释

资料解释是对处理后的资料结合其他物化探、地质、钻井等资料进行综合分析，预测和圈定含油气远景区带、含油气圈闭和油气聚集带，提出钻探井位，以及对油气藏进行静态描述和动态监测的过程。

资料解释中，需分析处理结果产生的原因和与之相连的地质现象，通过多种信息分析对比，确定研究区域内地下地质构造形态、目的层和断层的展布情况、油气水的关系等。图1－2是采集、处理、解释、油气勘探与监测的相互关系示意图。

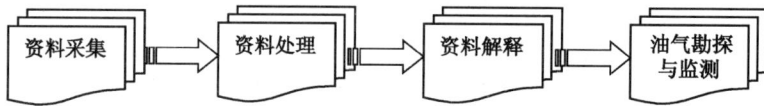

图1－2　采集、处理、解释、油气勘探与监测关系示意图

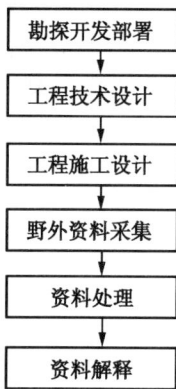

图1－3　物化探工程
工作流程示意图

物化探各工程解释流程相似，都是将设计区域范围内采集的数字信息经过加工处理，去除干扰，并结合地质等其他信息进行综合分析，判断出引起这些特征的地质原因，阐述地下的地质情况，并通过所做的文字报告及附图进行详细说明。

在油气勘探中，不同勘探方法提供给解释人员的信息资料是不同的，如磁力勘探提供的是磁力异常特征数据；重力勘探提供的是重力异常特征数据；电法勘探提供的是电阻率（或磁场）变化数据；地震勘探提供的是地震波特征数据；化学勘探提供的是地化异常特征数据。

三、物化探工程工作程序

物化探工程根据总体勘探开发部署方案，按照规定勘探程序实施。图1－3是物化探工程的工作流程示意图。

第二节　物化探工程的性质、特点与任务

一、物化探工程的性质与特点

（1）物化探采集工程目标位于地下，资料采集受地表、交通、气候、地下地质等条件以及施工当地人文因素的影响较大。同时，由于施工区块的变换，流动作业性强，可变因素多。

（2）物化探工程的资料采集具有多工序联合作业的特点。资料采集各工序即相互衔接，又相对独立。生产的组织与协调对任务的完成与劳动效率影响很大。

（3）物化探技术，尤其是物探技术是间接找油气的一种方法。是依据地下地层的物理化学特性来推断地层、岩性的变化以及油气的存在的可能性，提供相对准确的钻探井位。

（4）物化探工程的每种方法都有特定的使用条件。应结合地下、地面条件做好物化探技术方法的论证，优选施工方法确保地质勘探任务的完成。

（5）物化探工程的对象具有非直观性。物化探接收和处理的是来自地下的信息，是物理或化学的信号。因此，对于物化探工程而言，质量控制、监督、评价尤为重要。

（6）物化探工程技术含量高，技术、工艺、设备更新快。物化探工程是随着科学技术发展而产生，集中了各个时期相关学科技术的最新成果，是随着现代科技发展而发展起来的。如重力勘探是根据伽利略"地面重力加速度的变化和地球内部物质密度不均性"学说建立的；磁力勘探是根据"组成地壳的岩石和矿石有着不同的磁性，可以产生各不相同的磁场，使地球磁场在局部地区发生变化，形成磁异常"这一原理建立的；地震勘探是伴随着 19 世纪数学、力学、弹性力学的发展而产生的。

近年来，随着油气勘探工区日趋复杂，勘探目标变小、目的层变深，隐蔽性增强、类型增多，对物化探工程尤其是地震勘探工程的精度提出了更高的要求。目前，国内外地震勘探新技术、新方法发展很快。在 20 世纪 80 年代后的近 30 年中，地震勘探已从二维地震勘探发展到三维、高分辨率地震勘探。地震仪已从 20 世纪 70 年代以前的光点仪器、80 年代的模拟仪器、90 年代的低道数字仪器，发展到现在万道以上的地震仪。资料处理已从 20 世纪 70 年代以前的单次，发展到现在的百次以上的多次叠加、精细处理、全三维处理。同时，各种分析、处理软件的不断更新升级，用于资料解释新的设备和新的方法层出不穷。物化探工程采集资料的品质、处理剖面的精度和效果得到大幅提高，极大地增强了勘探发现能力，提高了探井成功率，有效地降低了油气勘探成本。

二、物化探工程的任务

物化探各工程专业原理、性质、方法不同，勘探的任务与作用也各不相同。

1. 化学勘探

油气地球化学勘探是应用地球化学的重要分支，其任务是通过调查油气藏上覆各种介质中地球化学场的分布与结构，圈定和评价异常，结合石油地质条件，直接指出含油气圈闭及油气聚集带的油气勘探方法。我国油气化探始于 20 世纪 50 年代，在 70 年代末得到广泛应用。所提供的预测性成果在我国东部、华北、西北、南方、大庆、二连等地经广泛应用，为发现油气田提供了可靠的第一手资料。

2. 重力勘探

重力勘探是通过圈定的重力异常，研究区域地质构造，划分构造单元，圈定沉积盆地范围，预测含油气远景区带的油气勘探方法。利用高精度重力异常资料还可以查明与油气有关的局部构造。

3. 磁力勘探

磁力勘探是通过磁力测量发现的局部异常，圈定沉积盆地，研究区域地质构造和确定油气远景资源。可以在较短时间内，以相对少的投资，得到大面积磁场资料，为地震勘探部署提供重要依据的勘探方法。

4. 电法勘探

电法勘探是通过电位局部异常，研究区域构造，确定沉积盆地基底起伏，圈定含油气远景区域的勘探方法。在难以取得高品质地震资料的火成岩、碳酸盐岩覆盖区，电法勘探是地震勘探的有效补充。

上述四种非地震勘探方法各具特色，所揭示的石油地质信息各不相同。近年来，随着高精度物化探技术的发展，解决地质问题的准确性较以往已有很大程度提高。通过对异常信息进行多层次、立体、全方位的综合研究，可揭示盆地构造分布和主要勘探目的层特征，最终对盆地的含油气远景区做出初步评价，为下一步勘探提供方向。

5. **地震勘探**

在油气勘探中，反射波地震勘探至今仍然是应用最广泛、效果最好的地球物理勘探方法。当前，油气勘探面对的地质目标已由浅变深、由大变小、由简单变复杂，地质需求由构造研究发展到非构造圈闭研究、薄互层储层横向预测，以及油气藏特征静态描述和动态监测。地震勘探由寻找油气圈闭、预测储层，延伸到油气开发的全过程。这不仅提高了地震勘探的地质效果和钻探效果，而且降低了油气勘探的风险和费用，同时，也有利于预测剩余油气的分布状况，提高油气采收率。

近年来，我国勘探中的许多重大发现都和地震勘探技术的发展密切相关。我国迄今为止最大的整装气田——克拉 2 气田的发现，就是山地地震勘探有效应用的结果。早在 1953 年，克拉 2 区块就已发现大量油气苗，但由于地表与地下地质条件极度复杂，虽经几十年勘探，但仍未能有效突破。1994 年后，作为"八五"、"九五"国家重点科技攻关项目，开始进行地震攻关，并在地质理论上及地震采集资料品质上取得了很大进展，最终在 1998 年发现了克拉 2 大气田。

第三节 我国石油物化探事业的发展状况及物化探技术发展趋势

一、我国石油物化探事业的发展历程

我国第一个重力队和磁力队先后于 1945 年和 1947 年在玉门油矿成立。先后在河西走廊、台湾地区开展勘探工作。

新中国成立后，党和政府非常重视石油工业的发展。1949 年，在上海成立了地球物理研究室。1951 年，成立我国第一个地震队。1952 年，又先后在陕北成立了两个重力队，两个磁力队，一个电法队和一个地震队。

1950—1952 年间，地质和石油部门举办多期地球物理勘探训练班，培训了一大批技术人员，使我国的地球物理勘探有了较为明显的发展，并为石油物探技术的发展打下了良好基础。

1955 年，石油工业部从苏联购买了 10 套"五一"型光点地震仪，首次成批组建地震队，使石油勘探领域从西部露头区扩展到东部平原区。随后西安石油仪器厂对地震仪进行了成功仿制，并批量投入生产。1965 年，从法国引进了 5 套模拟磁带地震仪，1966 年西安石油仪器在改进基础上进行批量生产，有力地促进了石油地震队装备的更新及队伍壮大。1972 年，原石油工业部成立石油地球物理勘探局。在"地震先行"的勘探思路指导下，大量引进国外先进的技术和设备，配备了先进的数字化地震装备，使石油物探事业得到迅速发展。1988 年，国家撤销石油工业部，成立了中国石油天然气总公司与中国海洋石油总公司。1999 年，对中国石油天然气总公司进行改组，成立中国石油天然气集团公司与中国石油天然气股份有限公司。石油地球物理勘探局相应重组整合为东方地球物理勘探有限责任公司，按照企业机制运行。东方地球物理勘探有限责任公司的成立，技术实力和装备得到极大加强，除在国内占有较大的勘探市场份额外，还在国外油气勘探领域占有较大市场份额（12%），成为世界范围内实力较强的专业化勘探公司。

二、物化探工程对我国石油事业的作用

我国石油事业的发展与物化探工程的发展息息相关。1958 年，用重力、电法和地震反射波法勘探技术发现了大庆长垣构造，1959 年经钻探获工业油流，从而发现大庆油田。

20 世纪 60 年代，我国进入大规模物探普查阶段。地震队伍不断发展壮大，在这期间相继发现了大港、胜利、江汉等油田。

20 世纪 70 年代，是我国石油物探事业大发展阶段。地震勘探开始进入到山区和沙漠地区，同时随着物探技术发展，解决地质问题的能力不断增强，采用物探方法寻找潜山圈闭、断块圈闭、背斜圈闭及地层岩性圈闭成为现实。

20 世纪 80 年代，三维地震技术应用于油藏静态、动态描述，使探明油气储量上升到一个新台阶。

除 20 世纪 30 年代至新中国成立初期，依据地面地质构造发现的玉门老君庙油田、新疆依奇科里克、克拉玛依油田外，新中国成立至今建成并提供目前我国 97% 石油产量的所有大中型油气田（大庆、吉林、辽河、冀东、大港、华北、中原、胜利、河南、江汉、江苏、西南、长庆、吐哈、塔里木、青海、新疆等油气田）均是应用地球物理技术发现并落实的。全国原油年产量已由 1949 年的 12×10^4 t 上升到 2006 年的 1.85×10^8 t，位居世界第五位。

截至 2006 年，中国石油天然气股份有限公司在册地震队伍 185 个，地震资料处理解释中心 9 个，非地震队 15 个，职工总数 2 万多人。

2006 年，中国石油天然气股份有限公司在国内完成二维地震剖面 43314km，三维勘探面积 15752km²，非地震勘探有效剖面 197520km；在国外勘探市场，二维地震投入 38 个施工队，完成地震剖面 45380km，三维地震投入 34 个施工队，完成勘探面积 24416km²；二维地震资料处理 128045km，三维地震资料处理 42894km²；二维地震资料解释 597334km，三维地震资料解释 323193km²。在技术方面，形成了适合我国石油地质特点的物化探资料采集、资料处理、综合研究、勘探方法研究、软件开发、装备研究与制造的技术系列。

多年来，我国的物化探技术有了很大发展，但仍然无法满足目前石油勘探开发的需要。同时，技术上与国外知名地球物理勘探服务公司相比，在海洋采集、资料处理与解释、软件开发、装备研究与制造等方面还存在一定的差距。

三、我国石油物化探技术的发展现状

1. 采集新技术及应用

在地震勘探方面，新的 24 位模数转换、畸变率百万分之三数字化地震仪器已广泛应用。数传速率可变自动传输技术得到快速发展，这项技术的发展，对日益采用的三维施工接收向高道数发展带来了突破。目前，国外采集道数大于 5000 道已很普遍，国内也在呈现增大的趋势。在地震采集设备方面，针对动态要求上处于"瓶颈"状态的检波器，各仪器生产厂家投入了大量的人力、物力、财力进行开发研制。目前，新的数字化检波器失真度已经可以稳定在 0.1% 以内，且频率特性稳定、横向震动谐波频率可以控制在 400Hz 以上。同时，新型的浅井钻井和激发设备不断研发，这对满足地形日趋复杂区块施工需要带来了新的希望。

在非地震勘探方面，勘探采集仪器已得到了较大发展，新的电法仪器已可以完成如多次覆盖地震的高密度电法采集施工。以 MT 方法为基础发展起来的新的 CEMP 勘探方法，比原方法有着更大的施工灵活性和更高的采集精度。新的重力仪器已可以观测到 $5 \sim 10 \mu$Gal 的微重力差异，所采集的资料也更为准确。用于航磁和地磁勘察的新磁力仪器，读数精度已达到纳特级，观测精度有了很大的提高。

2. 处理新技术及应用

随着采集技术的快速发展，促进了处理技术的创新和快速发展。近年来，各种采集数据分析、处理软件的不断更新升级，使处理剖面精度、效果大幅度提高。随着各种处理软件的不断更新，山地、大沙漠、戈壁滩、黄土塬、水网地带、水陆过渡带等复杂地形的地震剖面处理质量，每年都有新的改善和提高。

3. 解释新技术及应用

地震数据解释方面，新的解释设备和新的方法层出不穷。目前，人机联作解释系统已经完全取代了传统的手工解释，并在勘探开发部门及有关单位得到广泛应用。同时，地质模型图形可视化技术、神经网络技术、数据体相干分析技术、模型正反演等新技术均得到了普遍应用。如亮点、暗点、AVO技术、属性分析技术等。在利用地震信息直接检测油气技术方面也到得较快发展。最近提出的"全波分析技术"，即是指利用地震波包括振幅、相位、频率、波形变化等整体特征进行分析，进而直接寻找油气。所有这些新方法、新技术的发展，对油气勘探开发阶段的探井、评价井、生产井和调整井的油气层识别，有很大的应用潜力。

4. 综合勘探技术及应用

近年来，针对勘探中出现的一系列技术难题，在开展依托重点勘探项目，大力进行综合物化探联合攻关方面取得了重要进展，探索出了以地震为主导，综合使用地震、重力、电磁、地质、钻井等资料进行联合反演，并取得了突破性进展。综合勘探技术的发展及其应用，不仅为地质目标的实现提供了强有力的技术保障，而且更为重要的是开拓了一批新的油气勘探领域，同时，也促进了地质家进一步解放思想，更新理念，在理论上获得更大的创新与突破。

（1）精确成像为目的的山地地震技术，为复杂山前地带的油气勘探突破起了关键性作用。

西部山前地区大多处于前陆盆地的高陡有利含油气远景区。在地震勘探上，由于地面施工条件复杂，地下断裂发育，地层倾角较大，地震资料采集与处理极为困难复杂。虽经几代人不懈努力探索，但资料采集及处理一直未能取得实质性进展。"九五"期间，以塔里木盆地库车坳陷为代表的复杂山地地震勘探攻关取得突破性进展，在地震采集过程中，采用直升机支持，解决了直测线施工困难的问题（图1-4）。同时，由于研制成功了大吨位可控震源和车载砾石钻机，激发条件大幅改善。在采集方法上，通过选择合理的道距和最大炮检距，加长排列，增加覆盖次数等，改善了接收条件。在资料处理过程中，采用山地静校正叠加去噪、速度综合分析、叠前深度偏移等技术，有效地解决了复杂山地构造成像问题。在资料解释过程中，引进断层褶皱相关理论，较好地解决了地质建模，为地震资料的正确解释奠定了基础。这些技术与理论的创新突破，在克拉2气田等西北山区油气田发现过程中发挥了关键性的作用。

如在霍尔果斯复杂山地进行的地震勘探。该工区位于准噶尔盆地北天山山前，地下构造复杂，地层倾角大，地表重峦叠嶂，石灰岩出露，山间为巨厚砾石层，进行地震勘探资料采集极为困难，多年来一直未取得品质较好的地震资料。

对于这一类复杂山地进行地震资料采集，主要技术难点有：一是地表砾石层巨厚，结构疏松，含水性差，地震激发、接收条件差，地震波衰减严重。二是受地表岩性与地形影响，

图 1-4 直升机支持地震施工与运送物资

各种干扰波发育。三是近地表结构复杂，低速层厚度变化大，静校正困难。四是地下构造复杂，成像困难。

为此，采取的主要措施一是利用高精度卫星照片辅助设计，指导采集方案。二是灵活设计观测系统，有针对性地解决实际问题。三是灵活设计覆盖次数，在构造主体部位加密炮，提高覆盖次数，在构造翼部降低覆盖次数。四是灵活选择激发方式与因素，露头区选用单深井，砾石区选用大吨位震源。五是灵活选择表层调查方法，平原与戈壁采用小折射与微测井相结合，砾石区采用超深微测井。

通过有针对性的措施，最终采集资料品质有了较大程度提高。从新老剖面对比上可看出，新剖面反射可靠，断裂清晰，信息丰富（图 1-5）。

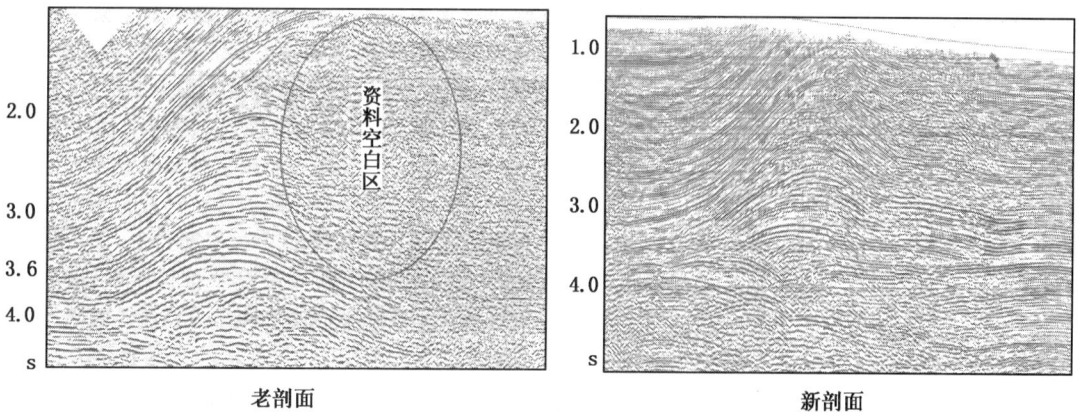

图 1-5 新老剖面对比图

（2）以地震资料综合反演为基础的储层预测技术，促进了大面积岩性油气藏勘探的发展。

针对"八五"以来大面积岩性油气藏勘探的实际情况，"九五"期间，根据不同地质背景，进一步完善和大力推广应用以地震资料反演为主体的储层预测技术，取得了明显的效果。

鄂尔多斯盆地，地表黄土发育，沟壑纵横，地下为一简单的西倾单斜构造。以往地震资料品质较差，探井井位的确定很少利用地震资料。近年来，随着上古生界天然气勘探和三叠系、侏罗系石油勘探的不断深入，同时在理论上有了较大创新，认识到砂体对油气的分布具有重要控制作用。认真分析研究近两年弯线地震采集资料，在资料处理解释上进行批量反演处理和砂体预测成果研究，通过地震地质多学科研究相结合，逐层、分片、反复修改和编制二叠系山$_2$段、石盒子组砂岩分布图，三叠系长$_6$、长$_2$三角洲指状砂体分布图，侏罗系古河道分布图，使地震资料解释水平明显提高，探井成功率大幅度提高。在总体上摸清了盆地油气分布规律，扩大了油气勘探领域，促进了鄂尔多斯盆地油气勘探的大发展。

（3）复杂断块油气藏勘探技术，为渤海湾老区的增储稳产作出了重要贡献。

在渤海湾探区，针对断块破碎的实际情况，通过三维地震连片处理、解释、油藏描述为主要内容，精雕细刻，在寻找小断块群油藏上取得了非常好的效果。同样，在辽河、华北、大港、冀东等探区，经广泛运用这种做法，勘探年年都有新发现，探井成功率不断提高，对保证各油气区产量的基本稳定发挥了重要作用。

（4）综合物化探技术。

近几年来，通过在地震采集施工困难地区大力开展综合物化探攻关，探索出了以高精度重力和连续电磁法技术为主体，综合使用地震、地质、钻井等资料进行联合反演的勘探方法，取得了明显效果，为在地震无法获得资料的地区提供了新的勘探途径。这一技术已在柴达木、长庆等地区取得了明显效果。

通常，对于某一探区已选出的内部弱反射的两个地震异常体，判定其是礁体还是火山岩体，仅根据地震勘探资料是难以达到的。而通过综合物化探方法确定该异常体的属性，再根据火山岩、礁体及石灰岩的物性参数特征，以及该区的高精度重、磁、电资料，进行综合解释，则其属性确定较为容易。分析表 1-1，可明确判定 1 号、2 号异常体无磁性，不是火山岩；2 号异常体密度、电阻率接近礁体，1 号异常体电阻率比礁体小，判定可能含泥质。

表 1-1　地震异常体岩性分析表

不同岩石物性参数				异常体物性参数			
岩性	密度（g/cm³）	磁性	电阻率（Ω·m）	异常体	密度（g/cm³）	磁性	电阻率（Ω·m）
火成岩	2.68~2.90	强	大于1000	1 号	2.61	无	25~30
礁体	2.68	无	70~90	2 号	2.67	无	65~80
石灰岩	2.70	无	大于500				

5. 地震队生产调度指挥技术

对于传统意义上的地震队，主要是利用电台或其他通信工具进行现场管理，这种方法简便，但管理者很难全面掌握施工现场的即时动态，难以及时处理突发事件，不能对现场车辆进行合理、高效的调度，无法对各作业班组进行及时、高效的调度与指挥。

近年来，东方地球物理勘探有限责任公司利用信息网络技术、卫星定位技术和无线电通信技术，成功开发了"地震队生产调度指挥系统"（简称 VTS 系统），使地震队管理者真正做到全面掌握施工现场即时动态，并进行有效的调度（图 1-6）。

VTS 系统主要原理是通过接收机接收卫星导航信号，确定车辆的实时位置，并利用通信系统把信号传送给调度中心，通过计算机显示其位于工区具体方位，实现车辆与管理者之间准确、迅速、有效的信息传递，强化了管理，加强了控制，提高了工作效率，减少了风险。

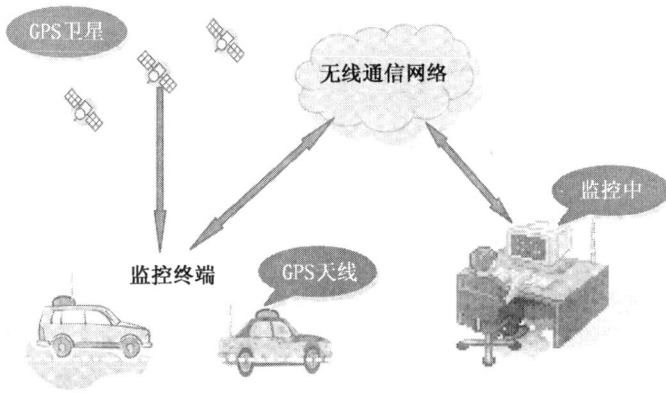

图 1-6　地震队生产调度指挥系统结构图

目前，东方地球物理勘探有限责任公司已为国内外部分地震队安装了 VTS 系统，并在生产管理方面发挥了重要作用。

四、国际物化探新一代技术

近年来，物化探技术，特别是地震技术已进入飞跃发展阶段。突出表现在：由解决单一的构造问题向解决岩性、地层和油气检测方向进展；由油气勘探向油田开发、油藏工程方向发展；地震、测井、石油工程，由原来的相对独立研究向综合研究的趋势发展。

国际上物化探技术发展趋势着重体现在以下几个方面。

1. 万道地震采集

万道地震采集是指采用万道地震仪和检波器进行接收，大动态范围，多分量，全方位，小面元网格，高覆盖次数，高精度的三维地震采集技术。

万道地震采集技术可以极大提高地震资料的纵、横向分辨率及信息精度，是地震技术的又一次革新，促使勘探技术向高精度发展，对发现小断块、小潜山、薄储层、小砂体等精细油藏具有重要意义。

2. 万节点微机群并行处理

万道地震采集的数据量是常规千道仪采集的 30 倍，为满足大数据量运算，提高处理精度，需发展万节点微机群并行处理和海量存储技术，提高数据处理与存储能力。

万节点微机群并行处理技术是指计算机节点达到一万个以上，同时配备与之相应的静校正处理、组合处理、叠前时间与深度偏移处理、全三维各向异性等处理技术，以提高地下成像精度、储层描述及含油分析精度。

海量存储技术指发展大容量磁盘和自动带库，来满足大数据量存储需要。

3. 微机群并行三维可视化解释

高精度地震资料同样需要高精度精细解释与之匹配。随着微机性能的日益提高，软硬件成本的降低以及软件的更新，高精度精细解释发展迅速，并有着微机群广泛应用趋势。

可视化解释是指在微机及三维图形服务器等硬件支持下，应用各种立体绘图技术软件，直接对数据三维显示，以便对构造、地层、岩性、含油性等进行交互解释（图 1-7）。

4. 物探、地质、油藏管理一体化

对油气勘探而言，仅依靠一项技术解决复杂的地下地质问题是难以实现的，应是多学科的组合，才能实现更好的勘探效果。近年来，快速发展起来的三维可视化技术，一是可通过

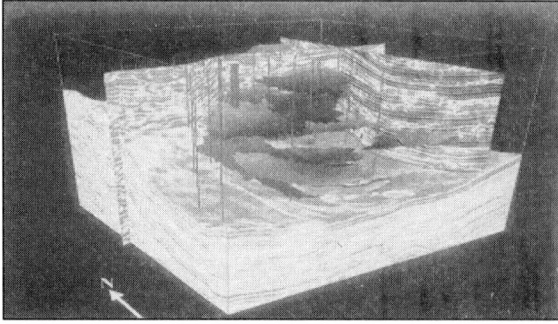

图 1-7 三维可视化解释

对数据体进行更为清晰的研究，同时结合井模型分析，为提高油藏描述精度提供更有效手段。二是达到了同一数据体共享，促使地质、物探、测井等多学科专业技术人员协同合作，从而实现处理解释一体化，地质、构造与储层研究一体化。

5. 特殊地震技术

目前特殊地震技术包括多波多分量地震、四维地震、三维 VSP、井间地震、随钻地震等技术（图 1-8）。

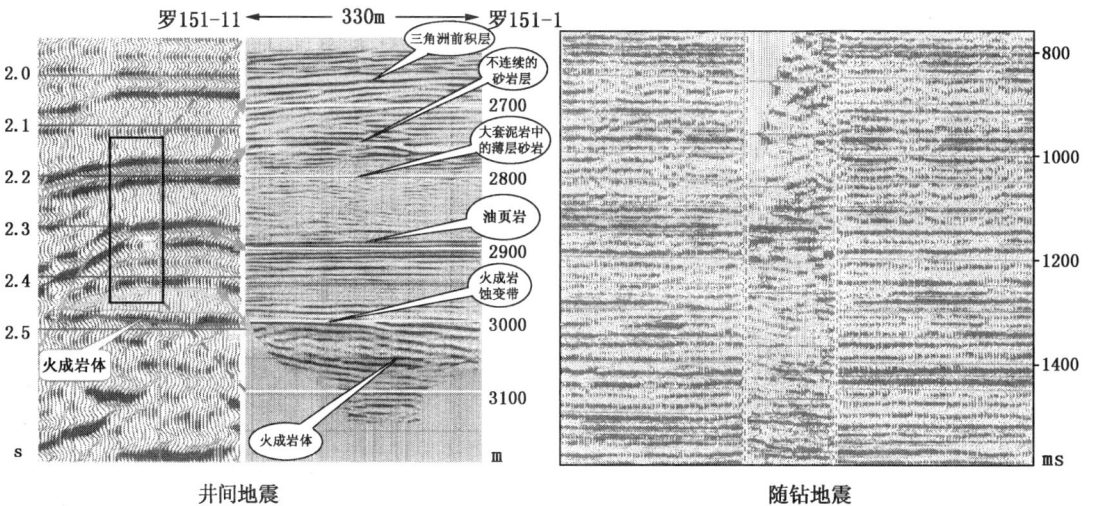

图 1-8 井间地震与随钻地震剖面

1）多波多分量地震

随着油气勘探的逐步深入，对地震勘探的成像质量、分辨率和岩性信息要求越来越高，相应促使人们不断发展勘探新技术与之适应。目前利用的多波多分量地震勘探技术，是解决成像质量和分辨率的技术之一。多波多分量地震的原理就是指纵波震源激发产生纵波向地下传播，在地层界面处产生反射纵波和转换横波，用三分量检波器进行接收反射纵波的一种新技术。利用该方法可以较好地分析地层的岩性、裂隙、含油性等特性。

2）四维地震

四维地震也称时移地震，即在不同的时间内对地质体进行的多次三维观测，主要用于油气开发阶段的油藏动态描述。

3）三维 VSP

三维 VSP 进行的观测通常是在围绕井口半径 2km 范围内，类似地面三维地震在地面进行点阵激发，并在井中采用三分量多级检波器接收，目的在于建立地质体三维空间地层信息数据。

4）井间地震

井间地震即在井中激发，相邻井中放入检波器接收直达波信息的一种勘探方法。这种地震方式的优点可避免近地表低速带对地震波的衰减及地表各种干扰。

5）随钻地震

随钻地震即利用正钻井的钻头振动噪声作为震源进行地震勘探。与常规 VSP 相比，具有不干扰钻井、不占用钻井时间、无检波器下井风险、在深度上可连续测量等优点。

五、世界石油物探行业发展现状与趋势

1. 世界石油行业面临的主要问题

世界石油工业面临的主要问题，一是急需在油气勘探新区与已开发老区找到更多可采储量，以解决资源接替的问题；二是在油气开发上，如何进一步提高油气采收率，延长油气田开发期限。解决这两方面问题的关键是石油物探技术的创新发展。

2. 世界石油物探行业发展现状

（1）队伍总体过剩，市场竞争激烈。据统计，2003 年世界地震队 486 个，作业队伍 241 个，待工队伍 245 个，比例接近 1：1，施工队伍总体呈缩减状态。

（2）物探市场工作量增长缓慢。近年来，全球油气开发投资持续增长，增长率在 50％以上，但世界物探市场工作量的增长率却不到 20％，其主要原因是随着国际油价大幅上涨，各石油公司资金主要投入于油气中下游业务，以获取高额利润及规避勘探风险，而相对上游油气勘探的资金投入则较少，造成物探工作量不足。

（3）近年来，随着国际原油价格不断上涨，为获取更大利润和规避勘探风险，各石油公司一方面将勘探风险逐步向技术服务公司转嫁，同时另一方面对工程技术创新、作业标准要求越来越高，使承包商方工程作业难度加大，成本上升。

（4）近年来，世界各大物探公司为提高自身竞争力，扩大市场份额及增加业务链，正在加速企业间的联合与兼并。自 1993 年以来，世界物探公司数量由 80 个减少到 60 个，降幅 21％。尤其在海上物探领域，这种集中趋势尤为明显，世界最大 WesternGeco 公司和法国的 CGG 公司已拥有全球大约 80％的海上作业能力。目前，世界各大物探公司利用技术、资金、规模等优势，致力于提高自身综合服务能力和一体化服务能力，以争取更大的市场份额。

（5）物探技术服务向油藏评价、开发与生产延伸，涵盖勘探开发全过程。随着计算机与信息技术的高速发展，促进了物探技术与装备的发展。20 多年来，物探技术已经由单一的勘探涉足到开发领域，由常规地质构造解释延伸到储层和油藏研究，在油藏评价、油田开发与生产阶段得到广泛应用。在勘探阶段采用高分辨地震优化井位；在评价阶段利用地震资料对油藏进行精细描述；在开发阶段应用物探技术精确监测油藏，优化开发方案；在生产阶段，通过四维地震追踪饱和度和压力变化情况研究剩余油藏分布，合理选择和部署加密井位，延长油藏开发期限。

3. 世界石油物探行业发展趋势

（1）为适应石油行业的快速发展，世界上一些大型石油专业化技术服务公司，如斯伦贝谢、哈里伯顿、贝克休斯等公司，都在向油气勘探、开发和生产业务方向发展，积极寻求与石油公司建立新型合作关系。

在物探技术服务业务上，开辟了综合油藏信息解决方案等新型服务项目；在经营模式上，推出勘探、开发和生产一条龙服务，通过完成承包石油公司油气产量目标及超产进行分成合作。世界大物探公司积极寻求建立勘探、开发、生产一体化的物探服务体系，延伸服务内容，力求通过与石油公司的合作，以求得自身生存与发展壮大。

（2）石油物探行业趋于兼并与企业间的联合。世界主要物探公司都已清醒地认识到物探施工能力过剩制约了企业获取最大利润空间，并影响到企业的生存发展。采取缩减施工队伍总量和行业间联合，改变过去单一经营模式，提高企业综合竞争能力。通过行业联合及多品种经营扩大适应市场能力，以取得更大的经济效益。

（3）石油物探技术创新发展趋势依然强劲。进入 21 世纪以来，石油物探技术进入了新的发展时期，技术发展主要体现在以物探、测井技术为核心，结合其他技术形成多专业多学科的综合技术服务公司，为油公司提供一体化的技术服务。

近年来推出的实时地震监测及随钻地震深度成像技术，已有力促进油气藏的开发与生产，并获得了较好效益。

第四节　物化探工程设计

一、非地震物化探工程设计

1. 设计的依据和原则

非地震物化探工程设计根据油田总的勘探开发部署及年度勘探部署方案的具体要求进行设计。

2. 设计的具体要求

非地震物化探包括重力、电法、磁力、地球化学、遥感等多种勘探方法。应按不同的非地震勘探方法进行设计。

1）非地震物化探工程基本地质任务

用于油气勘探早期阶段的非地震物化探工程主要解决的地质问题为：

（1）探测构造盆地基底起伏和埋藏深度，划定盆地范围及其次级构造单元。其中，化探要求了解工区地球化学场及异常分布规律。

（2）探测岩性、电性差异显著的大套地层展布和厚度变化情况。

（3）探测采用地震方式不易施工的特殊岩性（如火成岩、碳酸盐岩、砾岩等）覆盖区的下伏构造情况。

（4）探测局部构造，查明构造和油气异常情况。

在油气详查、精查阶段，非地震物化探工程主要对对构造带内各局部构造、圈闭的含油气性进行评价，并做出含油气远景评价。

2）非地震物化探工程设计内容及要求

非地震物化探设计依据不同的施工阶段及要求可分为技术设计、施工设计、补充设计三种。

（1）技术设计（甲方设计）。

通常由甲方（建设方）或委托有资质的第三方负责编写。设计主要内容包括：施工工区概况、地质任务、测线部署、采取的主要技术方法、采集质量要求等；资料处理与解释要求、成果图件、报告编写要求等。

（2）施工设计（乙方设计）。

由乙方（承包商方）负责编写。具体施工设计应在掌握技术设计等相关资料，经实地踏勘工区，了解工区地表及地下地质条件、交通状况、城镇村落分布等施工条件，并结合自身施工队伍特点进行较详细的编写。

（3）补充设计。

内容包括补充设计的原因和依据、具体地质任务要求等，主要设计内容须与年度施工部署、技术设计一致。补充设计一般由乙方（承包商方）依据甲方工程变更文件编写，经报甲方（建设方）审批后实施。

3）测线部署的原则

（1）根据地质任务，结合地质、地表条件及以往的非地震物化探工作情况，对探区范围合理规划，同时兼顾采集资料的完整性和布点、施工的方便可行性。

（2）测线的总方向应垂直已知构造或探测对象的走向，并尽量与已知的物化探测线重合或平行。

（3）测网的密度应使探测对象的特征在平面图或剖面图上有清楚的反映，在解决特殊任务时，设计的测线、测点距应根据需要进行加密。

（4）在一般情况，应采用规则测网，点位坐标限差应控制在 ±10% 以内。测线号与地震测线保持一致，即测线号按测线的方里网坐标加（减）固定常数而定。测线点号大小规定：南北测线南边为小点号、北边为大点号；东西测线西边为小点号、东边为大点号；斜测线由与南北向的交角大小来定，凡交角小于或等于北东或北西 45°者，南小北大；交角大于北东或北西 45°者，西小东大。

4）野外工作方法的确定

资料采集工作方法应根据地质任务的要求，经过野外试验后，再进行具体确定。

5）设计的编审程序

技术设计应根据油田今后一定时期内总的勘探开发部署及年度勘探部署，由建设单位项目甲方提出设计方案，组织有关技术人员编写，并上报建设单位批准。

施工设计由工程承包商方即施工单位乙方负责，并组织相关技术人员编写，经承包商方主管领导签认后报送建设方有关审核部门审查，建设方批准后执行。

设计变更调整一是在有大的任务变化，如改变工区等情况下进行的设计调整与变更。通常由建设项目管理单位依据实际需要提出调整或变更，经上报有关部门批准后实施。二是在原有设计的测线及规定的工作方法进行一定的调整时，通常由承包商方提出调整设计申请，经建设项目管理单位批准后执行。

6）各类设计附图的要求

各类设计附图的比例尺寸大小视工区大小和测线网密度而定。

测线部署图，通常比例尺为 1:10 万或 1:5 万，若有特殊要求时，可放大比例尺。图中内容包括施工区域内主要的公路、铁路、河流、湖泊、城镇、探井井位等标识及本年度施工测线号以往施工测线等。测线部署图下方附图例及承担工程施工队号、责任表（编图、绘图、负责人）、绘图日期等图表说明内容。

如果分区施工，则需附分区测线部署图。比例尺 1:5 万或 1:2.5 万，要求与测线部署图一致。

施工设计草图通常比例尺为 1:1 万、1:2.5 万或 1:5 万。图中应尽可能地标出工区内所有的探井井位、大小公路、铁路、河流、湖泊、水塘、沟渠、机井、沙丘、盐田、虾池、城镇、村庄、树林、三角点、工业设施、地下管线、高压线、地质露头等标识，并清晰注明根据实际情况设计的测线分布初步部署。在可能的情况下，还应标出调查后的潜水面深度和低降速带的厚度分布情况。

设计附图应是依据最新资料解释所做的以基底或勘探主要目的层的深度构造图作为基础。

二、地震勘探工程设计

1. 设计的依据和原则

地震勘探工程设计根据油田总的勘探开发部署及年度勘探部署方案的具体要求进行设计。

2. 设计的具体要求

1）地震勘探工程基本地质任务

地震勘探工程适用于油气概查、普查、详查、精查等勘探阶段，针对不同勘探阶段，地震勘探工程基本地质任务有所区别。

（1）区域概查阶段。

①了解基岩的起伏及其性质；

②基本查明盆地边界、沉积岩的总厚度及基本分布，划分沉积剖面序列；

③初步查明区域构造形态，圈定含油气远景的地区；

④提供参数井井位，证实沉积岩厚度，了解生储盖组合情况。

（2）区域普查阶段。

①基本搞清基底深度和基底以上各构造层的基本形态及主要断裂分布，划分区域构造及二级构造带；

②初步划分时间地层单位，通过区域地震地层学的研究，做出各时间地层单位岩相图，预测生、储油条件，进行油气资源评价；

③选出有利的二级构造带和局部构造圈闭，提出参数井或预探井井位建议。

（3）地震详查阶段。

①查明有利二级构造带的构造形态、空间分布、构造发育史及与周边接触关系；

②利用地震信息，结合其他资料研究油层的分布和厚度变化规律，提出油气聚集有利区块；

③对地震资料进行特殊处理，寻找各类岩性圈闭及隐蔽油气藏；

④综合评价整个构造带或地区，提出油气聚集的有利的局部构造、断块或潜山；

⑤提出评价井井位建议。

（4）地震精查阶段。

①提供接近油气藏顶面的构造，结合钻井资料，搞清油气层的平面分布；

②进一步查明油气层的内部结构、构造形态和空间分布特征；

③应用地震特殊处理、人机联作、钻井、测井、试油等资料，搞清油层的厚度变化；

④研究油气层的物性和非构造圈闭油气藏的特征。

2）地震勘探工程设计内容及要求

地震勘探设计依据不同的施工阶段及要求分为分区技术设计、施工设计、补充设计三种。

（1）分区技术设计（甲方设计）。

通常由甲方（建设方）负责编写。设计主要内容包括：施工工区概况、地质任务、测线部署、采取的主要技术方法、采集质量要求等；资料处理与解释要求、成果图件、报告编写要求等。

（2）施工设计（乙方设计）。

由乙方（承包商方）负责编写。具体施工设计应在掌握技术设计及已有资料，经实地踏勘工区，了解工区地表及地下地质条件、交通状况、城镇村落分布等施工条件，并结合以往工作经验和资料中存在的问题等进行编写。内容包括工作方法论证、试验和施工方案、进度安排及对各项工作质量的具体要求等。

（3）补充设计。

内容包括补充设计的原因和依据、具体地质任务、工程量、质量要求等，主要设计内容须与年度施工部署、技术设计一致。补充设计一般由乙方（承包商方）依据甲方工程变更文件编写，经报甲方（建设方）审批后实施。

3）地震测线部署的原则

（1）根据地质任务，对探区进行整体规划。

（2）在技术规程允许范围内及不影响地质效果的前提下，尽量避开施工复杂地表。

（3）各测线必须地质任务明确、针对性强、能控制构造形态和所研究的地质目标，合理确定测网及测线长度。主测线方向原则上须垂直主要构造带走向，同时兼顾整体部署。在特定区块，可根据需要部署一些其他方向的测线。

（4）地震测线应按直线施工。地震勘探原则应按直线施工。在概查和普查阶段，若地表条件很复杂，无法按直线施工时，可采取弯线施工。

（5）工区内的主要探井应部署地震测线通过，以利于层位对比。

（6）相邻工区测线或不同年度地震测线的连接处应重叠 600m。

（7）测线号按测线的方里网坐标加（减）固定常数而定。测线桩号大小规定如下：南北测线南边为小桩号、北边为大桩号；斜测线则与南北向的交角大小来定，凡交角小于或等于北东或北西 45°者，南小北大；交角大于北东或北西 45°者，西小东大。

三维测线部署原则。三维施工设计应依据该区的地质任务及地下地质条件来确定线束的方向，CDP 网格点密度及覆盖次数，在设计中应保证与相邻三维区块的满覆盖连接。

4）地震测网密度及施工方法

（1）在不同勘探阶段根据不同的地下地质条件确定测网密度。

①区域概查：线距 4.8～9.6km；

②区域普查：线距 2.4～4.8km，部分地区可做 1.2km×2.4km；

③地震详查：线距 0.6～1.2km，部分地区可直接做三维地震；

④地震精查（开发地震）：高精度三维地震 CDP 网格点应不小于 25×50m；

⑤详查和精查阶段也可联合进行。

（2）野外工作方法。

野外工作方法是根据地震勘探不同阶段的地质条件要求，在经过野外试验，确定用不同的激发因素和接收因素后进行工作。在已确定的油气富集区，但通过二维尚未搞清油气控制因素的构造复杂区，可采用三维方法进行野外工作。

5）设计的编审程序

（1）设计应根据总的年度勘探部署，由甲方或委托有资质的设计单位组织编写，在经甲方审核，上报批准后实施。

（2）施工设计由乙方负责编写，报甲方批准后实施。

6）设计调整与变更

一是在有大的任务变化，如改变工区等情况下进行的设计调整与变更。通常由建设项目管理单位依据实际需要提出调整或变更，经上报有关部门批准后实施。二是在原有设计的测线及规定的工作方法进行一定的调整时，通常由承包商方提出调整设计申请，经建设项目管理单位批准后执行。

7）各类设计附图要求

与非地震物化探附图要求一致。

三、物化探工程设计的过程、内容和格式

物化探工程设计包括设计准备和设计两个阶段。

1. 设计准备

（1）资料收集：收集资料主要包括工区的人文、地理资料。包括地理位置，气候条件，交通状况，电网、河湖、村庄分布和植被情况；各种物化探、地质和钻井资料；相关的各种技术标准、规范及要求。

（2）踏勘工区，绘制踏勘草图。分析工区开展勘探工作的难易程度、关键控制点等。

（3）初步提出勘探基本方案。

2. 设计内容及格式

（1）确定勘探任务：包括地质任务、测线部署位置及工作量。

（2）描述工区的概况：包括地理、地质、勘探史、勘探地质条件等。

（3）完成任务需要的方法和思路：分析以往勘探方法的不足，根据勘探目标和主要技术指标，主要技术难点，提出具体解决办法和主要技术措施。

（4）方法论证：针对地质目标要解决的地球物理问题进行采集参数论证。列出主要目的层的预测数据。

（5）试验工作：包括试验目的、试验项目和工作量、试验工作要求、试验资料的定量分析项目、内容和要求。

（6）拟定的采集施工方法：通过分析、对比论证资料，拟定合理的采集因素。

（7）表层的静校正工作：包括采集方法、采集密度、基准面、填充速度、计算方法、上交的成果及图件。

（8）测量工作：包括使用设备、技术方法、技术措施、上交的成果和图件等。

（9）现场处理工作：包括使用的设备及软件、处理流程及模块、时间要求及质量监控手段等。

（10）野外实际采集的技术要求与质量监控：包括落实标准、规范；有针对性的技术要求、对质量指标的控制手段、质量检查和考核方式等。

（11）施工保障措施及进度安排：包括队伍的主要人员、设备配备，施工进度安排，完成任务保障措施等。

（12）资料处理：列入合同项目的需要有细节描述。

（13）成果解释：列入合同项目的需要有细节描述。

（14）工程预算书：可以单列。

工程设计的内容还需附一些表。如测线一览表、实验项目表、方法一览表、主要管理人员及技术人员表、主要设备配备表。另外要求附有部署图件和震源、检波器组合图形，观测系统示意图等图件。

第五节 物化探工程造价的形成及影响因素

一、物化探工程造价的形成

物化探工程与其他行业工程一样，是遵照国家相关法律、法规，在各级政府领导下进行的合法生产经营活动。同时，作为行业本身又具特殊性，一是从事的是野外生产，受外部环境影响大，施工季节性强；二是生产的产品形态特殊，是无形的地下数据信息。

物化探工程造价形成的依据主要有以下几个方面。

1. 国家法律、法规与有关政策

企业或个人的一切生产和经营活动都是在国家规定的法律、法规和政策允许的范围内进行，并得到国家的保护与支持，所以工程造价也必须遵循和依照国家的有关法律、法规和政策。

与石油物探行业工程造价关系密切的法律、法规有如下内容。

1）年工作时间的规定

我国在劳动法中已对各行业正常工作的时间作了明确规定，全年时间剔除法定假日和休息日，工作时间为251d，每天工作8h。国务院相关部门，根据劳动法和石油勘探行业野外作业的特点明确规定：集中工作，集中休息，年工作时间不得超过国家规定工作时间。

2）对环境、文物和军事设施保护的有关规定

保护地球的生态环境，是全人类都应重视的事情。目前，我国已先后制定出台了土地管理法、森林法、草原法、水法、水土保持法、环境保护法、文物保护法、军事设施保护法等法律，要求对土地、森林、草原、河流、湖泊、堤坝、作物等给予保护。同时，各级政府与有关部门也制定出相关法规和管理办法。国务院专门对石油地震勘探队的生产活动做出了规定和限制，在施工中一旦发生对上述各项资源的损坏，不论国家、集体、个人的（包括其他财产）均需给予相应赔偿或恢复。

3）矿产资源的有关规定

矿产资源属国家所有，国家为保护矿产资源的合理开发利用，制定出矿产资源法。国务院专门对石油及天然气勘查与开采登记发布了管理办法。办法规定必须依法申请，并缴纳相应费用，经批准后才能取得勘查与采矿权。同时，国家保护合法探矿权和采矿权不受侵犯，保障勘查作业秩序不受影响破坏。

4）税收政策及其规定

税收政策是国家的重要政策，是企业对社会应尽的义务，必须按照国家政策规定标准缴纳。同时企业还需缴纳其他各项应征收的费用。如车船保险费、养路费、设备校验费等，这也同样是工程造价形成与确定的重要依据。

2. 行业、企业的有关规定和标准

企业在管理中制定属于本企业适用的规章制度和标准，通过制度与标准约束和规范企业的生产和经营活动，使经济效益达到预期目的。行业与企业标准，适用范围不同，代表不同层面的管理要求。

石油物探行业与工程造价有关的规定和标准有以下几个方面。

1）地区类别划分标准

地区类别是在根据地貌学及石油物化探工程施工特点对施工区域划分不同地形或地区，

并依据各地区不同地表条件对施工影响程度进行的分类。地区类别是编制石油物化探工程定额和确定石油物化探工程造价的重要依据。

石油物化探野外施工与施工工区的地理环境、地表情况有很大关系。地形复杂与环境恶劣程度直接影响采用的施工方式、投入的设备选型及数量、人员的多少和劳动效率的高低，对工程的造价影响很大。

2）定员标准

在不同的地区需配备相应的施工队伍，不同施工队型应有不同的人员配备标准。人员配备数量以保证生产各环节合理需要为前提。不同队型、不同班组、不同岗位的定员标准同样是工程造价形成和确定的重要依据。

3）设备配备标准

在不同的地区需配备相应的施工队伍，不同施工队型同样应有不同的设备配备标准。设备的配备等级与数量应以保证生产各环节合理需要为前提，与所施工地形地类相适应，以不同队型班组为单位，以岗定量为原则制定的设备配备标准。在物化探工程造价中，设备使用费是构成工程造价的主要内容，设备配备标准同样是工程造价形成和确定的重要依据。

4）劳动效率

劳动效率是生产力水平的表现形式，决定活化劳动的消耗。因此，生产管理部门应根据平均先进的原则，充分考虑来自生产实际的大量统计资料，依据对各种类型的地表条件、队型、施工因素等情况，制定出相应的劳动效率标准，并编制出各工序日效率计算公式。劳动效率标准同样是物化探工程造价形成和确定的重要依据。

5）质量与技术标准

工程造价是对具有使用价值工程的货币价格表现。没有质量，就没有价值；按质论价，是确定工程造价的重要原则。因此质量控制标准和技术标准，是保证工程质量水平必不可少的管理工具与控制手段，是确定工程造价的重要依据。物化探工程的各种质量标准，如地震勘探中的设计标准、野外施工技术规范与标准、野外采集记录评价标准、野外采集记录验收标准、资料处理与解释技术规范与标准等，对地震勘探各个环节技术、质量要求都作了具体明确规定，是经济管理、质量控制、技术要求的依据。

3. 工程设计

工程设计是对工程的具体描述，工程设计大致决定了该项工程应投入的人、材、机消耗量和各项费用。例如，地震工程设计明确了施工地区、地区类别、该区地理地表环境、交通条件、地质任务，地质目标的地质层位、年代、岩性、埋藏深度、目标范围，要求的勘探精度，包括纵向和横向的分辨率，由此所决定的各项施工参数，如测网密度、排列长度、道数、道间距、覆盖次数、井深、组合井数、药量；处理与解释的流程和特殊要求；工程量的面积、长度、炮数等；以及对工程质量、安全做出的明确规定。所有这些都是计算工程量消耗、确定工程造价的重要依据。

4. 各工序工程量

物化探各工序工程量是形成工程造价的基础，是确定工程造价的主要依据。如海上地震采集作业，需要测量、排列收放、仪器接收、气枪激发、现场资料整理与处理等工序；在沙漠地区采集作业，需要测线清障、测量、钻井、排列收放、激发、仪器接收、现场资料整理与处理、地表调查等工序。不同类型的工程项目工序工程量不同，工程总造价不同。

二、影响物化探工程造价的主要因素

影响物化探工程造价的因素主要有五个方面，一是自然环境因素。如地区类别与环境条件。二是工程因素。如地质任务与勘探精度。三是设计因素，包括工程参数、技术标准、质量标准。四是生产组织因素，主要是劳动生产率、资源配置。五是社会因素，主要是税收政策。

1. 地区类别与环境

物化探采集工程，野外施工作业环境条件对施工影响很大。山地、大沙漠、戈壁滩和水网地区与地形平坦，交通条件好的平原地区相比，施工中的运输、设备搬迁、通信联络、物资供应都相对困难，施工过程中人、材、机消耗相应有较大增长。物化探采集工程施工难度随地区及类型不同而不同，工程造价也相应不同。

不同地区施工，由于地形及其他施工条件不同，要求对各资源配备与使用不同。如特殊地形需要增加推土机、需要人抬设备进行施工、需要直升机进行支持等。滩海地区需两栖装备，沙漠地区需沙漠特种车辆。装备配备数量及等级的变化对工程造价影响较大。

2. 地质任务与勘探精度

各项勘探工程都是依据地质任务和勘探目标开展工作。地质任务是勘探工程设计的主要依据，地质任务要求与施工因素有直接关系。活劳动和物化劳动量的变化直接影响工程造价。地质任务要求精度越高，内容越细致，施工因素选择要求也越细。目的层越深，要求查清的细节越清晰，相应施工方法就越复杂。这些因素的变化不仅影响施工难度、工程量，以及人、机、料消耗及劳动生产率的变化，也会造成资料处理与解释方法的不同，直接影响工程造价的高低。

勘探精度指获取的信息量的大小，反映对地下地质情况了解的细致程度，通常是用一些长度分辨数据表达。如在岩性或构造的细节精度要求上，若要求层间砂岩体可分辨清楚，可表述为横向分辨不大于100m，厚度30m等。

提高勘探精度，在施工中相应需增加较大工作量。如在检波器摆放上，为防止地面各种干扰因素，须挖坑按要求填置；在激发上，为了增加有效激发能量，需采用小药量小井距，多井组合的激发方式；同时，为使激发频谱较高，需要采用高密度炸药激发，或加大钻井深度。其结果造成工程量增加，加大了人、材、机械消耗量，加大工程成本。

3. 工程设计

设计是体现一项工程技术与经济对立统一的过程，是有效控制工程投资的最基本环节，在降低工程投资上，可以说设计的优化是最大的节约。

当一个工区地质任务与勘探精度确定后，设计就成了决定工程造价高低的前提。设计对工程造价的影响主要表现在以下几个方面。

（1）设计方案决定了物化探测线、测点布置的合理性。测线、测点的布置受地下地质情况的影响。如地下地质情况复杂，断块小，则地表的测线、测点的布置应相对较密，而测线、测点的疏密与工程造价有直接关系。如我国东部地区，多为构造破碎，断块复杂；而西部地区，相对断裂不发育，构造平缓。在地震施工设计上东部地区应采用小道距，西部地区则采用大道距。西部地区若采用与东部地区一样的道间距，则会增加不必要的投资。而设计标准过高，超过了地质任务的要求，也同样会造成浪费，增大投入。因此，设计要以完成地质任务为目的，并不是选用的覆盖次数越高越好、道间距小越好。一切施工方法的确定和施工因素的选择，都要从实际出发，经过现场试验确定，达到技术与经济的有效结合。

（2）设计决定了技术选择是否合理，要既能解决地质问题，又经济合理；要避免"大马拉小车"，产生功能过剩，造成不必要的投入。如目前的处理模块很多，都是为一定的处理目标而开发和设定的，缺乏通用性，如选择使用不合理，资料处理效果则无法达到要求，造成不必要的投入。

（3）工程质量是工程效益的核心。设计对工程质量做出明确要求，规定了质量标准、保证措施及验收标准等。如果设计要求的质量标准偏低，会影响工程质量，造成返工等不必要的损失，如果设计要求的质量过高，甚至超过了勘探任务的要求，就会造成不必要的浪费，使工程造价增加。因此，对质量的要求要从勘探任务和地表、地下实际情况出发，设计只有合理把握好质量要求的"度"，才能实现提高工程质量和降低工程造价的目的。

4. 劳动效率

劳动效率的表现有两种形式，一是在一定时间内完成工作量的多少。一定时间内完成的工作量多，劳动效率高，反之则低。二是完成一定工作量所用的时间长短。完成一定工程量用时少，劳动效率高，反之则低。在相同条件下，完成一定工作量的劳动效率高低，决定了人工费、各项摊销费用及综合费用的高低。因此提高劳动效率是降低成本的主要途径之一。

劳动效率的提高与、设备、管理三方面因素有关。同样一个人，使用先进的设备生产效率高于使用旧设备；同样一台设备，劳动效率随使用的人不同而不同；而同一人使用同一种设备，在不同的生产劳动组织中，劳动效率也会不同。因此要提高劳动效率，不仅需要先进、适用的设备和工具，也需严密的生产组织，要有先进的管理理念和协调意识，调动职工积极性，发挥其潜能。同时，强化职工的群体意识和团队精神，严格劳动纪律。加强上岗培训和实际训练，是提高员工技术熟练程度的必要手段。

5. 资源配置

人员、车辆、钻机、专用设备等资源配置合理与否，也是影响工程造价的因素之一。如地震勘探中钻机不足与人员、车辆等不配套，可造成其他工序之间的脱节，造成资源浪费。在各资源配置上，需科学、合理进行，保证各工序的衔接及各生产环节正常生产，使各资源不出现配置过剩或不足，使劳动效率达到最佳程度。

6. 税收政策

税金是工程造价的组成部分，国家现行的税种有多种，如营业税、增值税、所得税、产品税、城建税和教育附加税等。这些税金的计算都是以工程总价款为基数，按规定的税率进行的。因此，税收比率的高低，对工程造价影响很大。

复习与思考

（1）简要说明物化探工程包括的专业。

（2）简要说明物化探工程的资料采集、资料处理、资料解释的内容与作用。

（3）简要说明物化探工程的性质与特点。

（4）简要说明物化探工程各专业的作用。

（5）在物化探工程中新技术、新工艺的使用需提高了工程的投入，但可提高勘探效益，试分析说明。

（6）简要说明国际上物化探新一代技术发展着重体现的几项新兴技术。

（7）简要说明工程设计的编制、变更内容与审批程序。

（8）简要说明设计对工程造价的影响及表现。

第二章　非地震勘探工程与工程造价

非地震物化探工程包括重力勘探、磁力勘探、电法勘探、化学勘探等。非地震物化探工程与地震勘探工程情况类似，主要过程分为资料采集、资料处理、资料解释三个阶段。工程造价计算方法也与地震勘探工程大致相同。所不同的是非地震各专业野外采集小队人员配备少，通常情况下一人多岗，野外资料采集不再细分工序，而是作为一个整体项目进行计算。

本章节分别介绍各非地震勘探的基本概念、原理、找油途径、工程内容、使用条件、野外资料采集的定员、设备配备、专用工具配备、材料消耗、日工作量、地类划分标准、资料处理费与资料解释费的参考价格及其他有关标准，以及工程造价计算方法。

鉴于目前尚无非地震行业劳动定额标准，本章节采用《石油物探局企业标准》（Q/WT.10059—1994）作为参考。

第一节　化学勘探工程与工程造价

在油气勘探早期，寻找油气藏是基本手段是利用野外显观油气苗。随着现代分析技术的发展，已发展到通过检测地表介质中微量烃类，进行地下含油气分析和含油气远景评价，确定油气藏的位置，这种勘探方法即油气地球化学勘探，简称"油气化探"或"地化勘探"。从利用显观油气苗到寻找微观油气苗是地表油气化探技术的重大进步。

一、基本原理与方法

1. 基本概念

油气化探是一种运用地球化学手段来寻找和圈定石油天然气富集区，直接指出油气聚集带和含油气圈闭的勘探方法。主要通过调查近地表各种介质中地球化学场的分布与结构，圈定和发现地球化学异常体（简称地化异常），同时结合石油地质条件，达到寻找石油、天然气的目的。

地化学异常是指石油和天然气在形成、运移、集中、分散过程中，在岩石、土壤、沉积物、水、气、植物体中留下的痕迹。构成这种痕迹的物质有两类，一类是直接由油气藏分散运移至地表的烃类；另一类是烃类的伴生物。这两类物质构成了油气化探的两类指标，即直接指标与间接指标。直接指标主要是甲烷、乙烷，间接指标主要是甲烷菌、有机碳、硫化铁、放射性元素等。

2. 化探找油原理

现代石油成因学说和垂向运移理论揭示了地球化学勘探查找油气的基本原理。

现代石油成因学说认为，石油和天然气是沉积岩中的有机物，在地下高温高压条件下进行降解、生成、分离出气态与液态烃，烃类在压力驱动下，运移到有利区段可聚集成油、气田（图2-1）。

油、气田聚集的烃类再向上运移，分散至消失。在烃类由分散到集中，又由集中到分散过程中的烃类逸散到地表介质中形成化学异常。可以根据化学异常与油气田的空间关系并结合其他资料综合分析寻找油气。

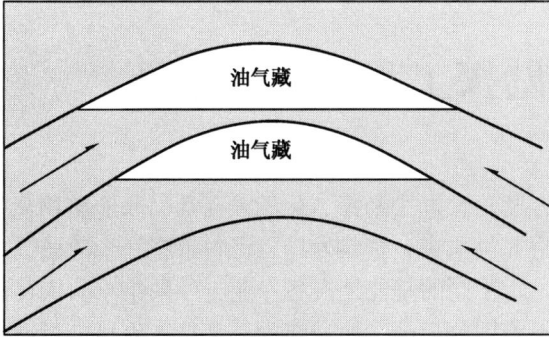

图 2-1 油气藏形成示意图

垂向运移理论认为深部油气藏聚集的烃类及其伴生物在压力、浮力、水动力作用下，通过渗透、扩散等形式，沿地层层面、断层、裂隙等通道向上运移，并在油气藏上方的近地表形成不同于其他地方的烃类及其伴生物的聚集区，即地球化学异常区。

烃类及其伴生物以三种主要形式运移并存留表层：一是呈气体存在于土壤颗粒间（游离气）；二是吸附于细粒物质上（吸附气）；三是溶解在地下水中（溶解气）。

依据化探理论通过现代分析手段对各种天然物质——岩石、土壤、沉积物、水、气、植物等进行系统取样分析、数据处理，找出不同介质中烃类及其伴生物的近地表化学异常，研究这种异常与矿体之间的关系，达到寻找矿藏的目的（图 2-2）。

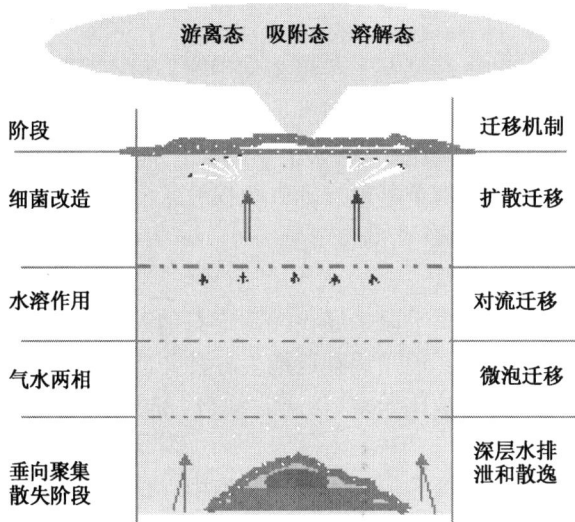

图 2-2 烃类及其伴生物运移示意图

3. 化探找油途径

化学勘探找油一般有两种途径，一是以烃类指标为采集对象的直接油气化探方法，二是以测量油气运移过程中蚀变的放射性物质为对象的间接油气化学勘探方法。

地球化学勘探主要用于地质矿藏普查和专项工程调查。在化学勘探评价最有利的地方，有可能寻找到地下油气藏。

4. 化探找油方法的使用

化探只能在普查油气可能存在的前期或中期使用，在进入油气开发阶段，地表遭到烃类污染后就失去了使用意义。

这是因为"迄今为止，油气化探的理论基础还未达到成熟的境界，有许多问题有待解决。油气化探的应用也因此受到许多限制"。"不仅油气藏中的烃类可在地表形成异常，生油层及输导系统中分散的烃类也可向地表运移，在地表和近地表介质中形成烃类高通量，甚至导致假异常，特别是生油层或煤层埋藏浅而其上地层封盖能力又差时尤其如此"。[5]由于它的多解性，同时分辨率不高，所以，化学勘探找油只是一种普查油气是否存在、圈定存在范围的方法。

通过油气勘探理论的进一步发展，将认识领域从宏观发展到微观，地球化学作为研究油气微观行为的手段一定会得到充分发展与应用。

二、化学勘探任务

化探的基本任务包括用多种参数综合圈定含油气圈闭，大致判断含油气圈闭可能范围；进行含油气圈闭评价，对可能存在油气藏的含油气富集程度及油藏量进行判断；确定油气富集区带，指出最有利带范围；进行油气远景预测与评价，包括生、储、盖、运移条件。在化学勘探评价最有利的地方，有可能寻找到地下的油气矿藏。

三、工程内容

化学勘探工程包括样品采集和样品分析、数据处理、综合推断解释几个阶段。样本采集的是各种微量化学成分含量（烃类、元素等）。经过各种数据分析处理，得到观测范围内的不同化学成分含量变化的图件和数据，进而做出分析结果图件。

化学勘探工程样品采集要经过施工准备、采样点的确定、采样深度的确定、采样点位及样品描述、样品的预处理等过程。

1. 样品采集和样品分析

1) 野外施工前的准备工作

(1) 搬迁：指工程起始及工程终止时，施工人员、设备、物质等往返工地至驻地的工作。

(2) 工区的确定与测网布设：根据勘探目标的大小划定工区。划定原则为覆盖地质目标，测网密度以勘探阶段与需解决的地质问题确定。

普查阶段：在构造不清且未发现油田，同时地表也未发现油气显示的地区适于进行化探普查。取样密度为 5～10 点/10km²，线距 1～2km，点距 0.5～1km。

详查阶段：在构造已落实，经研究预计有油气远景的地区适于进行化探详查。取样密度为 2～4 点/km²，线距 0.5～1km，点距 0.25～0.5km。

精查阶段：在已发现油气区进行的更细致的地面油气化探工作，是以解决含油边界，井网布置等为目的。取样密度大于 8 个点/km²，线距 0.5km 或更小，点距 0.25km 以下。

(3) 野外测量：根据设计书要求的施工地区位置、工程量、测点密度进行测量，确定实际点位，并作标记。目前，测量通常采用卫星定位系统（GPS）。

(4) 采样工具：陆上采用洛阳铲、手摇钻、顿钻、机械钻机等；海上采用船舶与取样器（如活塞式取芯管）。

(5) 包装材料：常用的包装材料有锡箔纸、无机玻璃纸、牛皮纸、玻璃瓶等。

2) 采样点的确定

野外采样点须避开污染源，如油库、化工厂、煤矸石场、有机肥堆放地等。当设计点遇到污染物时，可适当偏离，偏移距要记录在案并在设计图上标出实际点位。如遇到沼泽、水泊等复杂地貌，同样也需要偏移设计点。在规定范围内，采集不到合格样品时可放弃。

3）采样深度的确定

采样深度要根据具体工区实际情况确定。在陆地土壤中采样深度一般在 2m 左右，浅到 0.5m，深至 4m；海上取样可在沉积物顶面至其下数米。总的原则是保证样品不受污染并具有代表性。

4）采样点位及样品的野外描述

描述内容包括：样品概况、点位标志特征、土壤性质与沉积类型。

样品概况：测区、点位坐标、采样时间、深度、层位、天气情况、污染情况以及调查者姓名等。

点位标志特征：采样点周围的地形地貌、地物、道路、水系、植被等进行详细描述，并说明地表介质对样品的影响。

土壤性质与沉积类型：分为亚砂土、亚黏土和黏土，还要描述土壤的颜色及形成条件。

5）样品的预处理

采集的样品运回实验室后要逐包打开自然晾干、捻碎、筛析、根据所需粒度分别包好贴标签、进行分析。

2．数据处理

1）数据的正态分布检验

首先进行正态分布检验。通过迭代删除使剩余数据符合正态分布，这样确定的背景值能够代表区域特征。如果数据离散度太大，甚至不符合正态分布，其背景值就不能代表区域特征，所确定的异常可信度较低。

2）常用化探数据处理方法

通过室内分析大量原始数据，了解各项指标的内在联系，获取有价值的信息。具体工作包括进行相关分析、聚类分析、对岩性、生物等因素进行校正和主成分分析等。

3．资料解释

1）解释内容

对采集到的微量元素（或烃类物）成分和数量、特征等处理后的数据进行一系列分析，结合地质情况判断并说明出引起数据采集效果的地质原因及地质情况，做出分析图件和说明文件。

2）解释方法

确定综合异常后，结合石油地质及其他物探资料进行综合分析研究。

3）解释成果

各种指标地球化学图、综合异常图、综合异常评价图。

4．化学勘探案例说明

我国东部某地区，地形平坦，以农业为主，污染较少，能满足化探要求。

该区勘探程度低，1990 年开展化探工作，采用热解烃、热解碳酸岩（Δc）、热解汞、紫外光谱、荧光光谱 5 种方法，查明了工区油气异常分布情况，结合该区圈闭条件及油气生、储、盖条件，确定含油气远景区，指出优先勘探目标区。

根据原始综合异常图（图 2-3）与剩余异常图（图 2-4），在工区内划出 5 个有意义的综合异常区，然后进行综合评价。

有利区：综合异常与剩余异常叠合程度高，异常强度大，综合异常面积大，地下圈闭落实并与异常位置叠合好。

较有利区：综合异常与剩余异常叠合较好，地下圈闭不落实并与异常位置有较大位移。

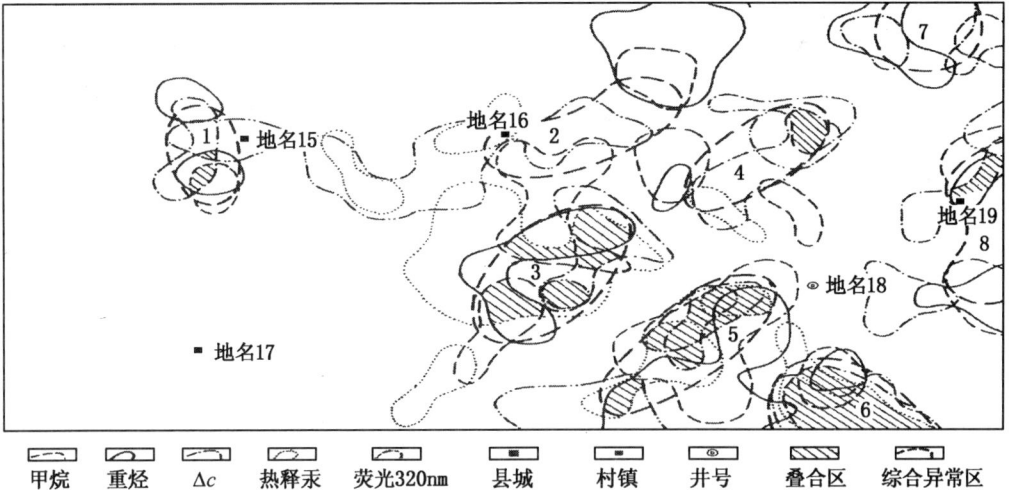

图 2-3 某地区化探原始数据综合图

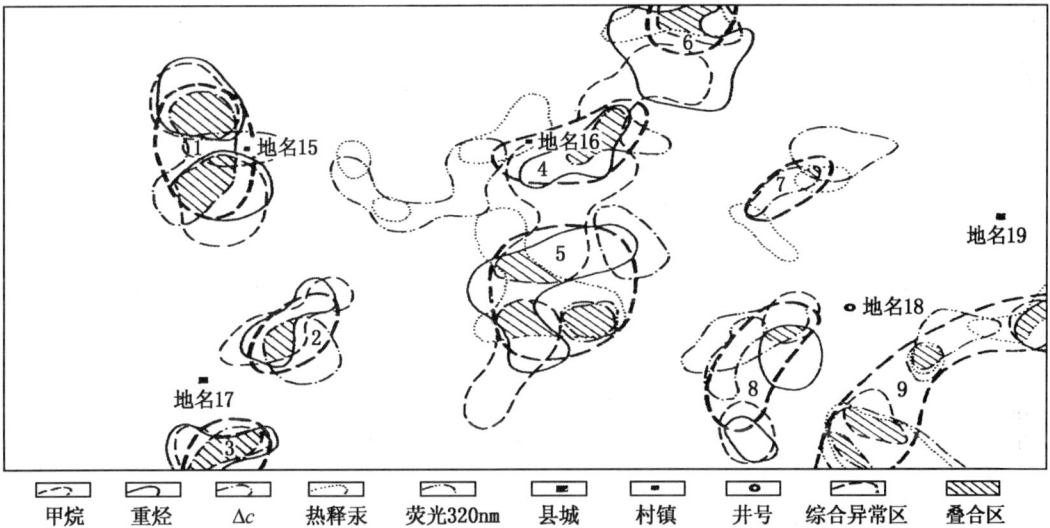

图 2-4 某地区化探趋势剩余综合图

评价结果：1 号综合异常区与 1 号剩余异常区控制的地区、2 号综合异常区与 4 号剩余异常区控制的地区、5 号综合异常区与 8 号剩余异常区控制的地区为有利区；2 号剩余异常区控制的地区、3 号综合异常区与 5 号剩余异常区控制的地区为较有利区（图 2-5）。

四、工程造价相关标准

化探工程也如其他非地震工程一样是按资料采集、资料处理、资料解释三阶段进行。各阶段的工程造价费用相对独立，需分别计算。

采集工程费依据提供的施工条件、工程量和各项标准，首先计算人工、材料、专用工具和设备的消耗量，再根据相应价格计算人工费、材料费、专用工具摊销费、设备使用费，在此基础上，按规定的费率计算其他直接费与间接费，相应项目费用累加即为采集工程费用。

资料处理费与资料解释费依据工程量与相应的价格标准进行计算。

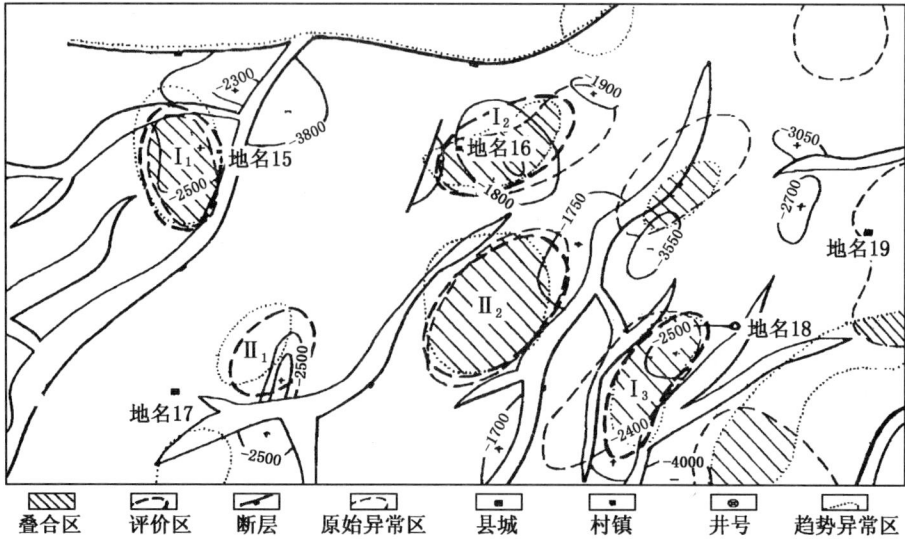

图 2-5 某地区化探综合异常地质评价图

1. 人员配备标准

化学勘探队人员配备见表 2-1。

表 2-1 化学勘探队人员配备表

序号	组别	岗位	人员数量		
			合计	干部	工人
		合计	42	15	27
1	队部	领导、会计、出纳、统计、报务、安全	4	3	1
2	后勤组	炊事、茶炉、医务	3		3
3	测量组	组长、观测、记录、标尺、测距	6	2	4
4	采样组	组长、钻工、采样记录、采样工、样品管理	5	1	4
5	碎样组	碎样、筛样、保管	2		2
6	化验组	酸解烃、游离烃、碳、铀、碘、汞、氢分析	12	8	4
7	解释组	组长、资料处理、计算、质量控制	2	1	1
8	司机组	测量车	8		1
		钻井车			1
		采样车			1
		送样车			1
		化验车			1
		发电车			1
		生活车			1
		修理车			1

2. 设备配备标准

化学勘探队设备配备标准：测量仪 1 台、车辆 8 台、人抬钻或手摇钻 1 台。

3. 专用工具配备标准

化学勘探队专用工具配备标准：电台 1 台，对讲机 4 部。

专用工具摊销年限与摊销办法与地震勘探相同，见地震勘探相关章节。

4. 化学勘探地类划分标准

化学勘探地类划分主要根据地表情况、通视条件等因素对生产进度影响程度划分为三类。化学勘探地类划分标准见表 2-2。

表 2-2　化学勘探地类划分标准表

地 类	划 分 标 准
Ⅰ	平原、草原、硬戈壁。交通条件良好。通视距平均 1km 以上
Ⅱ	旱田为主、居民密集的平原区、半山区、沙漠外围、切割轻的黄土塬、混生地区。车辆可沿 1/2 测线行走。通视距平均 0.3～1km 以内
Ⅲ	水网地区、山区、沙漠区、切割重的黄土塬、城郊区、森林边缘。交通条件极差。通视距平均 0.3km 以内

5. 日额定工作量

影响化学勘探队劳动效率的主要因素为地表条件（地类），即交通条件和通视条件。表 2-3 是化学勘探队日额定工作量表。

表 2-3　化学勘探队日额定工作量表

施 工 条 件	Ⅰ	Ⅱ	Ⅲ
日工作量（点）	30	16	12

6. 材料消耗量

材料分为消耗材料和摊销材料。

化学勘探队配备化验器材 1 套（参考价 1.7 万元/套），4 年摊销。

主要消耗材料和消耗量见表 2-4，化学试剂品种较多，以队年两万元计。

表 2-4　化学勘探队主要材料消耗量表

主要材料	单 位	参考价格	消耗标准	备 注
氦气	瓶	1500 元/瓶	0.006 瓶/点	
标准气体	瓶	300 元/瓶	0.02 瓶/点	
化学试剂	元		20000 元/队年	消耗量以队年工作量为标准进行折算

五、工程造价计算方法及案例说明

1. 工程简况

在内蒙古草原某目标区进行化探作业，该区交通条件良好，通视距平均 1km 以上。工作量为 3150 个点，工区离驻地 500km。

2. 工程造价计算

1）工期计算

（1）计算公式：工期＝工作量÷日额定工作量÷21。

与地震勘探工程相同，月额定工作时间21天。

（2）单位：队月。

（3）案例工期计算：

工作量＝3150个点；日定额工作量根据工区描述情况为Ⅰ类，查相应标准为30点/日。

工期＝3150÷30÷21＝5（队月）。

2）人工费计算

（1）计算公式：人工费＝工日单价×定员×施工天数。

（2）单位：元。

（3）案例人工费计算：

人员查相应定员表为42人；工日单价见表5－3：175.49元/（日·人）。

人工费＝工日单价×定员×施工天数＝42人×175.49元/（日·人）×105天＝773910.9元。

3）设备使用费计算

（1）计算公式：设备使用费＝台班单价×设备配备数量×施工天数。

（2）单位：元。

（3）案例设备使用费计算：

设备配备数量依据前节配备标准：测量仪1台、车辆8台、人抬钻或手摇钻1台。

测量仪、车辆、人抬钻台班单价查石油物探设备台班单价表，选用合适的设备型号，台班单价分别为测量仪436元/（台·日）；车辆346元/（台·日）；手摇钻2.67元/（台·日）。

测量仪使用费＝436元/（台·日）×1台×105天＝45780元；

车辆使用费＝346元/（台·日）×8台×105天＝290640元；

手摇钻使用费＝2.67元/（台·日）×1台×105天＝280.35元。

设备使用费＝测量仪使用费＋车辆使用费＋手摇钻使用费＝45780元＋290640元＋280.35元＝336700.35元。

4）专用工具摊销费计算

（1）计算公式：

专用工具摊销费＝价格×专用工具配备标准÷（摊销年限×年工作日）×施工天数。

（2）单位：元。

（3）专用工具配备标准：

电台1台，对讲机4部。

专用工具摊销年限详见表4－23，电台摊销年限6年，对讲机摊销年限4年。电台参考价格2800元/台，对讲机参考价格3000元/台。

（4）案例专用工具摊销费计算：

电台摊销费＝2800元/台×1台÷（6年×149天/年）×105天＝328.86元；

对讲机摊销费＝3000元/台×4部÷（4年×149天/年）×105天＝2114.09元；

专用工具摊销费＝电台摊销费＋对讲机摊销费＝328.86元＋2114.09元＝2442.95元。

5）材料费计算

（1）计算公式：

材料费＝消耗材料费＋摊销材料费；

消耗材料费＝价格×消耗标准×工作量；

摊销材料费＝价格×摊销量。

（2）单位：元。

（3）材料消耗标准：

消耗材料有 3 种，价格与消耗标准见表 2－4。

（4）案例材料费计算：

氨气费＝1500 元/瓶×0.006 瓶/点×3150 点＝28350 元；

标准气体费＝300 元/瓶×0.02 瓶/点×3150 点＝18900 元；

化学试剂费＝20000 元/队年×（105 天÷149 天）＝1409.40 元；

消耗材料费＝28350 元＋18900 元＋1409.40 元＝48659.4 元；

摊销材料费＝17000 元÷（4 年×149 天/年）×105 天＝2994.97 元；

材料费＝消耗材料费＋摊销材料费＝48659.4 元＋2994.97 元＝51654.37 元。

6）其他直接费、间接费、不可预见费、计划利润、税金计算

（1）计算公式：

按照"物化探其他直接费、间接费、计划利润及税金计算方法表"提供的计算方法与基数计算各项费用。其中：

其他直接费＝动遣费＋运输费＋施工准备费＋施工补偿费＋现场经费；

动遣费＝资产吨位×运价×搬迁里程。

资产吨位见表 2－20，取中值 46t，运价按 0.45 元/（t·km）计算；搬迁里程为往返里程。

运输费＝基本直接费×费率（0.6％）；

施工准备费＝人工费×费率（3.50％）；

施工补偿费＝工作量×赔偿标准；

现场经费＝办公费＋差旅交通费＋住宿费＋临时设施费；

办公费＝人工费×费率（1.00％）；

差旅交通费＝人工费×费率（1.00％）；

住宿费＝人工费×费率（4.00％）；

临时设施费＝人工费×费率（1.00％）；

间接费＝HSE 费用＋科技进步发展费＋企业管理费；

HSE 费用＝直接工程费×费率（1.00％）；

科技进步发展费＝直接工程费×费率（13.00％）；

企业管理费＝直接工程费×费率（2.00％）；

不可预见费＝直接工程费×费率（2.00％）；

计划利润＝（直接工程费＋间接费＋不可预见费）×费率（3.00％）；

税金＝（直接工程费＋间接费＋不可预见费＋计划利润）×费率（1.00％）。

（2）单位：元。

（3）案例其他直接费、间接费、不可预见费、计划利润税金计算：

动遣费＝资产吨位×运价×搬迁里程＝46t×0.45 元/（t·km）×500km×2＝2.07 万元。

案例其他直接费、间接费、不可预见费、计划利润税金计算详见表 2－5。

表 2-5 其他直接费与间接费计算表

费用项目名称	取费基数与计算公式	计 算 结 果
一、直接工程费	1 + 2	116.47 万元 + 10.89 万元 = 127.36 万元
1. 基本直接费	人工费 + 设备使用费 + 专用工具摊销费 + 材料费	773910.9 元 + 336700.35 元 + 2442.95 元 + 51654.37 元 = 116.47 万元
2. 其他直接费	(1) + (2) + (3) + (4)	2.07 万元 + 0.70 万元 + 2.71 万元 + 5.41 万元 = 10.89 万元
(1) 动遣费	资产吨位 × 运价 × 搬迁里程	46t × 0.45 元/(t·km) × 500km × 2 = 2.07 万元
(2) 运输费	基本直接费 × 费率 (0.6%)	116.47 万元 × 0.6% = 0.70 万元
(3) 施工准备费	人工费 × 费率 (3.50%)	77.39 万元 × 3.50% = 2.71 万元
(4) 现场经费	① + ② + ③ + ④	0.77 万元 + 0.77 万元 + 3.10 万元 + 0.77 万元 = 5.41 万元
①办公费	人工费 × 费率 (1.00%)	77.39 万元 × 1.00% = 0.77 万元
②差旅交通费	人工费 × 费率 (1.00%)	77.39 万元 × 1.00% = 0.77 万元
③住宿费	人工费 × 费率 (4.00%)	77.39 万元 × 4.00% = 3.10 万元
④临时设施费	人工费 × 费率 (1.00%)	77.39 万元 × 1.00% = 0.77 万元
二、间接费	1 + 2 + 3	1.27 万元 + 1.27 万元 + 16.56 万元 = 19.1 万元
1. HSE 费用	直接工程费 × 费率 (1.00%)	127.36 万元 × 1% = 1.27 万元
2. 科技进步发展费	直接工程费 × 费率 (1.00%)	127.36 万元 × 1% = 1.27 万元
3. 企业管理费	直接工程费 × 费率 (13.00%)	127.36 万元 × 13% = 16.56 万元
三、不可预见费	直接工程费 × 费率 (2.00%)	127.36 万元 × 2% = 2.55 万元
四、计划利润	直接工程费 × 费率 (3.00%)	127.36 万元 × 3% = 3.82 万元
五、税金	(直接工程费 + 间接费 + 不可预见费 + 计划利润) × 费率 (1.00%)	(127.36 万元 + 19.1 万元 + 2.55 万元 + 3.82 万元) × 1% = 1.53 万元

7）资料处理费计算

（1）计算公式：资料处理费 = 资料处理费标准 × 工作量。

（2）单位：元。

（3）案例资料处理费计算：

资料处理费标准详见表 2-21；

资料处理费 = 资料处理费标准 × 工作量 = 29 元/点 × 3150 点 = 91350 元。

8）资料解释费计算

（1）计算公式：资料解释费 = 资料解释费标准 × 工作量。

（2）单位：元。

（3）案例资料解释费计算：

资料解释费标准详见表 2-22；

资料解释费 = 资料解释费标准 × 工作量 = 49 元/点 × 3150 点 = 154350 元。

9）工程预算总费用

（1）计算公式：

施工工程费＝采集费用＋资料处理费＋资料解释费。

（2）单位：元。

（3）案例工程预算总费用计算：

经计算，本案例化学勘探工程造价总费用：178.94 万元。计算过程详见表 2-6。

表 2-6 预算汇总表

序　号	费用项目名称	计算方法	费用额（万元）
一	采集工程费用		154.36
（一）	直接工程费		127.36
1	基本直接费		116.47
（1）	人工费		77.39
（2）	材料费		33.67
（3）	专用工具费		0.24
（4）	设备费		5.17
2	其他直接费		10.89
（1）	动迁费		2.07
（2）	运输费		0.70
（3）	施工准备费		2.71
（4）	施工补偿费	本案例暂不计入	0
（5）	现场经费		5.41
①	办公费		0.77
②	差旅交通费		0.77
③	住宿费		3.10
④	临时设施费		0.77
（二）	间接费		19.1
1	HSE 费用		1.27
2	科技进步发展费		1.27
3	企业管理费		16.56
（三）	不可预见费		2.55
（四）	计划利润		3.82
（五）	税金		1.53
二	资料处理费用		9.14
三	资料解释费用		15.44
	工程造价总费用		178.94

第二节　重力勘探工程与工程造价

一、基本概念与原理

1. 重力勘探简况

在我国油气勘探历程中，重力、磁力勘探方法曾经发挥过重要作用。大庆油田、辽河油田、江汉油田的前期勘探中，在发现或圈定北部湾、珠江口、东海、南海、渤海等大型含油气田中，重力、磁力勘探方法均起到了突出的作用。

近年来，随着高精度重磁仪的问世和计算机数字处理及成图技术的发展应用，高精度重力、磁力勘探方法得到突飞猛进的发展。

2. 基本概念

重力勘探是通过观测和研究地表重力场的变化来了解地质情况和寻找地下矿产的勘探方法。重力勘探测定的不仅是某点的重力值，而是重力异常值。

重力异常是地下物质不均匀造成的重力变化，是某点重力观测值与该点正常重力值的差值。

3. 基本原理

重力：物体所受地球的万有引力。

地球表面重力的分布与变化：地球表面重力并不是到处相同的，而是随观测地点、时间的不同而变化，根据地球表面重力的变化研究地质结构和矿产分布是重力勘探的主要内容。

地球表面重力的变化原因有以下几方面：

（1）地球呈不规划的椭球体，赤道半径大，两极半径小，赤道半径比两极半径大21km，造成地球表面重力随纬度增大而增大。

（2）地表上各点地形不同，随海拔增高而减小（图2-6）。

（3）地球内部结构密度分布不均，与地质构造与矿产分布有关，重力随密度增大而增大。

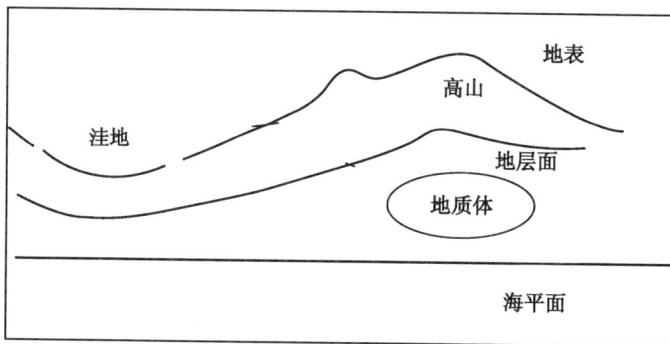

图2-6 地球表面结构示意图

（4）地面上的重力值随时间的变化，并随着日、月对地球上某一点相对位置的变化而变化。如在相同时间内，地表上的 A 点受到地球本身及来自月球、太阳的引力，这三种引力在受力方向上是相同的；而在地表的另一点 B 点，同样受到地球本身及来自月球、太阳的引力，但这三种引力在受力方向上则是不同的，B 点受到地球本身的引力与受到来自月球、太阳的引力方向相反（图2-7）。

同时，日、月对地球的作用会引起海潮与固体潮（地壳的变化），这对重力也有影响，这种对重力的影响总称重力日变。重力日变对重力勘探起干扰作用，采集及处理时需通过一定处理方法排除这种干扰。

重力勘探就是应用上述原理，用重力测量仪器在地面、水面、水下或空间中按一定的测网观测重力的数值并对所观测数据剔除一切非研究对象所产生的影响，包括正常场、高度影

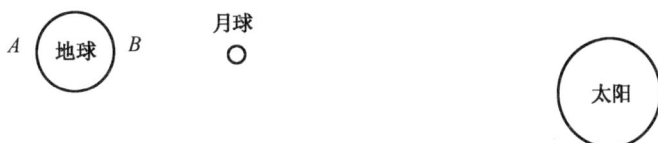

图 2-7　地面上物体重力随时间变化示意图

响、地形影响、区域影响等，最终使所得到的重力值变化仅与测区地下质量分布不均匀所引起的局部重力变化（重力异常）有关。

根据引力定律，可以计算重力异常的大小和分布状况，同时将计算结果与观测结果反复比较，并结合其他物探资料和地质资料对引起异常的地质原因做出地质解释。

重力勘探施工工序流程示意图见图 2-8。

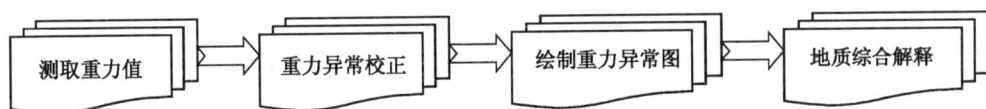

图 2-8　重力勘探施工工序流程示意图

测取重力值是指利用重力仪在规定的勘探领域内，按要求的测量网点，在野外测取各个测量点的重力值的过程。

重力观测仪器通常根据使用的弹簧材料不同可分为金属弹簧重力仪和石英弹簧重力仪两类。不论何种重力仪本质都是一种灵敏的机械秤。其原理见图 2-9。

重力异常校正指对野外所测取的重力值进行的消除与地下岩石密度变化无关的各种因素影响的过程。

重力异常图即重力异常平面分布图。重力异常图可清晰表明重力异常的分布范围、面积大小、异常幅度高低等情况。

重力地质解释指在重力异常分析基础上，参考和结合其他地质资料及勘探成果资料，针对勘探目的所做的局部重力异常地质解释。

二、重力勘探任务

1. 重力勘探在油气勘探领域的应用

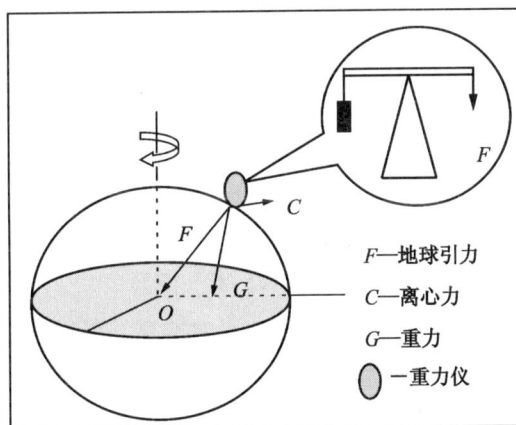

图 2-9　重力勘探原理示意图

重力勘探主要应用于以下几个方面：

一是用来研究地壳的基底和深部构造；二是研究区域地质构造和特殊岩性体（火成岩、盐膏岩、潜山、礁体等）；三是研究沉积岩内部构造（大断裂、隆起、坳陷等）并配合其他方法圈定含油气构造范围等。

2. 不同勘探阶段的重力勘探任务

（1）概查阶段：在勘探空白区进行以获得大地构造轮廓资料，为下步安排重力普查提供目标地区。

（2）普查阶段：在重力概查的基础上对有价值地区开展进一步的工作，目的在于划分区域构造和盆地边界，指明油气远景区。

（3）详查阶段：在含油气远景区内勘探，目的是较详细地研究工作区重力场分布规律和特点，提出二级构造带或地质体的位置和分布特征。

（4）细测阶段：在有利含油气构造范围内进行精细工作，以确定局部构造的形态和准确位置。

三、工程内容

1. 资料采集

重力勘探先是对工区踏勘并全面了解工区的自然环境和施工条件，然后选定驻地和组织队伍搬迁进驻工区。

二是根据设计书确定的工区位置、工作量、测点密度进行测量工作，确定实际点位和高程并做出标记。

三是重力观测人员采用重力仪，沿测线在确定的测点上进行观测和记录。

最后由解释人员对野外记录数据进行整理、校正并对观测结果做出评定。

1）重力勘探的精度要求

对重力异常的精度要求是重力测量的基本要求应以能反应探测对象引起的最小异常为准则，精度包括测量精度与各项改正精度（纬度、地形、日变等）。

2）重力仪的选择与试验

重力仪的选择原则是依据仪器性能和观测精度进行选择。

重力仪的性能需定时检测，检验内容包括：

（1）静态试验：目的在于了解仪器自身的零位移性能变化。在干扰小的室内每隔半小时观测一次，连续观测24h以上，经固体潮校正后得到静态零位移曲线。当一个测区投入多台仪器作业时，应把多台仪器的静态试验结果记录下来，以便了解各仪器的性能变化。

（2）动态试验：对仪器的反应速度即灵敏度进行的试验。

（3）一致性试验：当一个测区投入多台仪器作业时，需要观测它们之间的精度差的大小，此误差应控制在技术规范允许的范围之内。

3）野外测量与异常值计算

（1）测地工作。

①依据设计确定测点位置对测量结果进行点位校正和展点绘图。

②确定测点高程及进行高程校正。

（2）重力测量。

①基点与基点网：由于重力仪本身存在零点漂移，零点漂移积累随观测时间的延长而变大。因此，用重力仪在测点上观测时需要有一些精度更高、重力值已知的点来控制，这些点称之为基点。

重力基点连成的闭合网络称为基点网。基点网的作用在于控制普通点的观测精度，避免积累误差，检查和校正重力仪的零点漂移。当测区较小时，只需一个基点便可，当测区较大时，应建立基点网。

②测点（普通点）观测：每个工作单元观测之前，首先需对基点进行两次观测，差值在允许范围之内时方可进行观测。

每次观测前，仪器须摆动2～3min以上，在充分稳定后方可观测。一个测点的观测值由三次独立观测结果的平均值确定。

（3）结果整理。

①初步整理：通过计算机对观测的重力值进行固体潮校正和零相位校正。

②重力异常的计算：对各测点测值依据纬度、地形等因素按相应校正计算公式进行。

2. 数据处理

1）数据处理的目的

数据处理的目的一是把不同规模的地质体引起的异常划分开。例如为寻找局部构造，通常使用计算趋势剩余异常和求导数等处理方法来突出局部异常。二是使异常简单化以便于解释。三是突出异常的内在特点以便解释。

2）数据处理流程

首先接收野外合格原始记录进行校正，然后通过计算机绘制有关图件提供合格的重力异常图。

3）数据处理主要内容

数据处理主要内容包括重力场的分离、滤波、延拓、导数换算、分量梯度处理等。

3. 资料解释及成果

资料解释内容包括收集整理测区内的岩石密度资料，了解地质情况，分析已有其他物探资料。在此基础上对重力异常进行识别和分析，推断重力异常可能反映的地质因素。

资料解释方法：分为定性解释和定量解释。

定性解释指根据重力异常形态及其他信息来推断异常源的岩石物性及地质原因。

定量解释指利用数学物理方法反演异常源的岩石物性及几何参数（形态、规模、位置）。

解释成果指在定性解释和定量解释的基础上综合其他多项资料，对异常源建立地质—地球物理模型进行地质推断，提供工区基底起伏、火成岩及断裂分布、构造的展布、有利远景区划分等方面的成果。

重力解释基本包括下面三个步骤：

第一步：重力数据的检查。检查重力资料是否进行过整理，测点密度能否解决地质问题，进行适当的地形校正等。

第二步：重力异常校正，确定"剩余"重力异常。经过适当校正消除那些与地下岩石密度变化无关因素的影响，得到"剩余"重力异常值。剩余重力异常反映的是局部异常即局部构造和岩性变化。

第三步：剩余重力异常的分析。定性分析重力高、重力低；根据剩余重力异常估算地质体的深度、密度；重力定量反演模拟、地质和地球物理约束，确定地质构造深化地质解释。

四、重力勘探成果实例

应用高精度重力，查找推覆体下的煤系地层是一项探索性勘探工程，工区位于徐州市，根据重力异常图，做出地质解释，解释成果图表明该区的地质构造情况。

从图 2-10 中可看出测区内重力异常总体呈北东走向，重力低带与重力高带表现为相间分布，从西向东依次有赵台重力低、塔山—马山重力高带、太山—许台重力低带和祁家庙重力高。

通过综合解释（图 2-11），可以推断测区范围内最大凹陷带在太山—许台一线，太山凹陷最深可达 1300m，此区也是煤层最厚的地区，煤层厚度可达 500m 左右。

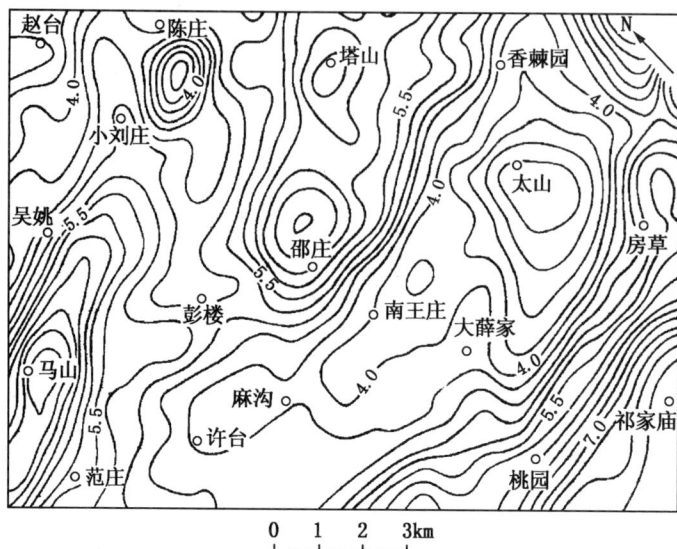

图 2-10 徐州工区重力异常图

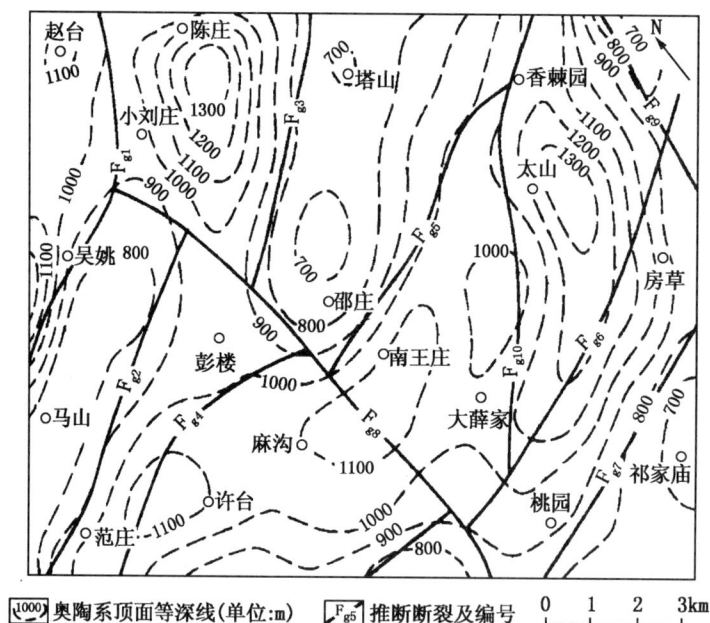

〔1000〕奥陶系顶面等深线(单位:m)　　〔F g5〕推断断裂及编号　　0　1　2　3km

图 2-11 徐州工区重力解释成果图

五、工程造价相关标准与工程造价

1. 人员配备标准

表 2-7 表明重力队岗位与人员配备数量。重力队人员配备包括队领导、后勤、测量、重力观测、解释与司机等共 18 人。

表2-7 重力勘探队人员配备表

序号	组 别	岗 位	人员数量		
			合计	干部	工人
		合计	18	7	11
1	队部	领导、会计、出纳、统计、报务、安全	3	2	1
2	后勤组	炊事、茶炉、医务	2		2
3	测量组	组长、观测、记录、标尺、测距	6	2	4
4	重力组	组长、观测、记录	2	2	
5	解释组	组长、资料处理、计算、质量控制	2	1	1
6	司机组	仪器车	3		1
		测量车			1
		后勤车			1

2. 设备配备标准

重力勘探队设备配备标准:重力仪1台,测量仪1台,车辆3台。

3. 专用工具配备标准

重力勘探队专用工具配备标准:电台1台,对讲机4部。

专用工具摊销年限与摊销办法与地震勘探相同,见地震勘探相关章节。

4. 重力勘探地类划分标准

重力勘探地类划分主要根据地表情况、通视条件等因素对生产进度影响程度划分为三类。重力勘探地类划分标准见表2-8。

表2-8 重力勘探地类划分标准表

地 类	划 分 标 准
Ⅰ	平原、草原、硬戈壁。车辆基本能够沿测线行走。通视距平均1km以上
Ⅱ	旱田为主,居民密集的平原区;半山区、沙漠外围、切割轻的黄土塬、混生地区;车辆可沿1/2测线行走。通视距平均0.3~1km以内
Ⅲ	水网地区、山区、沙漠区、切割重的黄土塬、城郊区、森林边缘。车辆难以沿测线行走。通视距平均0.3km以内

5. 日额定工作量

影响重力勘探队劳动效率的主要因素一是测点密度(点距),二是地表条件(地类)。各地类日额定工作量见表2-9。

表2-9 重力勘探队日额定工作量表

点距(km)	施工条件		
	Ⅰ	Ⅱ	Ⅲ
0.25	60	40	20
0.5	40	24	12
1.0	25	13	7

6. 材料消耗量

重力勘探主要材料消耗是笔记本或记录卡，因消耗数量和费用较少，一般不单独计算。

7. 重力勘探工程造价

在地表条件和点距已知的情况下，通过队日额定工作量、人员数量、设备配备数量、专用工具配备数量计算人员工日、设备台班、专用工具摊销的消耗量，再依据相应价格计算出相应费用项目费用，汇总可得到重力勘探工程造价费用。

重力勘探工程造价方法与计算同前节所述化学勘探工程造价相似，测算方法参见化学勘探工程案例。

第三节 磁力勘探工程与工程造价

一、基本概念与原理

1. 基本概念

磁力勘探就是测定、分析和研究地壳各种磁力异常，找出磁异常与地下岩石、地质构造及有用矿产的关系，做出地下地质情况和矿产分布等有关结论，从而达到寻找矿产资源的勘探方法。

磁力异常就是磁法勘探中的观测值与正常磁力值和日变值的差值，常用符号 ΔT 表示。

日变值是指地壳同一点的磁场强度每日不同时间的变化值，日变值是各种原因引起磁场长期变化和短期变化之和。

2. 磁法勘探原理及观测信息

地球类似一个具有正负两极的大磁铁（图 2 - 12）。地球周围存在的磁场称为地磁场，地磁场产生的原因为地球内部电流的对流。

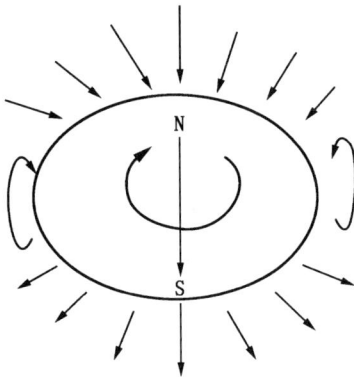

图 2 - 12 地球地磁场示意图

在地磁场的作用下，地壳中的岩层、岩体和矿体都不同程度地被磁化而具有磁性。具有磁性的地质体（岩层、岩体或矿体）在其周围空间又形成各自的磁场，其叠加在正常地磁场上使地磁场正常分布规律发生变化，产生磁异常。

以正常地磁场作为基本场，有效提取研究对象引起的磁异常，用于解决地质问题是磁力勘探的重要任务。

磁法勘探就是通过磁力仪在地表观测磁力异常变化规律，达到研究地下地质构造或寻找某种矿产资源的勘探勘探方法。

3. 地磁场的变化

叠加在地球基本场上的变化场指的是随时间变化的磁场。其成因分为两类，一类是地球内部缓慢变化的长期变化场，长期变化场总的特征是随时间变化缓慢，周期长，一般为几十年或更长，这类变化场对磁力勘探影响不大。另一类是地球外部场源的短期变化场，短期变化场对磁力勘探影响大，主要是太阳对地球的影响引起的。这种变化一是太阳静日变，以一个太阳日（24h）为周期，称为地磁日变。基本特点是：逐日不停的变化，相位不变，振幅变，白天变化大，夜晚平静，夏季变化幅度最大，春秋居中，冬季变化最小。另一种是杂乱无章的变化称为干扰变化，是磁暴影响的结果。

由于地磁的日变与偶然发生的干扰对磁力勘探影响很大，实际工作中须采取相应的措施减小这类影响，建立观测站观测地磁场的日变变化并进行日变校正。当磁暴发生时应停止野外磁场测量工作。

4. 磁力勘探观测的内容

在直角坐标系中，将坐标原点选在测点上，X 轴指向地理北，Y 轴指向地理东，Z 轴向下指向地心，XOY 为水平面，如图 2-13 所示。地磁场强度 T 在 X、Y、Z 上的投影分别为北向分量，东向分量、垂向分量。T 在 XOY 平面的投影 H 称为水平分量，H 与 X 的夹角 D 称为磁偏角，T 与 XOY 平面的夹角 I 称为磁倾角。通常将 Z、H、X、Y、D、I 称为地磁要素，它们之间的关系为：

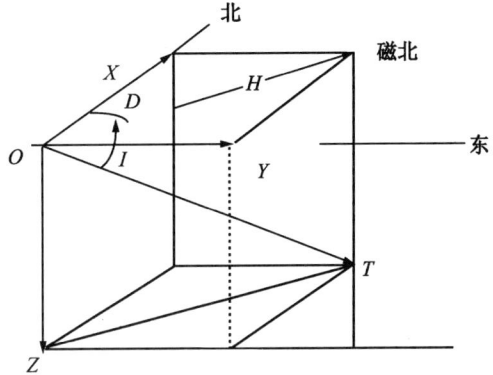

图 2-13　地磁场要素示意图

$$X = HcosD, \quad Y = H \cdot sinD, \quad Z = H \cdot tanI$$
$$H^2 = X^2 + Y^2, \quad T^2 = H^2 + Z^2$$
$$T = HsecI = ZcscI$$
$$TanD = Y/X$$

在地磁场的测量中，通常观测 Z、H 或 T 的相对变化值。

二、适用范围及主要用途

磁力勘探适用于勘探目标与围岩存在明显磁性差异、地质异常体在规模和埋藏深度上能产生可观磁异常、干扰异常应能被识别和排除的地质条件下使用。

磁力勘探是一种轻便、快捷的勘探方法，勘探精度随着电子仪器的更新换代而不断提高。目前磁力勘探已成为地质勘探的重要手段。

在石油勘探中，磁力勘探主要用于研究结晶基底的起伏与结构，测定深大断裂和火成岩活动地带。近年来，高精度磁力勘探在探索研究沉积岩构造方面也有一定效果。

三、工程内容

磁力勘探工程包括野外资料采集及整理、资料处理、资料解释三个阶段。

1. 野外资料采集及整理

磁力勘探数据采集的搬迁与测量工作和重力勘探的搬迁与测量工作相同。

磁力勘探数据采集操作人员沿测线在确定的点位上利用磁力仪进行观测并记录数据。

解释人员对野外记录数据进行日变校正并对野外观测质量做出评价。

1）精度要求

磁力异常的精度应以能反应探测对象引起的最小异常为准则，精度包括测量精度与各项改正精度。

2）磁力仪

（1）磁力仪的选择：需根据观测精度要求选择仪器。同一工区测量同一地磁要素时应采用同一类型磁力仪。

在我国被广泛使用的加拿大先达利公司生产的 MP-4 型质子磁力仪是一种带微处理机的高分辨率磁力仪，可以测定磁场总强度和垂向梯度进行流动观测，也可作随时间变化的固定记录。由于这种仪器采用微电子技术，不仅灵敏度高，而且可以使数据采集与磁日变校正实现自动化。

（2）磁力仪的性能试验。

试验方法与内容：在每一工区正式施工前和施工后均应对使用仪器的噪声水平、一致性、系统误差等进行测定。

仪器噪声水平测定：噪声是衡量仪器的主要指标之一，它反映仪器的稳定性。在非常小的范围内可以认为地磁场是相同的，而各台仪器的噪声则是随机的，把多台仪器观测的平均值作为真值，各台仪器观测的值与真值的差值可视为噪声。

仪器一致性测定：同一工区若使用两台以上磁力仪测量时，它们之间的精度差的大小应在允许的范围之内，便于获取的资料拼接。

仪器系统误差的测定：是指不同仪器测值与标准测值的整体误差，在远离干扰源的正常场设置 30～50 个点，点距 20～100m，将所有用于测量的仪器共用一个探头依次在各点上观察，观测时保持探头的方位、高度等一致，将观测结果与经日变改正后的结果对比即可分析每台仪器的系统误差。

3）野外测量

（1）测地工作。

按设计要求确定测点位置，对测量结果进行点位校正和展点绘图。

（2）磁力野外测量。

①磁测基点选择与联测：首先选择起算点（磁测基点），以基点处的磁场作标准，再与测区内各点的观测值进行比较，在对观测点的观测值做过各种校正后，若仍高于基点的观测值，则该点的磁异常为正；反之为负。基点要选择在磁场稳定、干扰小的地方。一个工区基点的多少应根据测区的范围而定，范围较大可选择两个或两个以上。多基点需进行联测目的是求取基点间的差值，经多次观测求平均值（100 多次）确定。

②测点观测：观测前后须对仪器经过校正点、基准点校正，观测时操作人员不准携带磁性物品，保持方位准确及一致并尽量避开干扰区，若无法避开时需对干扰源进行记录，以便对异常做出正确解释。

③地磁场日变观测：把日变观测设在磁测基点上，早于仪器校正点观测开始和晚于仪器校正点观测结束。观测一天的日变曲线，用该日变曲线对测点观测值进行日变校正（图 2－14）。

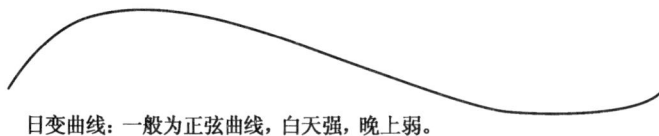

日变曲线：一般为正弦曲线，白天强，晚上弱。

图 2－14　地磁场日变曲线图

④磁测质量检查和评价方法：磁测结果的质量检查目的在于了解通过野外工作所获得的磁异常数据的质量。检查通常采用抽查的方法，检查观测点数要大于测点总数的 3％，绝对点数不少于 30 个。

检查观测应贯穿整个磁测工作全过程，检查观测点在测区内的分布均匀，与原始观测采用不同仪器、不同时间在同一点位上进行。检查观测与原始观测的方法相同，资料整理方法也相同。

⑤磁力观测结果的整理：使用磁力仪进行高精度磁测，在把日变观测站设在磁测基点的情况下，测点磁异常 ΔT 的计算公式为

$$\Delta T = T_{测点} - T_{日变} + T_{梯度} + T_{高度} + T_{基点} + T_{系统}$$

式中　$T_{测点}$——测点上磁场观测值；

$T_{日变}$——日变站上磁场观测值；

$T_{梯度}$——正常梯度改正值；

$T_{高度}$——高度改正值；

$T_{基点}$——基点改正值；

$T_{系统}$——系统改正值。

$T_{测点} - T_{日变}$ 称为日变改正项。

⑥磁异常图的绘制：常用磁力异常图件有磁异常剖面图、磁异常平面剖面图、磁异常平面等值线图三种。

磁异常剖面图反映某剖面上异常变化情况；磁异常平面剖面图是由全区测线位置图与各测线剖面图组成，反映全区各测线剖面上的变化；磁异常平面等值线图是利用等值线反映全区磁异常的变化。

2. 资料处理

磁力勘探数据处理的工作流程首先接收合格的野外原始资料并进行正常场校正，必要时作高度校正，再通过计算机绘图，最后提供原始合格的磁力异常图。

磁力勘探数据处理的内容是磁场分离、滤波、延拓、分量梯度处理等。

3. 资料解释

（1）资料解释的内容包括了解工区的地质情况，收集、整理测区内岩石磁性资料，收集、分析已有其他物探资料。根据掌握的地质、物探资料，对磁力异常进行识别和分析，推断解释引起磁异常的地质原因。

（2）资料解释的方法：分为定性解释和定量解释。定性解释是根据磁力异常的形态特征及其他信息来推断异常源的岩石物性及地质原因。定量解释是利用数学、物理方法反演异常源的岩石物性及几何参数（形态、规模和埋深）。

（3）资料解释的成果：在定性、定量解释的基础上，综合地质和其他资料对异常源建立地质—地球物理模型进行深入的地质解释，提供工区内结晶基底起伏、基底岩性、断裂分布、岩体活动、构造分区及远景预测。

（4）解释磁异常的途径和方法。

对磁异常做出合理的地质解释通常按以下方法和步骤进行。

①判断引起磁异常的地质因素。磁异常呈线性条带、弧形条带、S形条带时，通常是构造带的反映；区域性磁力高或磁力低，通常是隆起、凹陷、穹隆、盆地等的反映；局部磁力高通常是岩体或矿体的反映。

②判断磁性地质体的位置。只有正异常而无负异常或两侧虽有负异常但不明显或两侧负异常大致相等，通常解释为磁性地质体的顶面，位于磁异常正下方；磁异常正负伴生通常解释为磁性地质体的顶面大致位于正负异常之间且在梯度陡的下方。

③确定磁性地质体埋藏深度的常用方法：a. 特征法；b. 切线法；c. 等值线法；d. 拐点法。

④根据等值线的形状和轮廓大致确定磁性地质体的形态。

磁力测量资料主要用来研究地质构造，研究深大断裂，计算结晶基底的埋深，寻找油气的构造圈闭、盐丘等以及寻找磁铁矿床、煤田、金属、非金属矿床等。

4. 磁力勘探案例说明

徐州地区查找推覆体下的煤系地层的磁力勘探。

地质资料指出测区内呈脉状辉绿岩广泛分布并严格限于震旦系地层之上，辉绿岩具有较强磁性，可以引起较大的磁异常。从区内磁异常特征看（图2-15），表现为强度大，梯度也大，呈带状分布，是典型的侵入岩磁性特征。

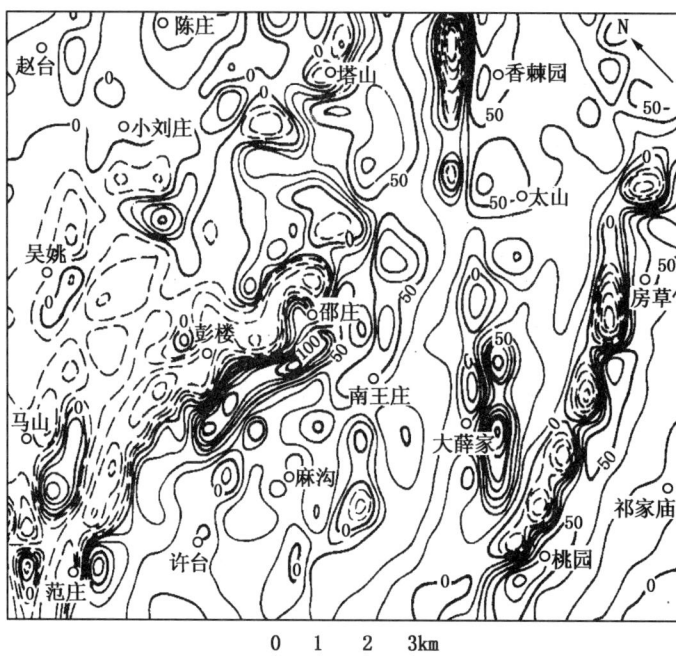

图2-15 徐州工区磁异常图

测区内辉绿岩体的存在肯定了推覆体的存在，辉绿岩体的底界面覆盖于煤系地层之上。

通过反演推断煤系地层的顶面深度，做出解释成果图（图2-16），表明煤系地层的底界深度及形态。

四、工程造价相关标准与工程造价

1. 人员配备、设备配备、专用工具配备、磁力勘探地类划分、日额定工作量标准

磁力勘探工程也如其他非地震工程一样，是按资料采集、资料处理、资料解释三阶段进行。各阶段的工程造价费用相对独立，需分别计算。

在勘探上，若重力勘探与磁力勘探同时进行，人员配备需增加3人，设备配备、专用工具配备、磁力勘探地类划分、日额定工作量标准与重力勘探一致。

2. 材料消耗量

磁力勘探主要材料消耗与重力勘探材料消耗一致主要是笔记本或记录卡，费用少不单独计算。

3. 磁力勘探工程造价

在地表条件已知的情况下，通过设计工程量、队日额定工作量、人员数量、设备配备数量、专用工具配备数量，计算人员工日数、设备台班数、专用工具摊销量。再依据相应价格

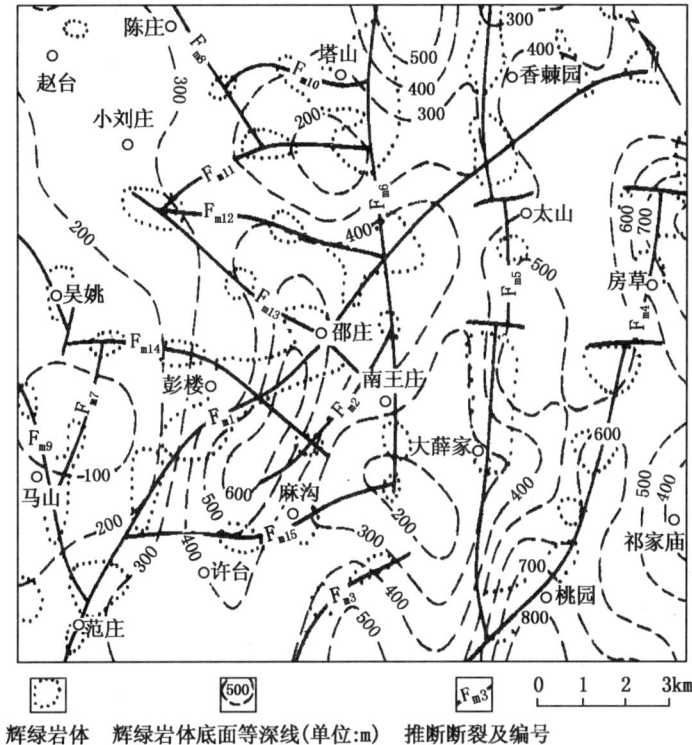

图 2-16 徐州工区磁异常解释成果图

可计算出相应费用项目费用，汇总可得到磁力勘探工程造价费用。

磁力勘探工程造价方法与计算同前所述化学勘探工程造价相似，详细测算方法参见化学勘探案例说明。

第四节 电法勘探工程与工程造价

电法勘探在油气勘探中有着十分重要的作用。从解放初期到 20 世纪 60 年代初，电法勘探主要采用的是电测深法和大地电流法，对我国各大盆地的石油普查勘探中发挥了一定的作用。由于这类勘探方法的分辨率低、误差较大等因素，与地震反射法寻找构造油藏相比效果较差，从 20 世纪 60 年代中期到 70 年代末，电法勘探应用进入了低谷时期。

20 世纪 70 年代末，随着高性能数字化仪的出现，大地电磁法得到了较大发展。大地电磁法具有不受高阻层屏蔽和对低阻层分辨率高的特点，深受石油物探界的青睐。在短短几年内大批引进大地电磁仪，数量明显增加，勘探效果非常明显。特别在碳酸岩和火成岩地区，由于地层界面不明显，地震勘探效果不好，而应用大地电磁则效果尤为突出。同时，在其他地震勘探难以进行的地区也同样取得了明显的地质勘探效果，使电法勘探在石油物探中的应用出现第二次高潮。

电法勘探在普查中用于研究区域构造，确定盆地基地起伏，圈定远景区。在碳酸岩和火成岩地区及地震条件复杂地区，是地震勘探的有利补充。

一、基本概念与原理

1. 基本概念

电法勘探是基于岩石、矿石的电性差异，通过观测和研究天然的或人工的电场空间和时间分布规律来勘查地质构造和寻找有用矿产的一类勘探方法。

电法勘探是利用电学和电磁学提供的方法和理论来研究地质问题的应用科学。

2. 电法勘探原理

在各种物理勘探方法中，电法勘探的变种或分支方法很多。就其物理基础而言，可以利用岩石的电阻率（ρ）、磁导率（μ）、介电常数（ε）和极化特性等方面的差异；就其物理场的性质而言，可以利用人工场（主动场），也可以利用天然场，可以利用直流电，也可以利用不同频率的交流电。

电阻率测深法和大地电磁测深法是石油电法勘探的两类基本方法。前者属人工直流电法勘探，它是通过改变供电电极距，改变电流分布深度，以研究电阻率随深度的变化规律。后者属天然交变电磁法，它通过对不同频率电磁场的观测，来实现研究的目的。电磁波的频率越低，穿透物质的能力越强。

电法勘探各方法都是以岩石电阻率的差异为物理基础，各有其特点和局限性。例如，直流电法对低电阻层有较好的探测效果，但对于高电阻层往往造成屏蔽，使探测效果变差。而电磁类勘探对高电阻层有较强的穿透能力，对低电阻层比较敏感，尤其分辨高电阻层中的薄层效果较好。因此，要根据不同方法特点和地质条件合理地选择使用，达到最佳的地质勘探效果。

二、电法勘探方法及工作内容

在石油天然气普查中直流电测深法（VES）、大地电磁测深法（MT）、可控源音频大地电磁测深法（CSAMT）、瞬变电磁测深法（TEM）等是比较有效的电法勘探方法。

1. 直流电测深法（VES）

1）基本原理与概念

直流电测深法是利用岩石、矿物的导电性——电阻率来描述地层的性质。

根据物理学定义，均匀介质中直流电路的电阻（R）和介质长度（L）成正比，与截面积（S）成反比，即

$$R = \rho \times L/S$$

比例系数 ρ 称为介质的电阻率，电阻率越高导电性越差，电阻率越低导电性越好，与电导率（$\sigma = 1/\rho$）成反比关系。

影响岩石电阻率的因素很多，如岩石的矿物成分与结构、含水性、矿化度、地温及其他环境条件等。

岩石是由不同的矿物和胶结物组成，矿物的成分与结构不同岩石的电阻率也就不同。研究表明，组成岩石的矿物颗粒大小、形状及电阻率的高低对岩石电阻率影响不大，除非颗粒含量相当大（大于60%）。各影响因素相比较，胶结物电阻率之高低及连通性更影响岩石电阻率的大小，这是因为矿物颗粒体积含量不大时，颗粒间是彼此孤立的，胶结物却是连通的缘故。当矿物颗粒体积含量增大到彼此连通时，对岩石电阻率才有明显的影响。

在自然条件下，沉积岩空隙度大，含水分多，电阻率低；火成岩因风化作用裂隙中也含有相当多的水分，故电阻率也不会高；变质岩的电阻率与变质程度有关，变质越深，岩石越致密，电阻率越高。

岩石电阻率随温度升高而降低,这是由于电离子活动能量随温度升高而增强的缘故。

一般情况下,火成岩和变质岩电阻率较高,通常在 $10^2 \sim 10^6 \Omega \cdot m$ 范围内,沉积岩较低,黏土的电阻约为 $10^{-1} \sim 10^1 \Omega \cdot m$,砂岩为 $10^1 \sim 10^3 \Omega \cdot m$;致密灰岩电阻率相对较高,一般在 $10^5 \Omega \cdot m$ 左右。天然状态下的岩石含有水分,电阻率比干燥岩石要低。详见表 2-10。

表 2-10 岩石电阻率表

分　类	岩 石 名 称	天然岩石电阻率（$\Omega \cdot m$）	干燥岩石电阻率（$\Omega \cdot m$）
沉积岩	黏土	$0.5 \sim 30$	
	泥页岩	1.0×10^3	1.0×10^6
	长石砂岩	6.8×10^2	1.0×10^6
	砂岩	3.5×10^4	3.9×10^5
	石灰岩	2.1×10^5	2.3×10^7
变质岩	角岩	8.1×10^3	6.0×10^7
	片麻岩	6.8×10^4	3.2×10^6
	石英岩	4.7×10^6	
火成岩	花岗岩	1.6×10^6	3×10^{13}
	玄武岩	2.3×10^4	1.7×10^7
	辉绿岩	2.9×10^2	8.0×10^8
	橄榄岩	3.0×10^3	
	石英闪长岩	2.0×10^4	1.8×10^5

在沉积盆地中,岩层的地质年代、沉积环境、含水性不同,电阻率也不一样。因此可以用电测深法研究沉积盆地的区域构造、寻找和圈定局部构造。

当在地表向地下供电时,地下电流密度的分布及电流流入地下的深度,取决于供电电极距的大小。当增大供电电极距时,电流流入地下的深度也就增大,如果采用不同大小供电电极距进行视电阻率（ρ_s）的测量,就可以得到一条反映地下不同深度地层的 ρ_s 曲线,通过研究这条曲线,就能得到不同深度地层的变化信息。

大地电阻率计算公式为

$$\rho_s = K \times \Delta V \div \Delta I$$

式中　ρ_s——电阻率;

　　　K ——装置系数,由电极距决定;

　　　ΔV ——两极间电位差;

　　　ΔI ——供入地下的电流强度。

该方法在 20 世纪 80 年代前是石油电法勘探的主要方法。由于直流电穿透地层的能力差、探测深度浅,目前较少使用。

2）直流电测深法对仪器的要求

（1）有较高的灵敏度和抗干扰能力:灵敏度高与抗干扰能力强可以提高精度。

（2）稳定性好:要求仪器能在气候条件恶劣、温度与湿度变化大的野外条件下稳定工作。

（3）有较高的输入阻抗：要求仪器对地下电阻率大小的地层都能测量，有较高的输入阻抗。

（4）轻便：该方法主要应用于交通不便、地形复杂的地区。

（5）记录数字化，处理实时化：随时进行数字化处理，是提高精度和效率的重要措施。

3）直流电测深法的野外工作方法

（1）测线的布置与测点选择：测线应垂直构造走向，至少有1～2条测线通过研究的地质目标；选择一个测区普遍存在、厚度大、电阻率稳定，并且与上覆层有明显电性差别的电性层作为标准层，以它为标准与其他层对比。石油勘探中常以大套灰岩层或变质岩层作为标准层。

测点应布置在地形平坦、表层电性均匀、干扰小的地方。

（2）电极距的选择。

供电极距与测量极距的关系（图2-17）：供电极距用 ab 表示，测量极距用 mn 表示，始终保持 $ab = 3mn$。

图2-17　供电极距与测量极距关系图

供电极距 ab 的选择：最小能满足最浅目的层，最大能满足最深目的层。

（3）电极排列方向和野外工作方法：电极应布设在干扰最小的方向，与干扰电场的方向垂直，与地形走向、构造走向平行，在电测深中是供电极与测量极都对称于一个中心点。

（4）直流电测深资料的处理。

采用理论量或计算机自动进行反演，在解释之前对曲线因构造引起的畸变进行校正。

（5）直流电测深资料的解释。

收集测区的电测井和钻井资料，了解电性层与什么地层对应关系，把测得的电阻率转换成对应地层并解释相关地质问题（图2-18）。

2. 大地电磁测深法（MT）

1）基本原理与概念

大地电磁测深法（简称MT）是1950年苏联学者和1953年法国学者分别提出来的，是一种利用天然交变电磁场研究地球电性结构的地球物理勘探方法。由于它不需人工供电、工作方便且不受高阻层屏蔽，勘探深度随电磁场频率变化而变化，深可达数百公里，浅到几十米。因此，近年来在许多领域得到成功应用。其在俄罗斯、美国、加拿大、欧洲等国家与地区的地球物理勘探中都占有重要地位，近年来在我国也取得快速发展。

大地电磁测深法是基于电磁感应原理，以岩石、矿石的电磁性质、电化学性质的差异为基础，用于研究地球电性的一种地球物理方法。

大地电磁测深法的场源来源于地球磁场与太阳风的相互作用，见图2-19。由于电离层与大地均具有良好的导电性，而所夹的空气层几乎不导电，且空气层空气较薄，结构类似于一个平板电容器，空气中的电磁波近似为平面电磁波。

以天然交变电磁场为场源，当交变电磁场以平面波的形式垂直入射大地时，由于电磁感应作用，地面电磁场的观测值包含有地下介质电阻率分布的信息。其次由于电磁场的趋肤效应，不同周期的电磁场信号具有不同的穿透深度。因此，研究大地对天然电磁场的频率响应

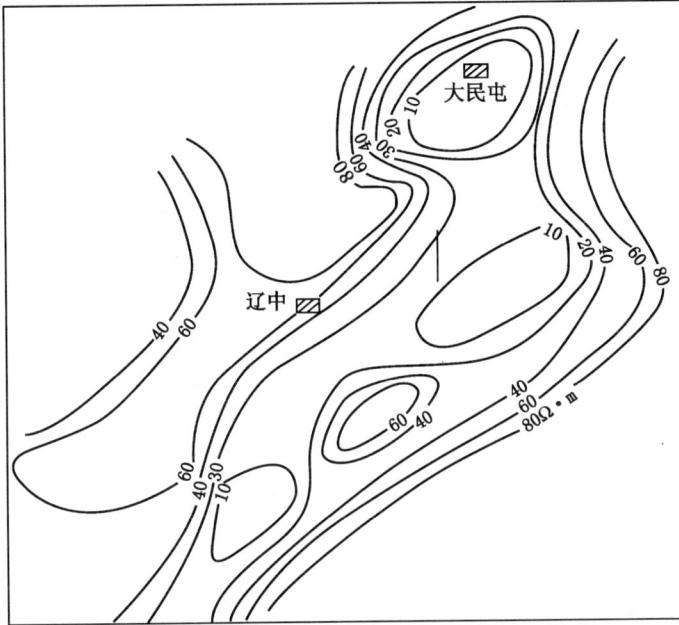

图 2-18 电阻率平面图

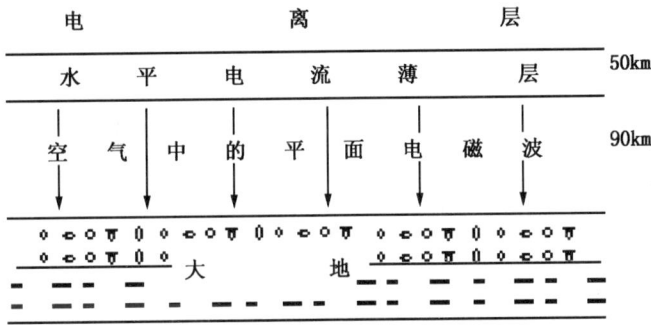

图 2-19 大地电磁场源结构示意图

可获得地下不同深度介质电阻率分布的信息。

大地电磁测深法广泛应用于石油天然气勘探，特别在地震勘探难以进行的地区如火成岩和碳酸岩覆盖地区勘探效果较好。

我们知道地磁场分为基本场与变化场，基本场起因于地球内部，是磁力勘探的研究对象；而变化场起因于地球外部，是大地电磁测深法的研究对象。这种变化场又称为大地电磁场或大地电磁变异。大地电磁变异与太阳风以及大气中的放电现象有关，大气放电现象可分为磁暴、磁湾、地磁脉动和雷电几种形式。

磁暴：是一种振幅变化十分剧烈的不规则的电磁变异，有强、大、弱之分，变化分为初始期、主相期和恢复期。

磁湾：一般出现在零时左右，延续时间在 1~2h，变化幅度小。

地磁脉动：是一种正弦或近似正弦的地磁变异，变化微弱，周期为几秒到几百秒。

雷电：雷电产生的地磁变异呈短暂的脉冲形式，振幅变化大，具有强烈的地区性和季节性。

大地电磁场还有明显的空间与时间分布规律。高纬度强，低纬度弱；夏季强，冬季弱；白天强，夜间弱。

大地电磁测深法也有不足之处，野外施工期间和每个测点上数据采集时间内受大地电磁变化的制约，记录质量与效率受到限制，成本较高。其次，分辨率不高，观测误差较大。在处理与解释方法上目前还不够成熟，有待进一步发展。

2）对大地电磁仪的要求

由于大地电磁测深接收的是天然大地电磁场，应用的是低频信号，且信号弱、干扰强。因此，要求大地电磁测深仪器频带宽、动态范围大，具体一是低噪声，高抗干扰能力；二是高灵敏度；三是通频带宽；四是动态范围大；五是轻便，适于野外长期稳定观测。

3）大地电磁仪的功能

大地电磁仪由接收系统（电接收器与磁接收器）、采集系统（包括前置放大、数模转换与数字记录）、处理系统（包括采集回放与监视）、打印输出（磁带记录与打印）与电源系统组成（图 2-20）。

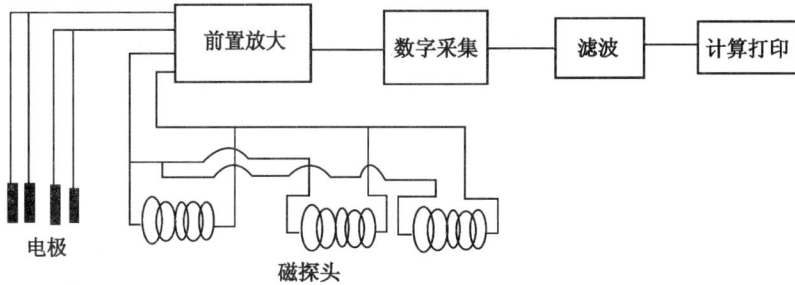

图 2-20　大地电磁数字仪系统框图

大地电磁仪是用来在野外测点上记录电场水平分量 E_x，E_y，和磁场水平分量 H_x，H_y 及垂直分量 H_z 五个分量，并对记录的信号进行处理。

大地电磁仪具有完成数据采集与处理两大功能。

（1）探头：也称传感器，具有接收磁信息的功能。包括测量电场水平分量 E_x、E_y 的电极和测量磁场分量水平 H_x、H_y，垂直分量 H_z 的磁探头。

电极一般用铅板做成，测量磁场的仪器种类较多，有专门测量磁场强度的磁力仪。

（2）采集系统：包括前置放大与数字采集两部分，前者是将电极和磁探头接收到的电磁信号放大，后者是将模拟信号进行数字化处理。

（3）处理系统：将数字信号转换成判别地层的参数。

（4）打印输出：将计算的全部有用信息打印或绘制必要的图件。

目前，国内使用较多的仪器有加拿大凤凰公司的多功能 V_5 系统，德国的 05 系统，美国的 EMI 系统。

加拿大凤凰公司的多功能 V_5 系统前置放大器可接收 5 道信号（2 个电道，3 个磁道），并将经过放大的信号传输到资料处理系统主机，完成一系列计算后存入内存中。这套系统一次布极最多能观测 5 个站点。

4）大地电磁野外工作方法

（1）选点：大地电磁测深一般用大比例尺地形图定点。测区地形应尽量开阔、平坦，避开沟谷、小丘等地形和公路、铁路、电台及高压线等电磁干扰设施。

（2）布点：野外布点一般采用"十"字形方式（图2-21）。电极距长度一般在50～300m之间，两端电极应尽量水平；H_x和H_y磁棒的方向与E_x和E_y重合，H_z应垂直水平分量。

电极与磁探头分别埋入地下，水平磁棒一般埋入地下0.30m，垂直磁棒应垂直埋入地下。

（3）观测：布站结束后，操作人员对各道信号进行检查确认无误后进行观测与记录。

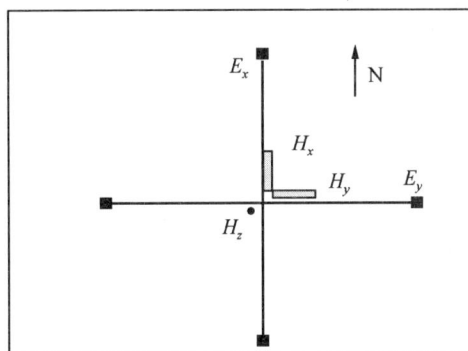

图2-21 一个测点电磁勘探布置方式

5）大地电磁的资料处理

大地电磁的资料处理方法包括张量阻抗元素求取的Robust方法、远参考大地电磁测深法、地形校正、局部异常体校正等。用以减少噪声干扰提高信噪比，消除非构造因素对反演结果的影响，增强电磁方法对构造的分辨率。

6）大地电磁的地质解释

根据测得的电性剖面，做出地质解释与推断。解释内容包括：

（1）研究地壳和上地幔的电性结构：落实地壳与地幔的高阻层与高导层。

（2）研究区域构造：依据区域内厚度大、分布广地层的电性资料的变化，推断构造的变化。

7）大地电磁测深勘探成果案例

1994年在广西十万大山完成一条19km长的大地电磁测深剖面，经过反演处理后剖面有很好的成层性，见图2-22。剖面显示出三个高阻率异常体，分别在横坐标5000、10000、18000处，如5000处的高阻率异常体综合解释为生物礁，打井得到证实。

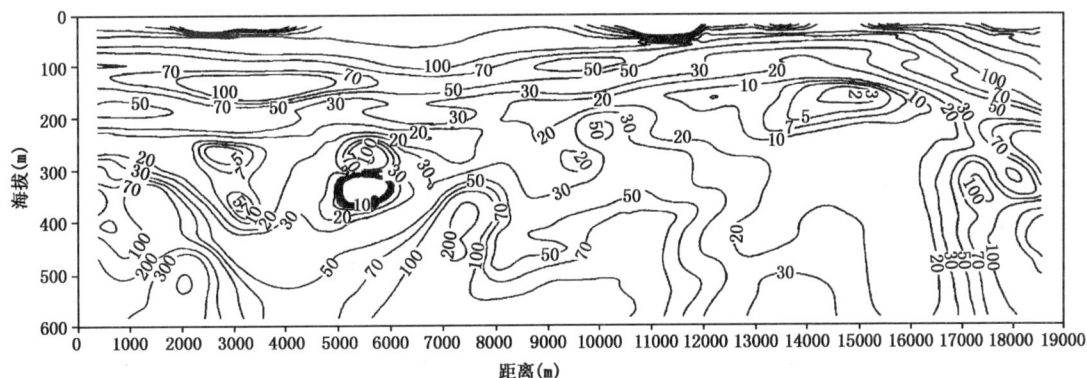

图2-22 广西十万大山某测线大地电磁测深电阻率—深度剖面图

3. 可控源音频大地电磁测深法（CSAMT）

1）基本原理与概念

可控源音频大地电磁测深法（亦称可控声源电磁法）是以人工场为场源的一种电磁测深勘探方法，实质是利用人工激发的电磁场来弥补天然场的不足。具体做法是人工向地下发送交变电流建场，在每一测点，从高至低改变各发射频率，电磁波穿透地层深度不断加大，同时在测线的测点上，观测频段视电阻率值，可得到一条 CSAMT 测深曲线，达到电阻率测深目的。

可控声源电磁法优点：对高阻层穿透能量强，灵敏度及信噪比高、资料质量好，仪器轻便、施工人员少、灵活、速度快、成本低，特别适合于山区、半山区及人文干扰强的地区。

可控声源电磁法缺点：探测深度受电源功率、地层电性及频率的限制，通常为 2～3km。

2）野外采集方法

工作布置：供电极距一般 1～3km，测点距 10～300m，测点与供电极的距离（收发距）5～10km，见图 2-23，图 2-24。

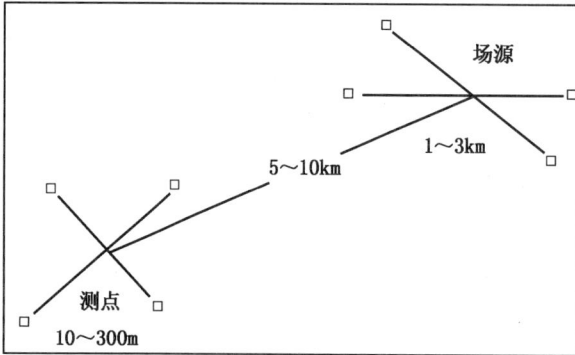

图 2-23 可控声源电磁法野外布置示意图

供电：电源供应频率很宽、波形稳定的电流，电压 1000V，电流 20～100A。

仪器：能实时处理的数字化仪，频率范围 0.1～2000Hz，多道记录多个采样点记录。

3）资料处理与解释

为消除地表结构、地形对所记录地层电性的影响需进行一系列校正处理，然后对校正过的电性曲线进行地质解释与推断。由于可控源大地电磁

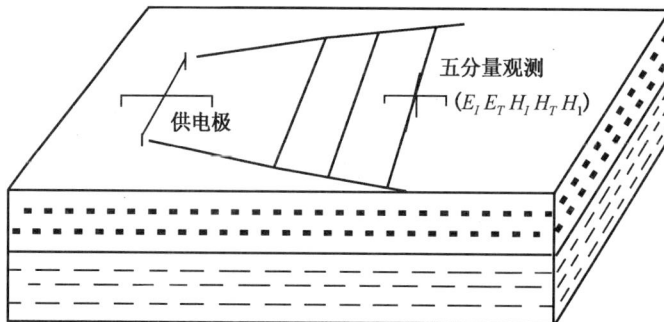

图 2-24 可控声源电磁法野外布置立体示意图

测深法测量数据多，精度高，不但能做区域研究，而且能对局部构造、特殊地质现象做出解释。

4）可控声源电磁法（CSAMT）勘探成果案例

图 2-25 是湖北利川地区可控声源二维反演剖面图。图中可看出电性层位清晰，结合地面地质与电性资料，可明确上覆低阻层对应下三叠统，中间高阻层对应上二叠统。

4. 瞬变电磁场法（TEM）

1）基本原理与概念

瞬变电磁场法简称 TEM，又称建场法。是近年来发展很快的电法勘探的一个分支，它是利用一定波形的电流场激发，在一次场断电后观测二次场随时间的衰减特性。

当向大地输入一个阶跃脉冲，地下就有电磁场的一个建立过程，断电时又有一个恢复过程（图 2-26）。

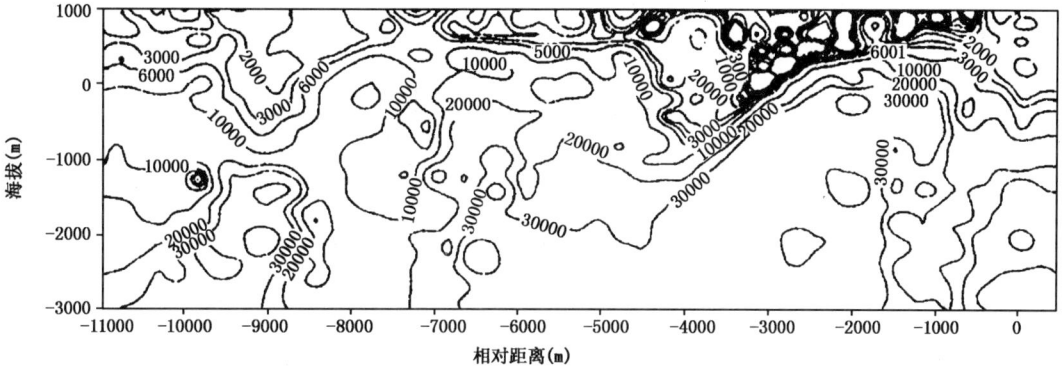

图 2-25　湖北利川地区可控声源二维反演剖面图

不同时间反映不同深度的信息，感应时间长，电流穿透越深，带回地面的信息越多。见图 2-27（X 表示水平方向，Z 表示垂直方向，T 表示时间）。一次激发的波形可以是多种形状，或阶跃状，或正弦状等。

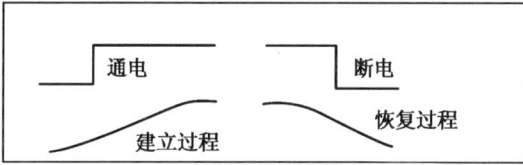

图 2-26　电磁场的建立与恢复过程图

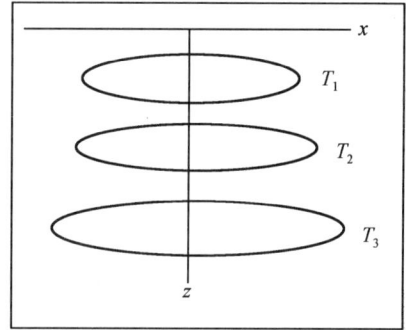

图 2-27　感应时间与电流穿透深度关系图

瞬变电磁场法优点：

（1）穿透高阻层能力强，人工场源能压制干扰；

（2）可加大发射功率，增加探测深度，提高信噪比；

（3）可以通过多次激发，重复测量，多次覆盖，提高信噪比与观测精度；

（4）可选择不同的时间窗口，对不同的勘探深度进行观测。

20 世纪 50 年代苏联建立了瞬变电磁场法理论和野外工作方法。60 年代我国在全国各盆地进行普查时用此方法成功找到了大油田，并在理论研究上一直处在世界前列。70 年代欧美各国开始大规模使用该方法。80 年代该方法随着计算机的发展日趋完善。

近年来，电磁法仪器趋于集成化，具有轻便、操作简单、功能多样等特点。加拿大生产的 V5 和美国生产的 GDP16 已占领国际市场。

目前，瞬变电磁场法在油气勘探中尚处于试验阶段，理论与方法都还不成熟。

2）野外采集方法与技术

（1）野外观测系统组成：瞬变电磁场法野外观测系统装置包括两大部分：一是发射系统，由长接地导线（电偶极子）、30kW 发电机和由同步钟控制的发射机组成；二是接收系统，由主机、时钟、计算机和带前放的线框组成，如图 2-28 所示。

— 51 —

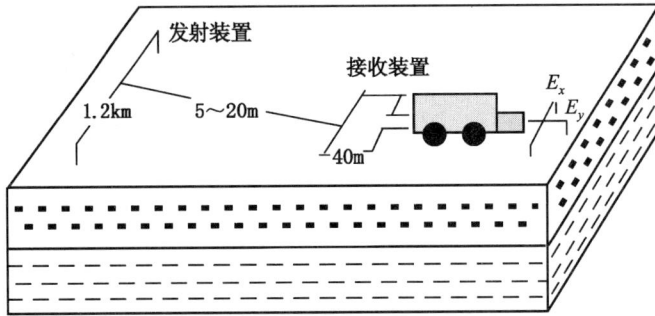

图 2-28　瞬变电磁场野外工作图

（2）场源的布置：源的方向应与测线方向平行，与构造走向垂直；源应尽量布设在开阔平坦地带，电缆线尽可能为直线；场源电偶极子的方向应使测点落在 150°的扇形区域内。

（3）源电极的埋设：电极板为面积 0.5m² 的铜皮或铝皮做成的板状电极，两极分别由 3～4 块并联而成，埋设时挖深坑，冲盐水以降低接地电阻，使整个回路控制在 25Ω 以下；场源电偶极距一般在 1.2km 左右。

（4）传感器布设：磁线圈采用多股回路线圈，一般摆设成 40m 见方的方形。

（5）仪器操作：操作人员按要求读入各项参数（测线号、测点号、电极方向、电极距等），填好班报；认真观测各时间段的资料记录情况；做好资料的归档工作。

（6）提高信噪比的措施：选择合适的叠加次数，一般在 30～60 次；对于重复的噪声，如 50Hz 干扰，采用数字滤波技术；线圈以及信号线必须布设稳定，观测点应远离工业电源和震动源。

（7）安全措施：电源两极危险区应有明显标志，并派专人看守。

野外埋置接收磁棒与仪器采集信号情况见图 2-29，图 2-30。

图 2-29　埋置接收磁棒

图 2-30　仪器车对采集信号接收

3）资料处理与解释

在资料解释之前必须对测量的数据进行叠前的噪声分析和叠后的滤波处理等一系列工作，以及校正、平滑处理等工作，在去掉各种干扰后再用于资料解释。

和其他测深方法一样，瞬变电磁场测深资料的解释也分为定性和定量两个方面。在定性解释阶段，要分析曲线的畸变，制作各种必要的定性图件，以求对测区的地电特征有一个定性的了解，并为定量解释做好准备，其内容与其他测深法大同小异。定量解释有量板对比法、渐近线法、特征点法及计算机自动拟合法等。

4）瞬变电磁场法勘探成果案例

图 2-31 是广西十万大山盆地瞬变电磁场测深某测线反演电阻率剖面，该测线地表出露白垩系地层，在反演电阻率剖面上表现为中高阻（梯度带以上），厚度 1km 左右，该区侏罗系为低阻层，在剖面上反映清晰（梯度带以下），埋深约 1km 左右，通过钻井得到证实。

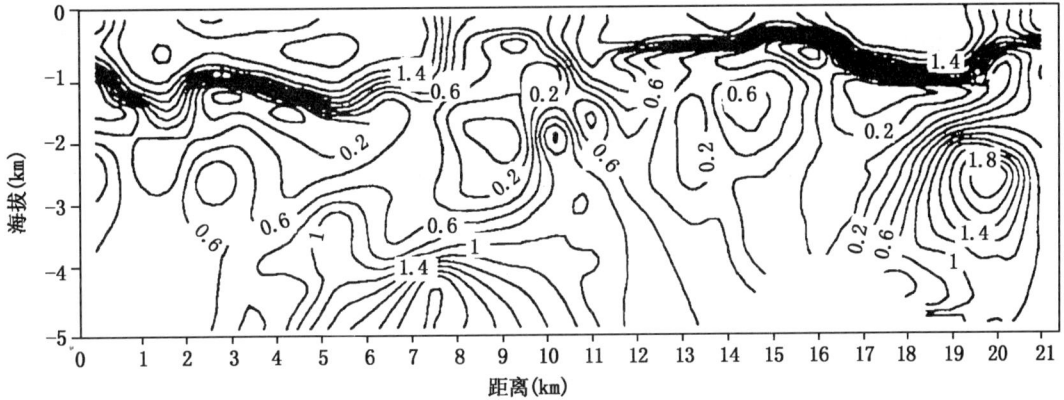

图 2-31　广西十万大山盆地瞬变电磁场测深某测线反演电阻率剖面

5. 电法勘探内容与作用

1）电法勘探的作用

电法勘探种类繁多，原理与施工方法各异，均可在区域普查中用于研究区域构造，确定沉积盆地基底起伏，圈定含油气远景区；在火成岩、碳酸盐岩覆盖地区和地震地质条件比较复杂难以取得良好地震记录的地区，电法勘探是地震勘探的一种重要补充；在条件较好构造不太复杂的地区，电法勘探也可用来圈定局部构造。

电法勘探除应用于油气勘探外，还广泛应用于金属和非金属、煤田、水文工程以及地热田的普查与勘探，以及在研究地壳和上地幔的电性结构、天然地震的预测与预报方面发挥重要作用。

2）资料采集

电法勘探资料采集是根据地质任务在设计书确定的施工地区进行施工。在采集之前需对仪器进行测试确保仪器工作正常、性能稳定，然后通过试验确定合理施工参数。如电极距选择、观测时间选择、干扰程度评价等。施工程序先是选点，选点依据大比例尺地形图进行。选点要求地形环境平坦开阔，远离公路、铁路、电网、电台等干扰源，避开构造复杂地区。选好点后进行布极，即将电极埋入地下并检查信号好坏，在确认信号合格后再进行观测和记录。

3）资料处理

资料处理分为现场处理和室内处理。现场处理是对采集质量进行监控，室内处理内容主要包括数据编辑与曲线平滑、视电阻率曲线和相位曲线进行极化模式判别、视电阻率曲线和相位曲线静校正和地形校正。

4）资料解释

资料解释分定性、定量和综合解释。

定性解释：是指对曲线类型进行分析对比，了解曲线类型与分布规律；对测区内的电测井曲线进行统计分析，确立本区地层电性特征并对地电结构进行推断；对井旁电测深曲线进行反演，与钻井地层柱状图对比，研究电性层与地层的关系；绘制解释图件。

定量解释：定量解释在定性解释的基础上进行，根据曲线类型和地电关系合理确定初始模型并作反演；做出反演图件。

综合解释：在定性解释、定量解释的基础上，综合钻井、地质等资料，必要时还要应用重力、磁力资料及地震资料进行综合分析，提供综合解释报告。

三、工程造价相关标准与工程造价

1. 大地电磁

1）人员配备标准

大地电磁队人员由队领导、后勤、测量、仪器、布极、解释、司机等岗位共42人组成。见表2-11。

表2-11 大地电磁队人员配备表

序号	组别	岗　　位	人 员 数 量		
			合计	干部	工人
		合计	42	14	28
1	队部	领导、会计、出纳、统计、报务、安全	4	3	1
2	后勤组	炊事、茶炉、医务	3		3
3	测量组	组长、观测、记录、标尺、测距	6	2	4
4	仪器组	仪器操作员	8	6	2
5	布极组	布极工	6		6
6	解释组	组长、资料处理、计算、质量控制	3	3	
7	司机组	仪器车和发电车	12		6
		测量车			1
		布极车			1
		油罐车			1
		生活车			1
		值班车			1
		修理车			1

表2-11中人员是依据两台仪器进行配备。若配备1台仪器，则相应减少操作人员4人、减少布极工2人、减少仪器车与发电车司机3人，全队合计33人。

2）设备配备标准

大地电磁队设备配备标准为接收仪2台、发电机2台、测量仪1台、车辆10台。

3）专用工具配备标准

专用工具配备标准详见表2-12。

表2-12 大地电磁队专用工具配备数量表

名　　称	单位	参考价格	摊销年限	数　量
电缆	m	7元/m	3	7m/点
电极	块	20元/块	6	4块/队

名　称	单　位	参考价格	摊销年限	数　量
对讲机	部	2100 元/部	4	3 部/队
200W 电台	部	30000 元/部	6	1 部/队
车装电台	台	2800 元/部	6	1 台/队

4）大地电磁勘探地类划分标准

大地电磁勘探地类划分主要根据工业电干扰、地表情况、接地电阻大小等因素影响划分为三类，详见表 2-13。

表 2-13　大地电磁勘探地类划分标准表

地　类	地类划分标准
Ⅰ	居民稀少，工农业不发达，电气化程度低，外电干扰小，车辆基本沿测线行走。接地条件良好
Ⅱ	区内无大型发电站和大矿山，居民密集，中小工厂和矿山零星分布，车辆可沿 40% 测线行走，能到 80% 以上点位
Ⅲ	工业较发达，电气化程度高，外电干扰大，车辆难以沿测线行走。接地条件差，勉强能工作

5）日额定工作量标准

影响大地电磁作业劳动效率的主要因素是地表条件（地类），不同地类日额定工作量标准见表 2-14。

表 2-14　大地电磁勘探日额定工作量表

地　类	Ⅰ	Ⅱ	Ⅲ
日观测点	2.7	1.8	0.9

6）材料消耗量

大地电磁队消耗主要材料是磁带和记录纸，消耗量分别为 1.5 盘/点与 0.34 卷/点。

7）大地电磁勘探工程造价

大地电磁勘探工程造价与其他非地震勘探工程一致，在地表条件已知的情况下，通过队日额定工作量、人员数量、设备配备数量、专用工具配备数量计算人员工日数、设备台班数、专用工具摊销量，即消耗量。再依据相应价格可计算出相应费用项目费用，汇总可得到大地电磁勘探工程造价费用。

大地电磁勘探工程造价方法与计算同前所述化学勘探工程造价相似，详细测算方法参见化学勘探案例说明。

2. 瞬变电磁场测深法

1）人员配备标准

瞬变电磁场测深队人员由队领导、后勤、测量、仪器、布极、解释、司机等岗位共 58 人组成。队部 4 人兼管领导、会计、出纳、统计、报务、安全等项工作，后勤组同样为兼职班组，其他施工班组与技术班组基本是专岗专职，见表 2-15。

2）设备配备标准

瞬变电磁场测深队设备配备标准为接收仪、发射仪、发电机各 1 台，1 台测量仪和 12

台车辆，车辆包括运载接收仪、发射仪、发电机各 1 台，接收组 4 台，拉电缆、探头、布极工，其余测量车、油罐车、值班车、生活车、修理车各 1 台。

表 2-15　瞬变电磁场测深队人员配备表

序号	组别	岗　位	人员数量		
			合计	干部	工人
		合计	58	13	45
1	队部	领导、会计、出纳、统计、报务、安全	4	3	1
2	后勤组	炊事、茶炉、医务	4		4
3	测量组	组长、观测、记录、标尺、测距	6	2	4
4	发射组	操作员、布极工	10	2	8
5	接收组	接收仪器操作员、布极工	19	3	16
6	解释组	组长、现场资料处理、计算、质量控制	3	3	
7	司机组	发射车、接收车、发电车	12		3
		测量车			1
		接收车			4
		油罐车			1
		生活车			1
		值班车			1
		修理车			1

3）专用工具配备标准

专用工具配备标准详见表 2-16。

表 2-16　瞬变电磁场测深队专用工具配备表

名　称	单位	参考价格	摊销年限	数　量
电缆	m	7 元/m	3	7m/点
电极	块	20 元/块	6	4 块/队
对讲机	部	2100 元/部	4	5 部/队
200W 电台	部	30000 元/部	6	1 部/队
车装电台	台	2800 元/部	6	1 台/队

4）瞬变电磁场测深地类划分标准

瞬变电磁场测深地类划分主要根据工业电干扰、地表情况、接地电阻大小等因素影响划分为三类，详见表 2-17。

表 2-17　瞬变电磁场测深地类划分标准表

地类	划分标准
Ⅰ	居民稀少，工农业不发达，电气化程度低，外电干扰小，车辆基本沿测线行走。接地良好
Ⅱ	区内无大型发电站和大矿山，居民密集，中小工厂和矿山零星分布，车辆可沿 40% 测线行走，能到 80% 以上点位
Ⅲ	工业较发达，电气化程度高，外电干扰大，车辆难以沿测线行走。接地条件差，勉强能工作

5）日额定工作量标准

影响瞬变电磁场测深队劳动效率的主要因素是地表条件（地类），不同地类日额定工作量见表2-18。

表2-18 瞬变电磁场测深队日定额工作量表

地　类	Ⅰ	Ⅱ	Ⅲ
日观测点	24	16	8

6）材料消耗量

瞬变电磁场测深队消耗主要材料是磁带和记录纸，消耗量分别为1.5盘/点与0.34卷/点。

7）瞬变电磁场测深工程造价

瞬变电磁场测深工程造价与其他非地震勘探工程一致，在地表条件已知的情况下，通过队日工作量、人员数量、设备配备数量、专用工具配备数量计算人员工日数、设备台班数、专用工具摊销量，即消耗量。再依据相应价格可计算出相应费用项目费用，汇总可得到瞬变电磁场测深工程造价费用。

瞬变电磁场测深工程造价方法与计算同前所述化学勘探工程造价相似，详细测算方法参见化学勘探案例说明。

第五节　非地震物探仪器价格及处理解释费标准

一、非地震物化探仪器价格

表2-19中各仪器设备折旧年限与地震仪相同，台班单价计算方法详见第五章"设备使用费"计算办法。

表2-19 非地震物探不同型号仪器原值参考表

仪器名称	产　地	型　号	原值（万元/台）
重力仪	美国	拉科斯特G型	31.5
重力仪	美国	拉科斯特D型	37
重力仪	美国产	拉科斯特ED型	52
磁力仪		G—58型	14.4
磁力仪	加拿大	MP—4型	12
电法仪	美国	MT—1型（单站）大地电磁仪	137
电法仪	美国	MT—4型（71道）	1920
电法仪	加拿大	V5型（单站）大地电磁仪	133.5
电法仪		V5—2000型（108道）	2172
电法仪	美国	GDP—32可控源大地电磁仪	239
电法仪	俄罗斯	多分量多参数建场测深仪	1060
电法仪		高密度电法仪	64
电磁仪		EH—4电磁仪	80

二、非地震队资产吨位表

非地震物化探各专业工程搬迁费是根据施工队伍资产吨位、搬迁里程以及运价来计算的。资产吨位参见表 2-20。

表 2-20　非地震队资产吨位表

队　别	重力队	电法队	化探队
资产总吨位（t）	30～36	54～62	43～50

三、资料处理解释费标准

非地震物化探各专业资料处理费标准见表 2-21。

表 2-21　非地震物化探各专业资料处理费标准表

电　法	重（磁）力	化　探
55 元/点	24 元/点	29 元/点

四、资料解释费标准

非地震物化探各专业资料解释费标准见表 2-22。

表 2-22　非地震物化探各专业资料解释费标准表

电　法	重（磁）力	化　探
96 元/点	37 元/点	49 元/点

复习与思考

（1）简述地化学异常。

（2）简述重力勘探的研究对象。

（3）简述磁力勘探的测定内容。

（4）简要说明电法勘探是何种勘探方法。

（5）简述化探、重力勘探、磁力勘探基本概念。

（6）简要说明电法勘探选点原则。

（7）西北某一硬戈壁区进行重力勘探，工区内车辆基本能够沿测线行走，通视距平均 1km 以上，点距 0.5km，工作量为 4200 个点，工区离驻地 200km。试计算在该工区进行重力勘探工程预算造价。

（8）华北某地区进行重力与磁力勘探，工区内车辆基本能够沿测线行走，通视距平均 1km 以上，点距 0.5km，工作量为 5880 个点，工区离驻地 200km。试计算在该工区进行重磁力勘探工程预算造价。

（9）华北某地区进行大地电磁测深勘探，工区内居民稀少，工农业不发达，电气化程度低，外电干扰小，车辆基本沿测线行走接地良好。工作量为 221 个点，工区离驻地 100km。试计算在该工区进行大地电磁测深勘探工程预算造价。

（10）华北某地区进行瞬变电磁勘探，工区内居民稀少，工农业不发达，电气化程度低，外电干扰小，车辆基本沿测线行走接地良好。工作量为 3576 个点，工区离驻地 100km。试计算在该工区进行瞬变电磁勘探工程预算造价。

第三章 地震勘探原理与技术

地震反射波法用于油气勘探始于 20 世纪 30 年代。1935 年美国地球物理工作者第一次用地震反射资料绘出了得克萨斯州某地区的盐丘图。20 世纪 60 年代地震技术得到迅速发展，在此期间野外采集技术、可控震源与多次覆盖技术等三项技术具有突破性的发展，开始出现第一台数字地震仪。

1950 年 3 月我国成立第一个地震队。地震技术上经历了从光点仪到模拟磁带仪再到数字仪，勘探方法由二维到三维、四维勘探，勘探目标从单一的构造油藏到地层—岩性—构造复合油气藏的重大变革。

地震勘探是指利用人工激发和接收地震波研究地震波在地层中的传播情况，查明地下地质构造情况和岩性特征，寻找油气藏的一种勘探方法。

物化探方法中，地震勘探精度高于其他的非地震方法，在查明构造位置和细节中是目前最有效的物理勘探方法，尤其是三维勘探是目前确定含油气圈闭和分析油藏的最好方法。

根据所利用弹性波的类型不同，地震勘探的工作方法有：反射波法、折射波法、透过波法和瑞利波法，其中反射波法和折射波法是地震勘探中的两种基本工作方法。油气勘探中主要用的是反射波法。反射波法又根据施工方法不同，分为二维、三维、VSP 测井（垂直地震剖面）等方法。折射波法分为大折射和小折射（图 3 - 1）。

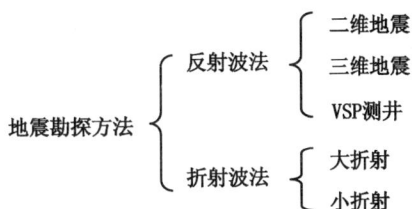

地震勘探方法 { 反射波法 { 二维地震 / 三维地震 / VSP测井 折射波法 { 大折射 / 小折射 }

图 3 - 1 地震勘探方法分类

第一节 基本概念与原理

一、地震波的基本概念与原理

地震波的基本概念与原理包括地震波的形成机制、地震子波的含义与形成过程、波前与波后的概念及波的传播过程、反射定律、透射定律、惠更斯原理，以及波阻抗、纵波、横波、转换波、绕射波的定义等。

1. 基本概念

地震波：波实质上是弹性振动在弹性介质中传播的过程。地震勘探中，在震源瞬间激发产生冲击力的作用下岩石质点产生弹性振动，这种弹性振动在地下岩石中由近及远传播即地震波。

在波传播的过程中，每个质点均会或早或晚被传播而振动起来。单独看一个质点，它的振动只是在平衡位置附近进行振动，把无限多个质点看作整体，它的运动就是波动。波动是能量传播，介质并不传播。

地震子波：炸药在井中爆炸，由雷管引爆的爆炸在几百微秒内完成。爆炸点附近的岩石因爆炸破碎产生永久形变，爆炸产生尖脉冲（图 3 - 2a）；在岩石破碎带之外的岩石因爆炸能量传播产生弹性形变，形成地震波（图 3 - 2b）；距爆炸点一定距离（100m 左右）振动图形将得到稳定，成为 2～3 个相位的地震波（图 3 - 2c），这时的波形称地震子波，它是地

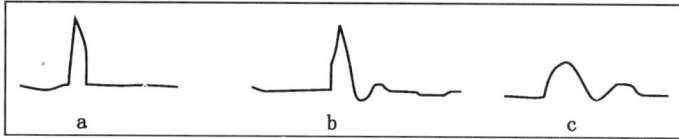

图 3-2 爆炸脉冲变化示意图

震记录的基本元素。

地震勘探原理可以理解为利用地震子波从地下地层中反射到地面的旅行时间和波形状变化的信息，由此推断地下地层和岩性情况。

波前与波后：某一时刻 T_0 在介质中波源激发产生振动，经一段时间 T_1 波源振动停止，到时刻 T_2 波又传播一段距离，这时介质中分为几个区域，在离波源最近的区域 v_0 中，振动已停止，其次的一个区域 v_1 中介质正在振动，更远的区域 v_2 中，波还未传到，振动未开始，把刚刚开始振动的曲面叫波前，刚刚停止振动的曲面叫波后（图 3-3）。

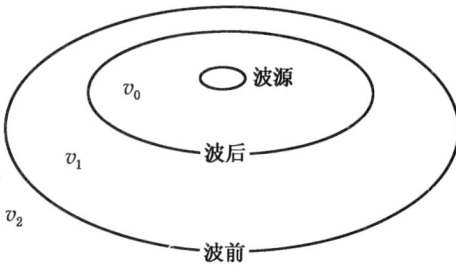

图 3-3 波前波后示意图

波前与波后的大小（面积）在不断扩大，其几何形状决定于介质的性质。如果介质是均匀的和各向同性（不同方向的性质相同）的，波源又可视为一个点，则波前与波后都是球面。在波传播过程中，波前将不断推进并扫过介质的全部。

2. 反射定律

在地面某点激发产生地震波，在一定范围内有规律的布设接收点，地震波传播到地下介质界面后产生反射现象，形成反射波返回地面，地面接收装置就有可能接收到反射波。利用反射波特征（传播时间、传播速度、频率、吸收特性），来研究地层埋藏深度与岩性的勘探方法叫反射波法。

反射波产生是因为有波阻抗界面，地震勘探术语中，把波在介质中的传播速度 v 和介质密度 ρ 的乘积称为波阻抗。相邻两套介质，地震波在上层介质的传播速度和介质密度分别为 v_1 和 ρ_1，地震波在下层介质的传播速度和介质密度分别为 v_2 和 ρ_2，则反射系数为

反射系数 $R = (v_2 \times \rho_2 - v_1 \times \rho_1)/(v_2 \times \rho_2 + v_1 \times \rho_1)$，见图 3-4。

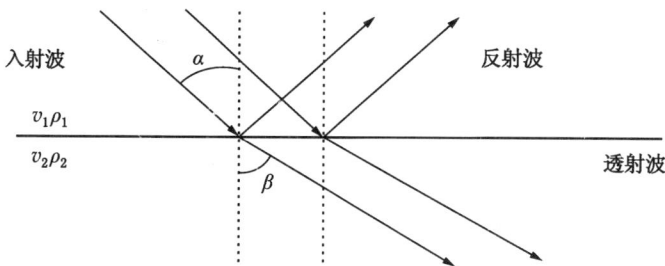

图 3-4 反射波与透射波产生示意图

反射波遵守反射定律。

反射定律：入射线与法线的夹角为入射角，反射线与法线的夹角为反射角，波在传播

中，反射角等于入射角。地震勘探中，把入射线、过入射点的界面法线、反射线三者所决定的平面称为射线平面，它总是垂直界面（图3-5）。

反射波可以是纵波（P波），也可能是横波（S波）。质点的振动方向和波的传播方向相同的波叫纵波，如压缩弹簧产生的波。质点的振动方向和波的传播方向相垂直的波叫横波，如上下抖动一根绳子产生的波（图3-6）。

横波只在固体中传播，在液体或气体中不存在横波。

地震勘探中，炸药爆炸以膨胀为主，主要产生纵波。由于介质的不均一性，实际爆炸作用不

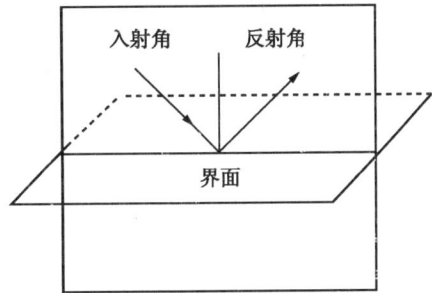

图3-5 反射定律示意图

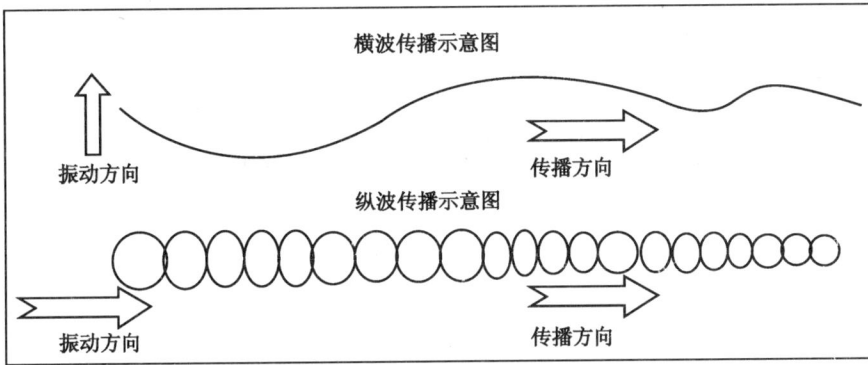

图3-6 纵波与横波传播方向示意图

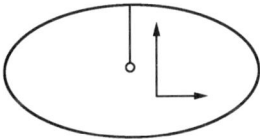

图3-7 横波的各向异性示意图

具有球形对称性，也相应产生与波传播方向相垂直的振动，形成横波。在同一介质中，纵波速度大于横波。

岩性由岩石本身及其所含流体决定，利用横波可以来研究介质的各向异性（图3-7）。

在波传播过程中，经过不同的地层界面时，存在着形成转换波的可能。转换波是波传播过程中多种波合成后形成的波。在波接收过程也可能接收到其他种类的波，但能量和时间差别较大。

3. 透射定律

当地震波传播到界面处某一点时，一部分能量作为反射波返回到第一种介质，另一部分能量进入第二种介质，形成透射波，透射线与法线的夹角叫透射角。透射线位于射线平面内。

透射定律：入射角与透射角正弦之比等于地震波在第一种、第二种介质的传播速度之比（图3-8）。

$$\sin\alpha/\sin\beta = v_1/v_2$$

式中　α——入射角；

　　　β——透射角；

　　　v_1——地震波在第一种介质中的传播速度；

v_2——地震波在第二种介质中的传播速度。

当入射角达到临界角时，即透射角＝90°时，这时地震波在地层分界面处开始产生折射波，折射波沿界面传播。

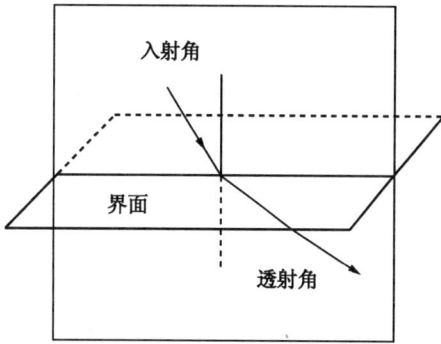

图 3－8　透射定律示意图

折射波经反射到达地面不同观测点的旅行时间信息，实质上反映的是地下地层该界面的深度和滑行波速度信息，用这类信息研究地下岩层界面起伏和下伏地层性质的方法叫折射波法。

透射波可以看做是下伏地层的入射波，所以，可以在有限范围内查清多个地层的深度和横向分布情况（图 3－9）。

4. 惠更斯原理

惠更斯原理是利用波前概念来研究波的传播。

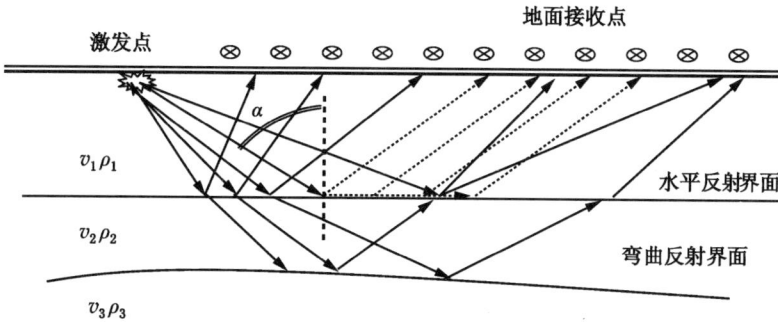

图 3－9　反射波、折射波接收示意图

在已知波前（等时面）上的每一点都可视为独立的新子波源。每个子波源都可向周围发出新的波，称其为子波。子波以所在处的速度传播，下一时刻这些子波的包络线就是该时刻的波前（图 3－10）。

根据惠更斯原理，可以很好理解地震波的另一种现象——绕射。从地震波的绕射现象示意图 3－11 中我们可以看到，在地震界面的断点处以外，仍有弧形反射波存在。

地震波与其他波一样具有反射、透射、折射和绕射能力。

二、地震波的有关概念

1. 上行波和下行波

按波传播方向，可分为上行波和下行波。从图 3－9 中可以看到入射波和透射波是下行波，反射波或折射波是上行波。

2. 有效波和干扰波

按对勘探目标所起的作用，地震波可分为有效波和干扰波。各种波的特征都存在一定的

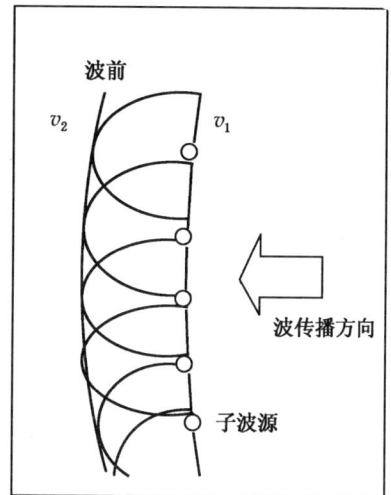

图 3－10　惠更斯原理示意图

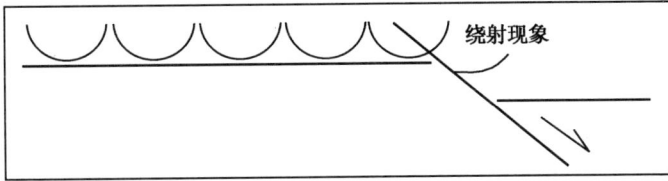

图 3-11 地震波的绕射现象示意图

差异，而这种差异信息正是物探技术专家们关注的问题。

有效波就是有利于解决地质任务的波。

干扰波就是不利于解决地质任务的波。干扰波有些是有规则的，如声波、面波、工业电干扰、规则机械干扰等。有些干扰波则是不规划的。不规则干扰波也有多种，如微震（风吹、车行、人走、水流等引起的振动）。

由于各地区地表、地下地质情况的复杂程度不同，在进行地震勘探施工时，存在声波、面波（地滚波）、直达波、反射波、折射波、绕射波、转换波、微震、工业电干扰、规则机械干扰等各种波，从地震记录中区分出那些是有效反射波是相对困难的。

地震勘探需要解决的一个关键问题就是如何压制干扰波，突出有效波，提高信噪比。需在资料采集过程中利用一定的手段，使有效反射信息充分保留，剔除干扰波，提供有效的信息资料。

图 3-12 用图示法对地震波传播的时距曲线做了简单描述。从图 3-13 和图 3-12 的对比中，可以看出它们非常相像。

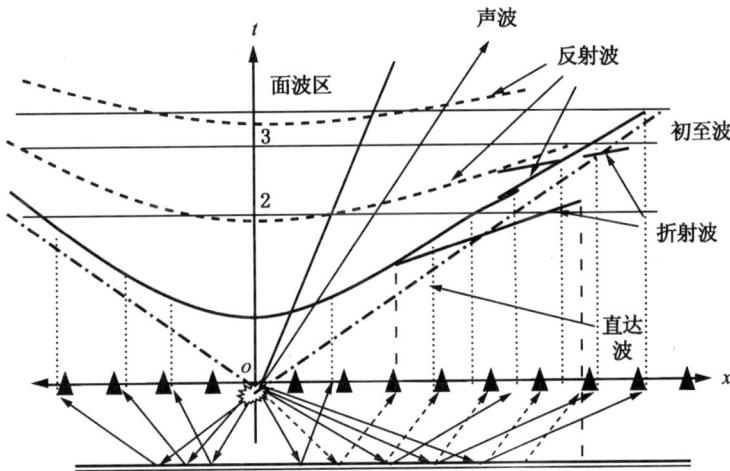

图 3-12 反射波传播示意图

从图 3-12 可以看出，字母 o 点为炮点，检波器布设在（假定地表是一个平面）x 轴上，检波点，也称为道，每道的间隔距离相等。下部地层假设为水平地层，示意图的上边画了三个反射层，其中两个是虚线，指有三层地层时的反射记录情况。

声波在空气中传播，声速是一个常量（约 340m/s），表现出来是一条直线。

面波（地滚波），沿地表与空气分界面传播，速度很慢，能量较强，所以存在的区间比声波靠近时间轴。

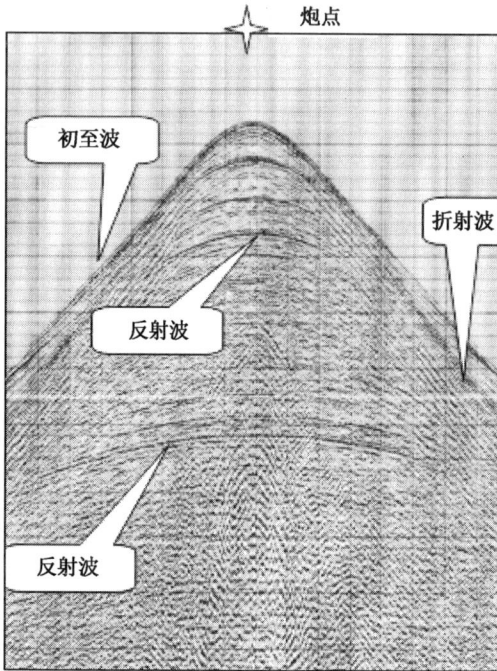

图 3-13　单炮记录

直达波是沿表层，未经过界面，直接传播到每个检波点的波，所以是一个直线。

反射波是一个弯曲的曲线，理论可以证明，它是双曲线的一支。也可以看出，当反射层深时，反射波曲线的曲率半径减小，如图 3-12 中的第 2 条和第 3 条虚线所示。

折射波，当地层水平时，也是一条直线，这是因为折射波产生后，沿深度方向波的行程时间相同，只是沿地层分界面传播的时间不同的缘故。炮点附近没有折射波，因为这段是折射波的盲区（不产生折射波区）。

我们假定的一些条件，如地表与反射面是平面等，这是为讨论方便。实际地表通常不是平面，如高山、沙丘、河谷、黄土塬等。地下的反射界面也不一定是平面，如隆起、凹陷、古潜山等。所以，图 3-12 中的线条实际上就会改变模样，直线会发生弯曲，曲线会发生局部曲率半径变化，遇到地下断层，曲线还会发生中断等。变化的曲线恰恰反映了地下的实际，这也正是我们要研究搞清楚的内容。

图 3-13 是一张某地实际采集的单炮记录。可以看出，它和示意图很像，因时间轴方向相反上下反向。

第二节　地震工程基本方法及有关概念

本节主要介绍地震勘探反射波法的三种方法，即二维地震、三维地震、VSP 测井（垂直地震剖面）。

一、二维地震勘探

二维地震勘探，就是沿深度（z）方向和沿排列（x）方向查清一条测线下面地层形成剖面的方法（图 3-14，图 3-15）。

地震勘探中野外采集的形式，是根据地质任务、干扰波与有效波特点、地表施工条件等诸方面条件确定的。通常在勘探区域内，布设多条测线形成网状，若干条剖面就可查清一个地区地下整体地质结构情况。测线间的距离，是根据已知区域地质构造特征和勘探任务决定的。一般情况下，布设成正交网，测网的疏密程度是根据勘探的不同阶段确定。概查大于 4km，普查 2～4km，详查 1～2km，精查小于 1km（见第一章地震勘探工程设计）。

在地表条件允许的情况下，尽可能布成正交测网，测线尽可能为直线。主测线应与构造走向垂直，联络测线平行构造走向。

在野外施工中，把地震源与检波器沿地面上事先设计好的测线摆放好，检波器将接收到的反射地震波信息传递给地震仪并记录下来，若干个记录经过处理，就形成了一个反映了地

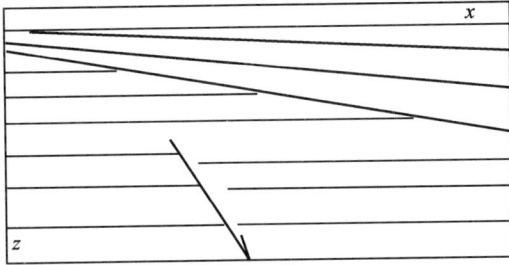

图 3-14　二维剖面示意图

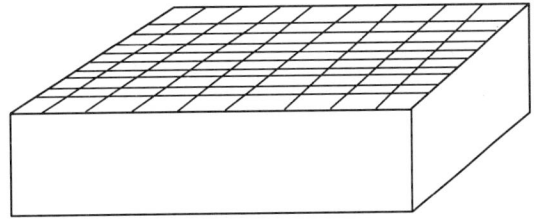

图 3-15　二维测网示意图

下情况的地质剖面。若干条剖面就能查清一个地区地下整体地质结构情况。

每条测线都由若干炮组成，每炮对应不同的观测段，逐炮进行滚动观测。图 3-16 是 24 道接收，6 次覆盖，每放一炮移动两道，每放一炮，增加一次覆盖。

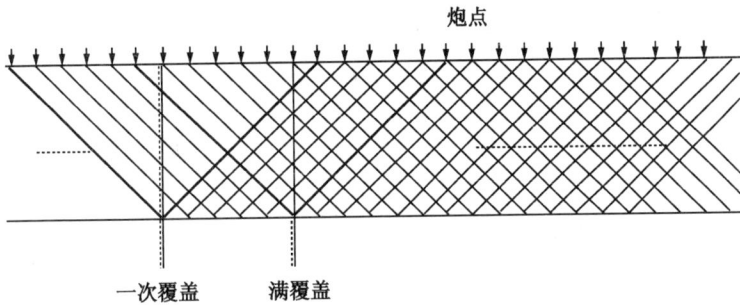

图 3-16　二维测线观测系统图

在二维工作方法较为成熟后，人们仍感到接收的信息面太小，仅仅是一条线附近，而勘探的目标是一片面积覆盖下的整体。虽然可以用二维多条线来做，但由于二维剖面之间没有信息，只沿着一条测线来接收信息，信息量不够，对克服目的层附近的干扰，对倾斜地层和对断点绕射波归位等，有很大的困难。为了反映地下一个面积内两个方向的信息，三维施工方法应运而生。它可以解决上述问题，使资料的分辨率、信噪比同时得到提高，同时，可以减少勘探工作量，提高经济效益。

二、三维地震勘探

三维地震与二维地震相比，信息更加丰富，二维地震得出的是多条剖面，三维地震采集是以一个面展开的，得出的是立体图像。三维地震分为宽线三维和面积三维。

1. 宽线观测系统

如图 3-17 宽线观测系统图所示，沿测线方向布设多条平行的排列，每次激发时，多条排列同时接收，获得纵、横方向上的多次覆盖信息，处理结果除得到地震剖面外，还可测定反射层横向倾角。

2. 面积三维观测系统

图 3-18 是一束面积三维采集示意图。

从图 3-18 中可以看出，在三维采集中，每当激发一炮时，多条线都参与接收，这比二维一条线接收增加了线与线之间的信息。

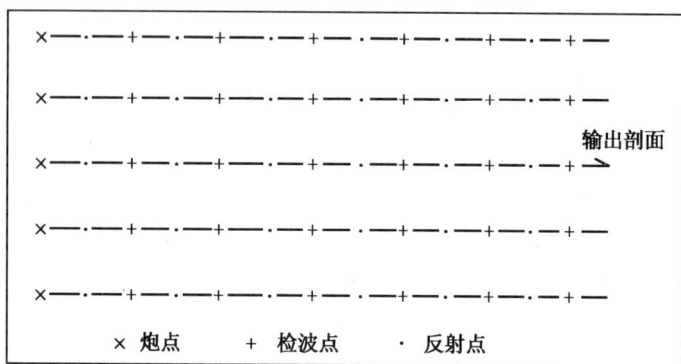

图 3-17　宽线观测系统图

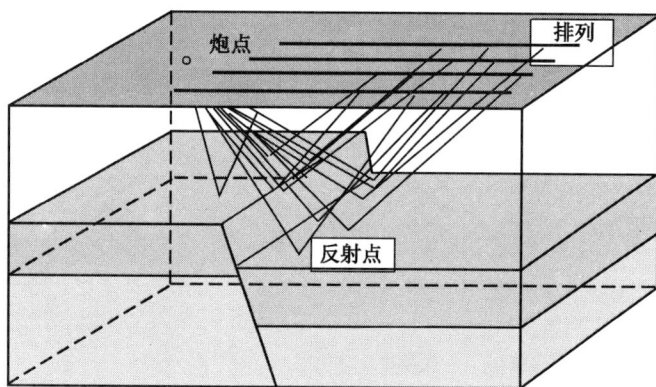

图 3-18　三维采集示意图

　　三维观测系统有多种形式，灵活性大，采样密度大，叠加次数高，可获得地下界面的面积资料。按形式可分为规则三维和不规则三维，其主要区别在于布线图形有无规则（图3-19，图3-20）。

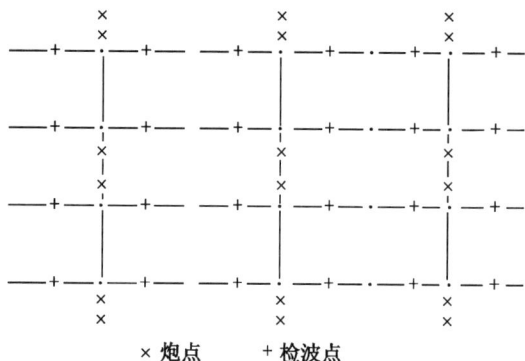

图 3-19　规则三维观测系统图

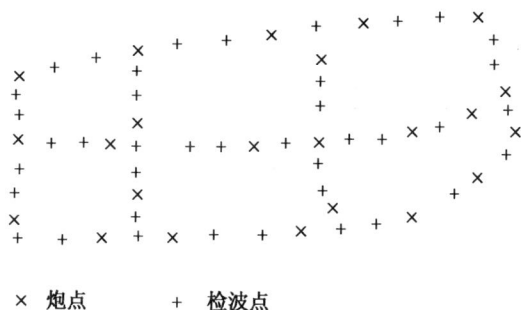

图 3-20　不规则三维观测系统图

　　所有二维地震遵循的原则，也同样适用于三维地震。如排列长度计算、仪器接收道数选择、炮点布设原则等，波的传播、能量变化、动力学特征等。二者所不同的是覆盖次数计算方法不同，二维地震以反射段的覆盖次数计算，三维地震以面元覆盖次数计算，包括纵向覆盖次数及横向覆盖次数；炮点的设置同样也包括纵向和横向之分。

三、VSP测井

VSP 是 Vertical Seismic Profile 的缩写，中文称为垂直地震剖面法，它与地面观测的水平地震剖面相对应。地面地震是将震源和检波器均置于地面进行资料采集的方法，而 VSP 是将震源和检波器其中之一置于已钻井下进行资料采集的方法，一是在地面激发震源，检波器在井中接收地震信息；二是在已钻井中激发震源，检波器在地面接收地震信息，实际施工中，通常采用前者。地面激发可以减少对已钻井的破坏，且在井中接收地震信息可大大减少地面的各种干扰。

VSP 与地面地震的不同点在于地面地震接受的地震波除地面直接传播的直达波和面波外，只能接收到来自地下界面的上行波，而 VSP 方法是把检波器置于地层内部，这样既能接收到上行波，又能接收到下行波（图3-21）。

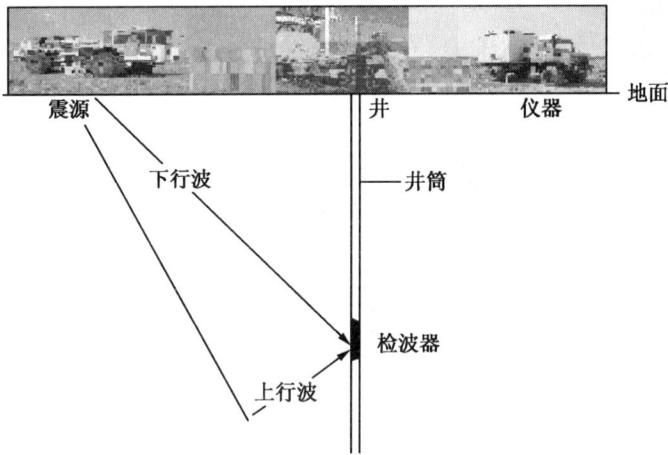

图 3-21　VSP 测井施工图

VSP 测井技术源于地震速度测井，主要是利用记录上的初至波来测定地震波速度，一般采用震源在井口附近的零源距观测系统。

VSP 测井技术的优点在于检波器可以避开地表低降速带对地震波能量的强烈吸收及地面其他各种干扰，可以直接接收上行波与下行波。

VSP 测井的主要作用在于它能使我们有效地了解井孔附近地下地质结构与岩石物性资料，建立精确的地质模型，为开发方案的合理调整提供技术支持。

早在 1917 年，就有人提出 VSP 测井专利技术，但是直到 20 世纪 30 年代，第一个可以适用于井下高温高压环境的检波器才得以问世，由此地球物理学家才开始将该项技术投入实际应用中。经过多年的发展，零源距与非零源距 VSP 已经形成与之对应的采集、处理、解释的工业化作业流程与规范，采集方法已发展到三维 VSP 等多种形式。

影响 VSP 技术应用与发展的主要制约因素是井下仪器。20 世纪 90 年代接收系统在技术上获得突破，特别是井下数字多分量多级检波器的成功应用（多分量检波器可以同时接收多个方向的地震波，多级检波器可以同时在多个接收点进行接收），使勘探成本大大降低。

目前，接收系统已具备数字传输，动态范围大，耐高温高压等优点；已由单分量接收地震信息发展到三分量接收地震信息。

VSP测井施工的震源装置可以是炸药，也可以是可控震源。两者相比，可控震源对环境破坏程度小，能量容易控制。

井下检波器除能承受高温高压外，还具有良好的防水密封性，并能牢固的推靠在井壁上，和井壁耦合良好。

VSP测井是通过已钻的探井或开发井，下入井中的检波器接收由地面激发产生地震波信息，通过电缆传输到仪器进行记录并存储。

图3-22　VSP测井下检波器

VSP测井队在正钻井进行作业时，需要正钻井停钻一定时间，以保证VSP测井的正常连续作业。实施过程是用绞车将与仪器通过电缆连接的检波器，下到设计探测深度段并固定到井壁进行接收。使用单级检波器为逐点进行接收。使用多级检波器时，须按要求把每级分别对准点位同时接收。图3-22是VSP测井人员正在把检波器下入井中的情况。

目前二维VSP观测采用零偏移距（简称零偏）和非零偏移距（简称非零偏）两种方法，实际工作中，这两种方法也可同时进行。

零偏移距VSP测井是指炮点与观测井井口之间的距离很小，一般在100m以内。目的是为了获取井旁地层纵向速度变化情况。

非零偏移距指的是炮点不在井位附近，而是有一定的偏移距。设计偏移距的大小和井深有关，一般应在观测井井深的1/5～1/2之间。目的是为了在保证得好资料的前提下，获取离井较远一段距离内的地震剖面，用以研究井旁纵向、横向地层速度的变化。图3-23是VSP测井示意图。

三维VSP观测方式可归纳为三种：线性观测系统、环形观测系统和放射状观测系统。

线性观测系统：如图3-24所示，同地面地震一样，震源在地面分纵、横线状摆布，检波器在井下接收。

环形观测系统：如图3-25所示，震源在地面围绕井移动，每次保持震源离开井口的井源距不变，相对于井口处于不同的方位。

放射状观测系统：如图3-26所示，震源点为线状观测，每条线都为直线，震源距等间隔，并且过井口，线之间相互垂直。

四、地震勘探工程相关术语与施工因素

1. 地震勘探工程相关术语

以图3-27来说明地震工程常用术语。

地震排列：指由检波器、电缆、采集站、电源站、交叉站等专用工具连接并按设计要求进行地面布设，用于接收和传输地震信号的系统装置。

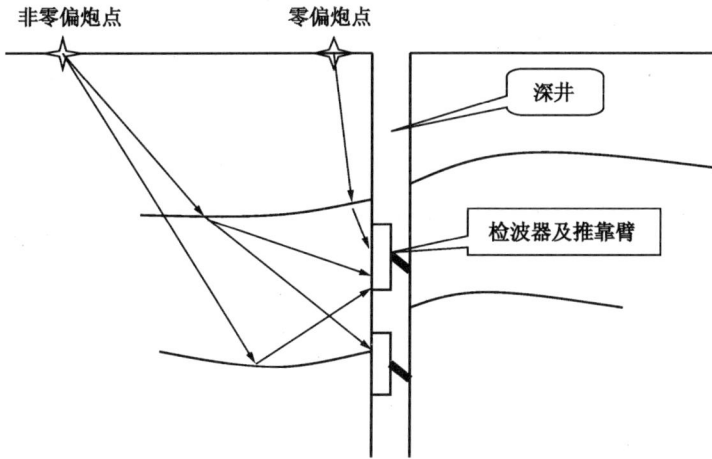

图 3-23 零偏和非零偏测井示意图

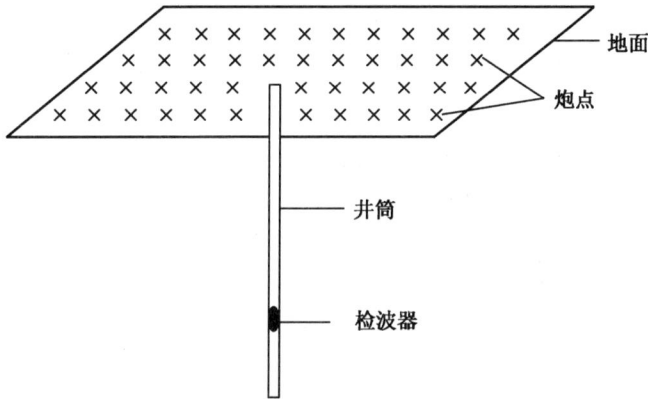

图 3-24 三维 VSP 线性观测系统图

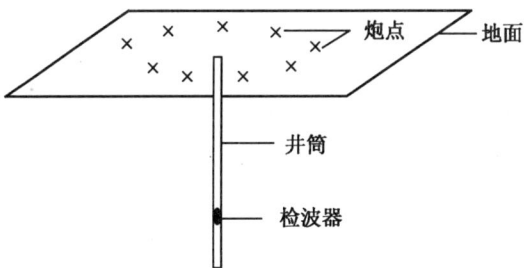

图 3-25 三维 VSP 环形观测系统图

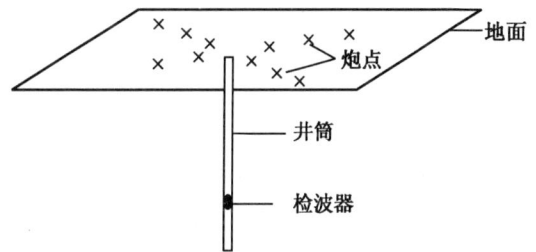

图 3-26 三维 VSP 放射状观测系统图

观测系统：指激发点与接收点的相对空间位置关系。

偏移距：激发点到最近接收点的距离。

接收点距：相邻接收点间的距离，也称道距。

激发点距：相邻激发点间的距离，也称炮距。

最小炮检距：激发点到最近接收点之间的距离。

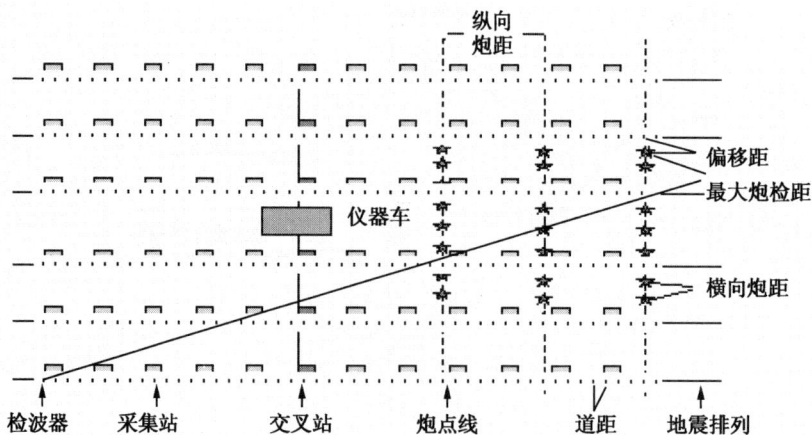

图 3-27　地震三维观测系统图

最大炮检距：激发点到最远接收点之间的距离。

排列长度：第一个接收点到最后一个接收点之间的距离。

覆盖次数：对界面上一个点进行观测的次数。

激发因素：激发因素也就是激发条件。目前激发常用三种激发方式：井炮炸药激发、可控震源激发与气枪震源激发。井炮炸药激发因素包括激发岩性、井组合、井深、炸药量及型号等，可控震源激发因素包括可控震源组合台数、震次、扫描长度等，气枪震源激发因素包括气枪组合数、压力等。

接收因素：主要指检波器类型、检波器个数、组合基距、组内距、组合图形等因素。

仪器因素：主要指仪器型号、采样间隔、记录长度、高截频、前放增益等因素。

2. 地震勘探工程量的概念

满覆盖次数 w 次，就指要求地质目标范围内都达到 w 次覆盖，这是对采集资料质量的一种要求。通常情况下，根据项目地质任务，首先需明确资料采集的满覆盖面积和满覆盖段长度，然后再设计出相应资料面积和长度、施工面积与测线长度等参数。

地震勘探满覆盖次数是从一次到 w 累加出来的。

从图 3-28 可看出，$1-w$ 段是累加过程的过渡段，专业上称为"覆盖次数渐减段"。过渡段外侧端点为一次覆盖，内侧端点达到满覆盖次数。满覆盖段内的工作量，即为满覆盖工作量。过渡段与满覆盖段是采集到资料的区段，这一区段的工作量就是有资料工作量；对于实际施工而言，施工区域是包含延长段的，地面布设排列也在延长段内，（对于测量，工作量范围则超出这个区域）故这一区域的工作量为施工工作量。

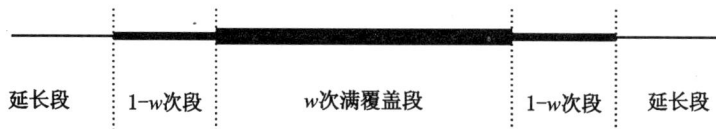

图 3-28　覆盖次数示意图

延长段与 $1-w$ 段，其长度或面积不仅与采集因素有关，同时也与测线长短或是施工图形有关。

在计算工程造价时，要明确工作量的概念及大小。

从图3-29中，可以看出不同工作量概念所含面积差别很大。图中施工面积最大，一次覆盖面积次之，偏移前的满覆盖面积最小。在三维地震勘探中，施工面积是最大的，这是因为除了延长段的因素外，还要考虑最外侧的束线因素。对工作量的确定，须考虑偏移孔径（考虑地下界面有一定倾角，在做偏移处理时，为满足偏移处理的资料需要，需要加宽横向的一些面积；孔径是加宽的面积的总称。偏移孔径是参照地层的倾角推算出来的）的影响，这样才能按设计要求保证满覆盖面积。

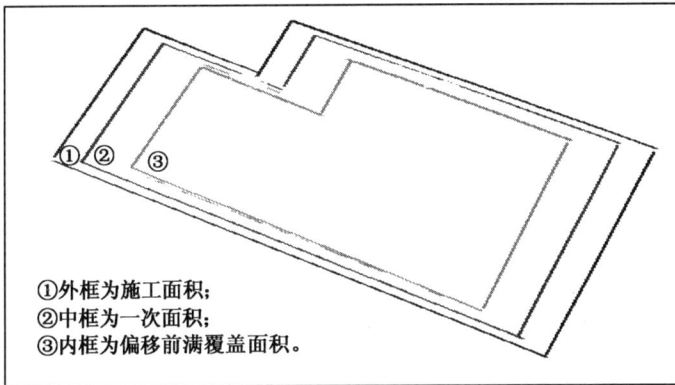

图3-29　三维工区面积情况示意图

偏移前满覆盖面积 46.22km²；一次覆盖面积 80.81km²；施工边界面积：101.51km²

图3-29是一块真实三维工作区的各种面积。可以看出，偏移前满覆盖面积只有 46.22km²，但是施工面积却要达到 101.51km²。

通常，以偏移前的满覆盖面积来计算三维地震面积，而偏移后的面积是地质面积，与地层的倾角有关，且不易计算。野外施工中及在确定工程造价时，通常使用的是偏移前满覆盖面积。

三维各种面积的计算与确定，通常在工程设计中完成，是根据地质目标确定满覆盖面积的大小，再依据确定的施工参数——道距、覆盖次数推算资料面积和施工面积。目前，工程设计大多通过相应软件实现，工程量计算快捷。计算工程造价时，有关参数可直接从施工设计或是施工总结报告等资料中摘录。

3. 地震工程施工因素

一般情况下，地震施工设计需考虑如下设计思路和参数。

1）测线长度及勘探面积的确定

测线长度及勘探面积的确定与查清的地质目标大小及深度有关。显然，要查清地质目标，测线长度及勘探面积必须略大于地质目标（图3-30）。

2）最大炮检距的选择

通常来说，最大炮检距应与最深目的层深度相当，最大不能超过最深目的层深度的两倍，否则会因入射角太大而产生折射效应（图3-31）。

3）观测方向的确定

考虑区内主测线与构造走向及断裂走向垂直，有利于偏移归位，有利于构造细节的观测（图3-32）。

图 3-30 排列布设示意图

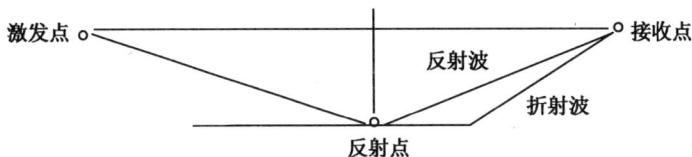

图 3-31 最大炮检距与最深目的层深度关系图

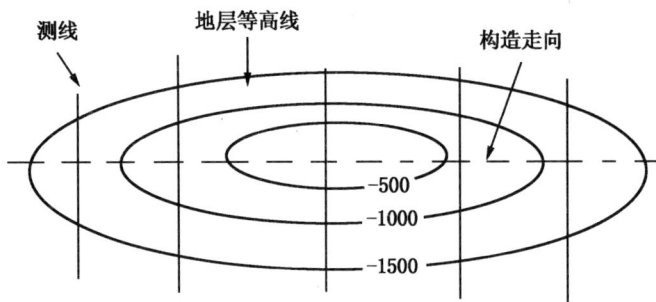

图 3-32 测线与构造走向关系图

4）偏移距的选择

偏移距的选择要考虑浅层因素，偏移距越大，浅层畸变越大，应小于最浅目的层的深度。

5）接收点距的选择

接收点距的选择主要考虑地质体的分辨能力和保护高频成分，接收点距应小于或等于最浅反射波视波长（指反射波在某个方向上的波长，不是真正的波长）的一半。根据采样定理：在一个视波长范围内，不能少于两个采样点（$\Delta x \leqslant \lambda/2$，其中，$\Delta x$ 为接收点距；λ 为视波长），对于高分辨采集中，应在一个波长范围内，有 4～8 个采样点。通常为了标准化，激发点距是接收点距的整数倍。

6）覆盖次数

覆盖次数通常是根据以往资料质量情况或通过试验确定。以目的层反射波能量强，连续性好，能可靠追踪为标准。

7）激发因素

应使激发频谱较宽，尽量避免面波和声波的干扰，保证激发能量满足目的层信噪比等。激发因素通常是根据以往资料质量及通过试验来确定。

8）仪器因素

仪器的选择动态范围尽量大、失真较小，采样率合理，合理选用前放增益和滤波档，记

— 72 —

录长度满足最深目的层成像要求。

9）检波器组合

采用合理的组内距，以能压制主要干扰为目的。

不同区块的地震施工，要根据不同的地表、地下地质条件、目的层特点、地质任务要求等因素，采取有针对性的方法。如高分辨率采集，设计有许多不同于常规采集的要求。在沙漠区勘探，为提高信噪比通常采用高覆盖方法。在黄土塬区施工，为增强激发能量采用多深井组合。在复杂断块区施工，通常采取小道距、高覆盖等方法。

4. 地震施工设计案例及分析

在我国的吉林探区经过多年油气勘探，目前已是一个较为成熟的探区。由于区内各城镇、村落的不平衡分布，以及地震勘探程度的不一致性，仍存在地震勘探空白点。对于经济发展快速的城区而言，是不易进行地震勘探的区域。但随着近些年油气勘探的快速发展，在部分城镇进行地震勘探是必要的。在这样的区域进行地震勘探时，选择激发点与接收点非常困难，实际实施时不能规则布点，由于城区噪声等各种干扰因素较多，通常方法采集的地震资料信噪比低。在这样一类区域进行地震勘探，采集得到质量较高的资料，需在施工设计中，尤其是在观测系统的选择上应有针对性。

具体施工时，要根据地质任务要求充分了解城区各部分地形、地物，利用采集论证软件进行参数论证与设计，主要考虑的采集参数包括最大炮检距、最小炮检距、道距、面元大小、覆盖次数、组合方式等，选择有代表性的论证点进行采集方法论证试验，从地震资料中求取物理参数，建立地球物理参数与近地表模型，分别对激发与接收参数进行分析、论证，从中选择最佳参数，进行多方案比选，力求选择最佳方案。

经过多年地震勘探实践，吉林探区城区进行三维地震勘探时，选择的基本观测系统为10线10炮，道距采用40m，线距采用160m，炮点距采用80m，炮线距采用240m，面元采用20m×40m（图3-33）。

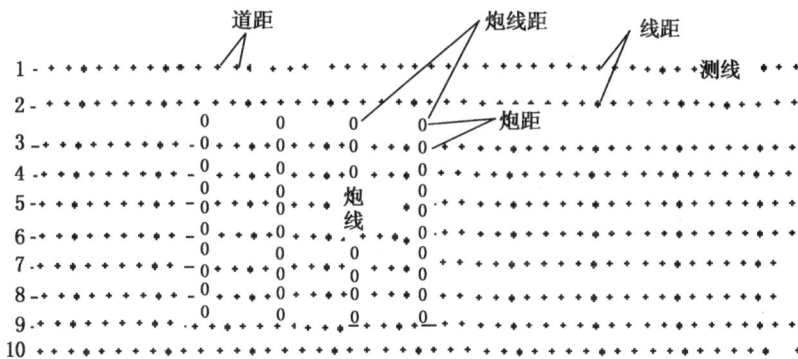

图3-33　吉林某三维探区观测系统示意图

针对城区特殊区块须进行特殊观测系统设计，其原则一是加密接收线；二是利用城区空白区，采用深井、小药量激发，减少炮点缺失；三是在城外围加密炮，增加城区的覆盖次数；四是充分利用软件功能确保覆盖次数的均匀。

第三节　地震勘探的主要技术

一、多次覆盖与叠加技术

覆盖次数是指对被追踪的界面观测的次数。对一界面的某观测点重复观测多少次，就是多少次覆盖。图 3-34 是一个三次覆盖示意图。

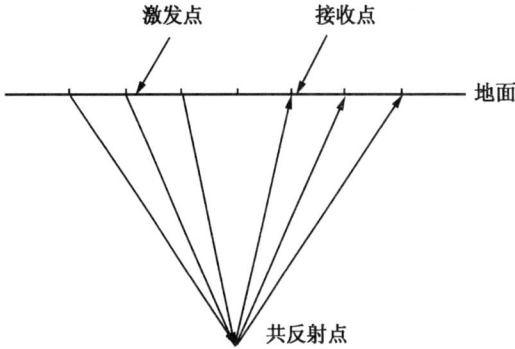

图 3-34　多次覆盖示意图

叠加技术是把多次覆盖的共反射点反射波，经动校正后（图 3-35），各反射波不仅波形相似，且没有相位差，此时进行叠加，反射波将得到加强。把叠加后的总振动作为共反射点 M 一个点的自激自收时间的输出，就实现了共反射点多次叠加的输出。

多次覆盖与叠加技术目的在于加强有效波，消除干扰波，提高资料质量。

二、地震组合技术

地震组合技术就是利用干扰波与有效

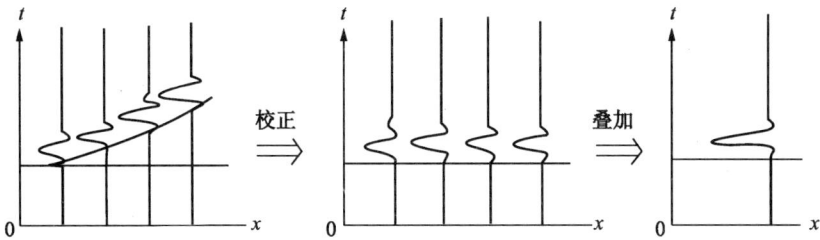

图 3-35　叠加示意图

波的传播方向和路径的不同，进行压制干扰波，突出有效波的一种技术方法。

组合可以是用多个检波器接收，通过串联与并联后，将多个检波器的接收信号变成一个地震道的输入，或者多个震源同时激发构成一个总震源，前者称为检波器组合，后者称为震源组合。按照互换原理，震源组合与检波器组合的原理是等效的。

检波器组合的主要作用在于压制面波之类的低视速度规则干扰及随机干扰。声波、面波、直达波等干扰波到达检波器的路径比反射波短，且速度低，造成在同一组检波器中的相位差比反射波要大很多，经组内检波器信号进行叠加后，干扰波信号得到衰减，从而起到压制干扰波的作用。而同一组检波器中的反射波信号相位差非常小，经叠加后得到加强，起到突出有效波的作用（图 3-36）。

生产实践证明，组合检波器压制干扰波的效果非常显著，已成为提高地震采集资料品质的一种基本方法。

震源组合是多个激发源同时激发，用于提高激发能量和压制干扰。多口井组合或多台可控震源组合，组成一个总震源。

把震源组合、检波器组合与多次覆盖结合起来提高总叠加次数，可以得到好的效果。在我国玉门地区，地表、地下地质条件十分复杂，过去一直无法得到好的深层反射。近年来，

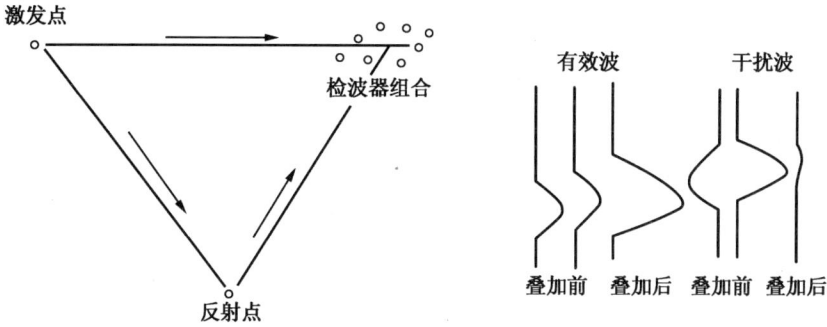

图 3-36　地震组合压制干扰示意图

采用可控震源，4 台组合，每点震 10 次，每道 40 个检波器接收，12 次覆盖，总叠加次数达到 $4 \times 10 \times 40 \times 12 = 19200$ 次，取得了好的效果。

三、高分辨率技术

1. 概念

1）分辨率

分辨率是指能分离出两个靠近物体的能力，用距离表示。如果两个物体之间的距离大于某个特定的距离时可以辨认出是两个分离的物体，而小于这个特定的距离时就不能辨认出是两个物体，这个特定的距离就称为分辨率。

如图 3-37 所示，通过两条代表地震波分辨率的曲线相比较，可以看出两条曲线形态相似，波峰与波谷相对应，但左边曲线比右边曲线频率低，说明二者对地层界面反应的不同，分辨能力存在差别。右边曲线分辨能力高于左边曲线。

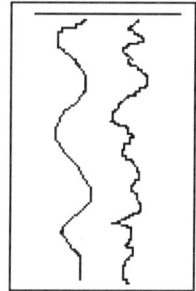

图 3-37　地震波的分辨率示意图

地震勘探分辨率分纵、横方向，分别分辨地质体的厚度与宽度。横向可以分辨两个断块、沙体的两端点等。纵向上受埋藏深度的限制，深度越大地震图像越模糊，分辨率越差。纵向分辨率是分辨地层厚度的能力。简单地可以理解为现实生活中从一定距离看清一摞板材的能力（图 3-38）。

地震记录与测井曲线都是地下信息的反映，但特征不可能一一对应，地震记录的分辨率远远低于测井曲线（图 3-39）。地震剖面的波峰与波谷不是代表一个界面，而是多个界面的联合反映。

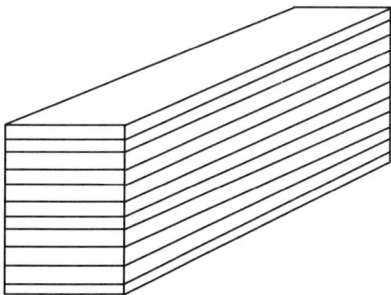

图 3-38　纵向分辨率示意图

2）分辨率与炮间距的关系

地震波在地层中传播，零炮检距与非零炮检距地震波的路径不同（图 3-40），旅行时也不同。非零炮检距地震波的旅行时要大于零炮检距地震波的旅行时，但其波形是相近的，波峰与波峰，波谷与波谷是对应的，传播周期数相同，但频率不同。这是由于非零炮检距拉长地震波波长，频率低于零炮检距地震波的频率，相应时差需在动校正处理时切除（图 3-41），但地震波的频率不变。炮检距越大分辨率越高。

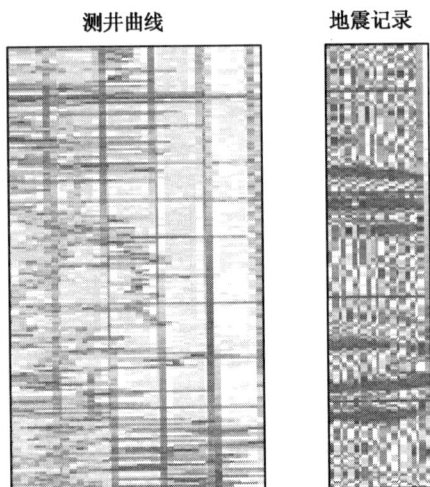

图 3-39　地震记录与测井曲线分辨率对比图

3) 分辨率与信噪比的关系

高分辨率是建立在高信噪比的基础上的，信噪比是信号与噪声的能量比（信号能量/噪声能量）。信噪比越低，分辨率越低。

横向分辨率受道距的限制，增大横向分辨率需接收点布放要密，即减小道距，而提高纵向分辨率则必须每道加密采样点。

在实际生产中，高分辨率地震数据采集与常规地震数据相比，应具备更宽的频带，它不但包括了常规地震数据的频带，还包括了更高的频率成分、更高的信噪比和成像精度。因此高分辨率地震数据采集，除满足常规地震采集的要求以外，同时还要对高频成分给予足够的重视，对施工提出更为严格的要求。在资料处理上，为保护

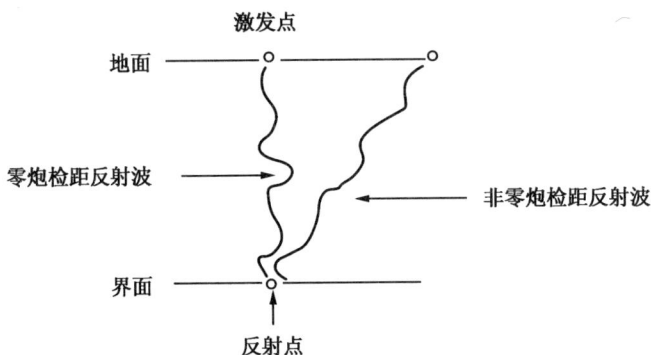

图 3-40　零炮检距与非零炮检距反射波对比图

高频成分，提高信噪比和成像精度，必须采取相应措施，增加处理流程，进行精细处理。

2. 影响分辨率的地质因素

1) 岩石的吸收作用

在地震勘探中，随着传播时间增大，地震波的视频率逐渐降低，即高频成分较低频成分损失大，这种能量损失实际是部分能量转化为了热量，这个过程叫吸收或衰减。

地震波每传播一个波长的距离，能量损

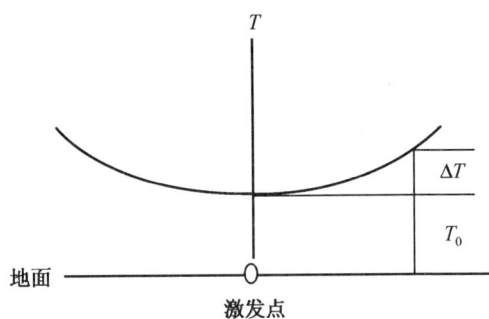

图 3-41　动校正量的切除

失的程度可认为是固定的，它与介质的物理性质有关。物理学中把介质的这种性质叫品质因数，用符号 Q 表示。我们知道，高频成分的波长短，低频成分的波长长，对于某一个固定距离来说，高频成分通过时需要的周期数要多，低频成分通过时需要的周期数要少，每个周期的能量损失是相同的，高频成分的损失比低频成分要高得多。

传播距离越大，衰减越多；频率越高，衰减越多；品质因数越小，衰减越多。

2) 表层影响

绝大多数陆地地震工区地表均存在低速层。通常低速层厚度不大，但在黄土塬或其他部分地区存在巨厚低速层。

表层品质因数小，速度低，传播时间较长。地震波通过表层比通过深层衰减要严重得多。在表层很厚的地区，对地震波高频衰减极大。

3. 高分辨率地震勘探对设备与方法的要求

1) 高分辨率地震勘探与观测仪器的性能

地震波在深层反射高频成分较浅层衰减很多。要获得高分辨率，就需对这种衰减加以补偿。目前的资料处理程序中已有许多补偿方法，但前提是记录必须有高频成分。如果所采集的记录不存在高频成分，则在资料处理中是无法进行有效补偿的。保留高频成分需采用高分辨率地震勘探仪器。

地震仪可测范围不是无限的，过大或过小的信号都会超出测量范围，为了把微弱的信号记录下来，在记录过程中需要对高频信号做出补偿，地震仪设有前置放大增益和动态增益。

前置放大增益：或称固定增益，其作用是把检波器的微弱信号在记录之前，地震仪对输入信号要进行放大，一般设 3 挡，每挡有固定的放大倍数，如 16 倍，64 倍，256 倍。一旦选定在记录时间内就不再变化。实施施工中可通过试验来选择合适的增益挡。

动态增益：经过前置放大器放大的信号往往仍比较弱，在记录之前需要进一步放大，并且是根据信号的强弱自动调节。根据信号的强弱自动调节放大倍数称动态增益。一般设 8 挡，$1 \sim 16384$ 倍（2^0，2^2，2^4，2^6，2^8，2^{10}，2^{12}，2^{14}）。

2) 高分辨率地震勘探对仪器道数的要求

高分辨率地震勘探要求有高的信噪比，即高覆盖次数。在排列长度不变的情况下，需减小道距才能获得较高的信噪比。所以，高分辨率地震勘探要求仪器有更高的采集道数。

3) 高分辨率地震勘探对检波器的要求

高分辨率地震勘探要求检波器具有更高的自然频率。

4) 高分辨率地震勘探对震源的要求

高分辨率地震勘探要求地震震源有更宽的频带，在宽频内高频能量能得到增强并保持性能稳定。

5) 高分辨率地震数据采集的特殊要求

一是在一定程度上补偿高频衰减，使信号的高频成分能以足够的精度记录下来，以便在处理时能够完善及补偿。

二是有更高的信噪比，特别是改善高频成分的信噪比，并且为处理阶段进一步改善信噪比提供条件。

三是加密时间和空间采样，使能获得的高频成分不致产生混叠或出现假频。

4. 高分辨率野外采集的技术支持和保障

1) 观测系统模拟设计

观测系统模拟设计的目的是使观测系统各参数得到合理优化，确保野外采集到高品质的地震资料，真实地反映地下复杂的地质构造，使地表复杂地区的观测系统设计更加科学，减少地表的复杂性对施工质量的影响。

2) 表层结构调查

目前，在表层结构调查技术方面，国内采用多种联合调查技术手段。其中包括小折射、微测井，以及表层取心等技术。这些技术在确定表层结构方面具有较高精度，不仅为选择激发岩性和激发深度提供了可靠的依据，而且为后续地震数据的静校正处理提供了精确资料。

3）激发

激发方式要根据激发的基本原理和高分辨率地震勘探的需要，针对不同的表层结构特点，采用一套完整的激发方案。

激发深度的确定，不仅定性地依赖于激发岩性，还要根据围岩的疏松、药量大小、震源性能以及所要保护的高频信号来定量地确定药柱，同时还要考虑距反射界面的距离，依据各个工区不同的表层结构以及它们对反射波频谱的响应，合理选择单井激发还是组合井激发。

4）接收

在检波器接收方面，已研制出一种防外电干扰检波器，对于低于 30kV 的 50Hz 工业电干扰可以较好地被抑制，可衰减电磁干扰 30～40dB 左右，使信噪比得到明显的提高。

实践证明，与检波器接触的岩石越致密坚硬，谐振频率越高，可高达数百赫兹。疏松地面的谐振频率只有数十赫兹，现场施工中一般采用挖坑埋置检波器的方法用于提高谐振频率。

检波器组合有两方面作用，一是衰减噪声提高分辨率；二是衰减高频成分，降低分辨率。为保护高频成分，就要求组内各点之间信号到达的时差很小，使高频成分不致抵消。一般要求组内各点时差不超过高频的半个周期，缩小组内距可保护高频成分。应因地制宜采用合理的组合图形、串并联方式，最大限度地压制干扰波。

5）质量监控

一是严格高分辨率施工管理：（1）在高分辨率采集施工中按风速计指示，超过三级风不放炮；（2）每个检波器严格地挖坑埋置，并达到平、稳、正、直、紧；（3）检波器组合与埋置自始至终采用三级检查等采集施工管理措施。这种施工管理手段是保证高分辨率地震勘探成功的关键技术之一。

二是提高现场处理设备的现场质量监控功能。工作站、微机等现场配套设备除了配置常规处理软件外，还要配置各种静校正软件，以对各种攻关性质的现场质量进行监控。

5. 高分辨率地震勘探案例与分析

随着油气勘探、开发的不断深入，勘探目标逐渐由构造圈闭向岩性、地层等隐蔽型圈闭转变。勘探目标的变化，要求地震资料具有更高的分辨率、信噪比及静校正精度。

我国准噶尔盆地油气资源丰富，油气勘探难度大，至目前探明程度仍然较低。盆地内地表多为沙漠、沙地、戈壁、草原及农田。在台盆区地表多为沙漠，且地形起伏大，最大高差 70m，低降速带厚度变化大，变化幅度可达 30～100m；地表、地下地质条件复杂，断层多，储层较薄且横向展布变化大。在这一地区进行高分辨率地震勘探，在技术上存在较多难点，为此在数据采集上应有针对性的措施。

1）本区进行高分辨率地震勘探存在的技术难点

（1）环境噪声较强，提高分辨率困难。本区多风，植被发育好，在地震信号本来较弱的情况下，提高分辨率更加困难。

（2）低频干扰发育，提高浅层信噪比困难。本区地形起伏剧烈，干扰波（面波）发育，原始资料信噪比很低。

（3）表层条件变化大，静校正难度大。本区地表属半固定沙漠，沙层厚度变化大，无固定潜水面，静校正问题突出。

（4）区域差异大，观测系统选择困难。本区目的层埋深由几百米到六千米以上，变化大，选择合适的观测系统非常困难。

2）高分辨率勘探数据采集技术

根据本区地表及勘探目标的特点，通过近年来的研究与试验，形成了高分辨地震勘探数据采集技术。

（1）优化观测系统。根据生产实际，采用宽相位角、横向覆盖次数较高的观测系统，以保证纵横向均有足够的覆盖次数。

（2）激发参数分区技术。激发是提高分辨率的关键环节，通过近年来的大量的试验与分析研究，总结出不同激发方式在不同地区的效果差异与规律，保证在不同区域使用合适的激发参数施工。

（3）地震接收组合技术。通过试验，根据沙丘的起伏程度，检波器组合选择不同的基距，并沿着等高线摆放。

（4）高密度空间采样技术。随着地震装备的发展，高密度空间采样得以实现，处理剖面表明分辨率明显提高，地质现象清晰（图3-42）。

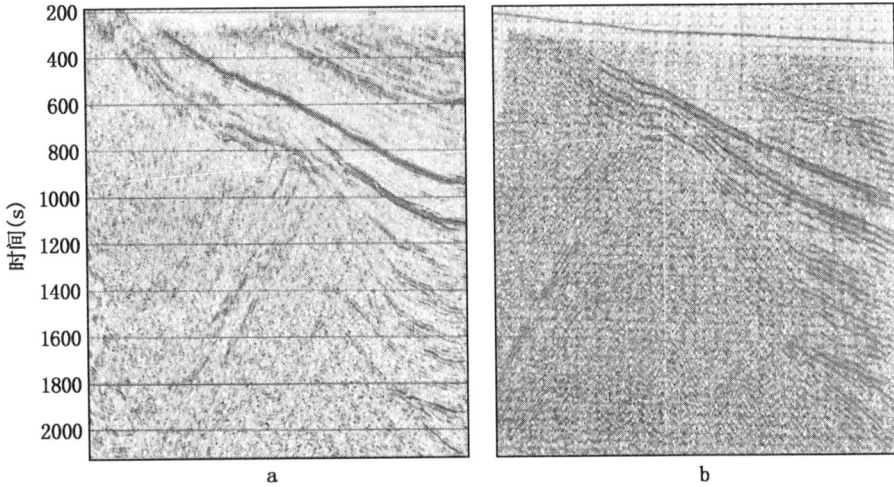

图3-42　高密度采样剖面与常规剖面对比图
a—高密度剖面；b—常规剖面

3）高分辨率勘探技术应用效果

高分辨率三维地震效果明显优于以往的资料，目的层主频由原来的25Hz提高到50Hz，频宽由原来的10~60Hz提高到10~90Hz（见图3-43）。

对10~20m断距的断层能识别清楚，提高探井成功率（图3-44）。

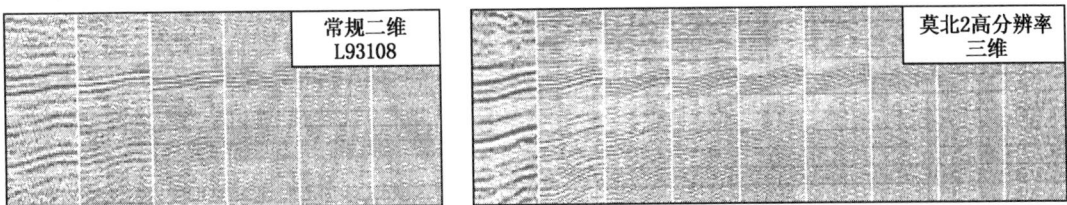

图3-43　高分辨率地震剖面与常规剖面对比图

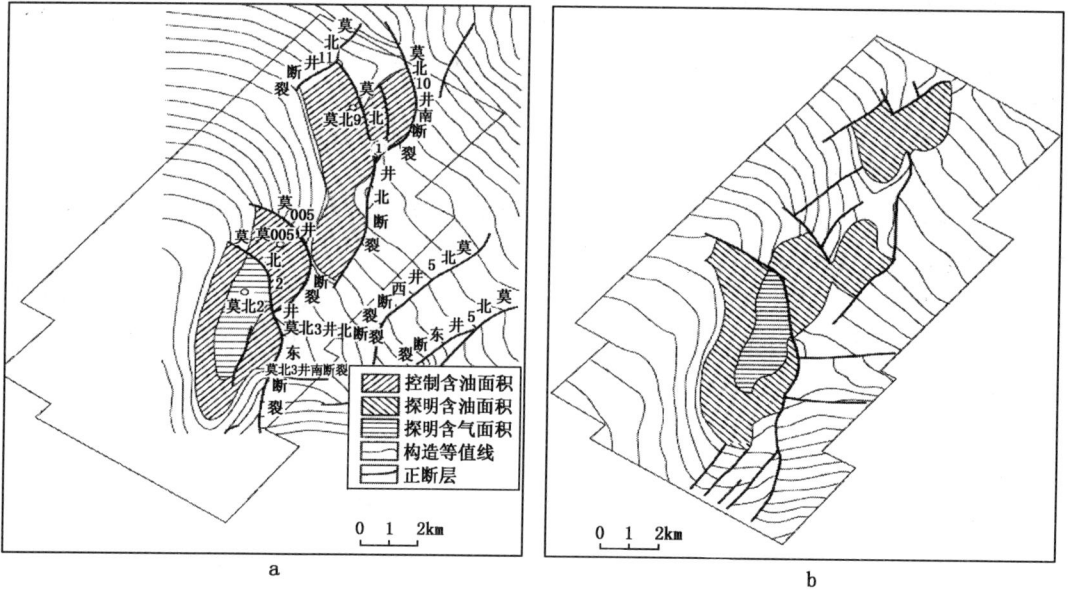

图 3-44 高分辨地震与常规地震解释成果对比图

a—高分辨地震成果；b—常规地震成果

复习与思考

（1）概述地震勘探工程的概念与原理。

（2）简要说明物探专家们特别关注干扰波的原因及目的。

（3）简要说明三维地震与二维地震施工过程及获取的资料的异同点。

（4）简要说明施工面积、资料面积和满覆盖面积概念及关系。

（5）简要说明多次覆盖与叠加技术、地震组合技术、高分辨率技术要点。

（6）简要说明高分辨率野外采集需要得到的技术支持和保障。

第四章 地震勘探工程基本工序与工程造价

第一节 地震资料采集工序与生产组织

地震勘探单项工程由资料采集工程、资料处理工程与资料解释工程三个单位工程组成。在工程造价上，地震勘探单项工程对应概（预）算定额，资料采集、处理、解释单位工程分别对应相应的单位工程定额。

单位工程由分部工程组成，采集工程由搬迁、试验、生产等环节组成，处理工程由参数选择与处理组成，解释工程由资料收集整理与解释组成。相应造价上，分部工程对应分部工程定额。

分部工程由分项工程组成，即由分项工程中的各工序组成。采集生产中的工序包括表层调查、测量、钻井、排列收放、激发、数据采集、现场资料处理与整理等，造价中各工序对应相应工序定额。地震勘探工程序列划分及相应定额关系见图4－1。

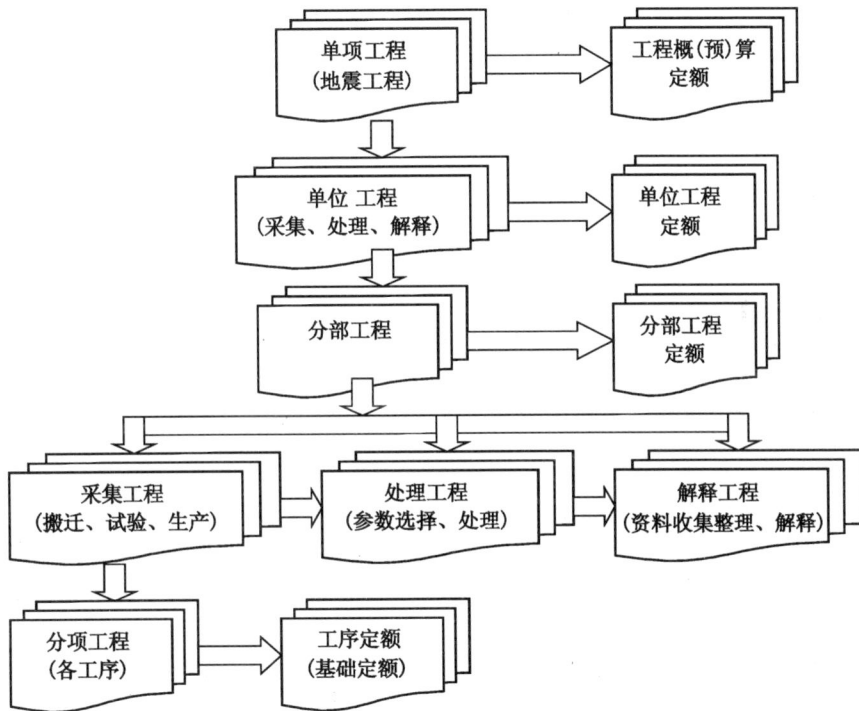

图4－1 地震勘探工程序列划分及对应定额图

地震勘探资料采集工程，由测线清障、测量、排列收放、激发（炸药井炮、可控震源、气枪震源）、数据采集、表层调查、现场资料处理与整理，以及为各工序服务的现场与营地管理等项工作组成。图4－2说明野外地震资料采集工程各工序构成。

地震勘探采集工程中，最基本的不可缺少的工序是测量、排列收放、激发、数据采集、

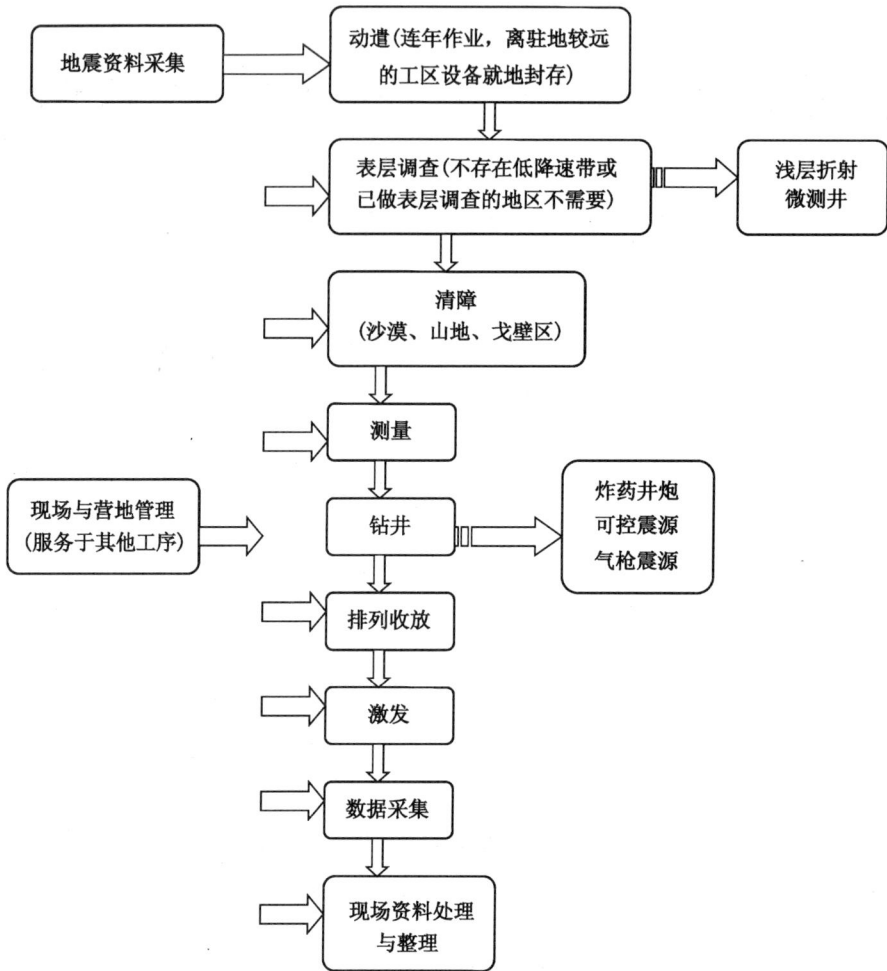

图 4-2 地震资料采集工序图

现场资料处理、现场资料整理六道工序及为各工序服务的现场与营地管理，其他工序视工区条件、地面地下和占有资料情况而定。排列收放、激发、数据采集、现场资料处理与整理同步进行，工作量以生产炮数体现。

地震资料采集工程的生产组织由队部负责，各工序分别由地震队的清障组、测量组、小折射组、微地震测井组、放线班、钻井组（震源组）、爆炸组、仪器组、解释组、现场资料处理组、现场与营地管理组完成。

第二节　地区地形与类别划分

地震工程与其他物探专业施工方式不同，地类划分标准也不同。按照地貌学地形定义，地表特点并结合地震勘探野外施工的特殊性，将不同地表划分为平原、沙漠、戈壁、沼泽、草原、山地、水网、滩海、黄土塬九种地形。其中，部分地形中又以钻机运载方式细分为车载及人抬两种方式。每类地形又依据施工难易程度分为若干等级，即分为不同地类。具体划分详见表 4-1。

表 4-1 地类划分与系数表

序号	地 类		Ⅰ	Ⅱ	Ⅲ	Ⅳ	Ⅴ	Ⅵ
	地 形	队 型	地 类 系 数					
1	平原	平原车装	1.15	1	0.9	0.75		
		平原人抬	1.1	1	0.9			
2	草原	草原车装	1.495	1.3	1.105			
3	沙漠	沙漠车装	1.45	1.35	1.22	1.08	0.94	0.80
4	戈壁	戈壁车装	0.88	0.8	0.72	0.60		
5	沼泽	沼泽车装	0.88	0.8	0.72			
6	水网	水网人抬	1.10	1.00	0.88			
7	山地	西南山地人抬	1.122	1.066	1	0.895	0.76	0.60
		西北山地人抬	1.122	1.066	1	0.895	0.76	0.60
8	黄土塬	黄土塬直线人抬	1.122	1.066	1			
		黄土塬弯线	1.122	1.066	1			
9	戈壁、草原、平原	可控震源	1.15	1	0.90	0.80	0.70	0.60
10	滩海	极浅海船载气枪						
		滩海人抬						

表 4-1 中不同类别所对应的地类系数即表示施工难易程度、劳动效率高低与地类系数成正比。

单一地形中各地类系数可相互换算，不同地形中各地类系数不存在换算关系。

地区类别是决定施工中使用装备（类型、型号及数量）、施工方式的先决条件。如沙漠地区必须采用沙漠特种装备才能保证在此区域内的正常施工；在江、河、湖泊等水域上必须采用船只、两栖设备施工；在复杂山地，各种施工车辆无法到达测线，施工只能使用人抬方式。

地区类别也是决定队型的主要因素。所谓队型是指为完成某一区块物化探工程而对设备、专用工具、各类人员的配备总和。

不同队型设备、专用工具、人员配备是不同的。

不同地区不同施工因素地震勘探工程应采用相应的队型。

队型可按不同分类方式分为多种。

按不同勘探方法和功能分可分为化探队、重力队、磁力队、电法队、地震队、VSP队等。地震队可依据资料采集维别不同分为二维队和三维队；也可依据地震采集仪器工作道数进行划分，如240道队，360道队等；也可依据钻机等主要设备的运载方式划分为车装队，人抬队，船载队等；从精度上又分为常规队，高分辨队等。

一、平原

1. 地类划分标准

平原是指起伏极小，海拔较低的广大平地。

我国有东北平原、华北平原与长江中下游平原三大平原。

在东北平原内覆盖有大庆油田、吉林油田、辽河油田的大部分探区，在华北平原内覆盖有华北油田、冀东油田、大港油田、胜利油田的大部分探区，长江中下游平原是指湖北、安徽、江西、江苏几省长江南北的平原地区，其中有江苏油田、江汉油田的探区。

我国三大平原及其他地形见中国地形图 4-3。

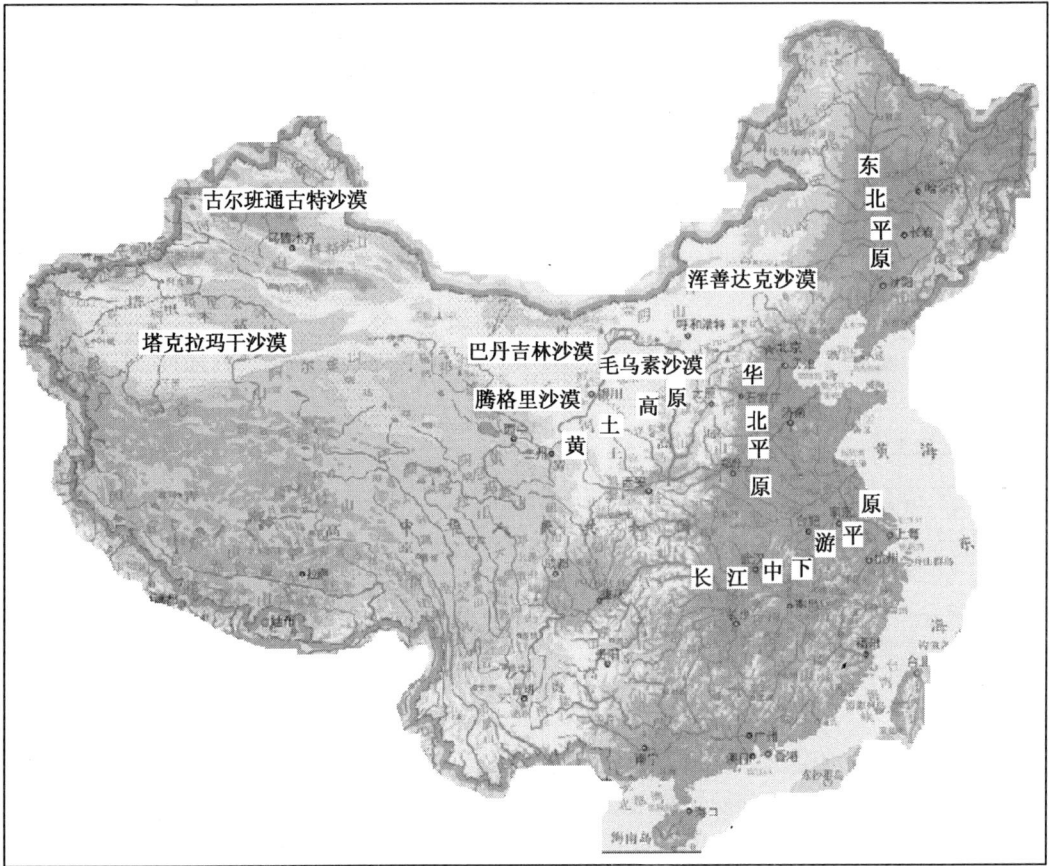

图 4-3　中国地形图

在地震勘探工程中，平原含义与地貌学上的概念有所不同，不仅涵盖地形平坦区域，也包括部分沙地及农田、部分丘陵及山前冲积区等区域。

地震勘探工程在平原区域施工，其设备运载方式主要有两种，一是车载方式，二是人抬方式。在车辆无法通行的平原某些区域，如水浇地、水稻田等采用人抬方式。

南方平原地区主要以水稻田为主，如苏南地区。地震勘探设备人抬与船载方式施工。这一区域在地震勘探地形划分为水网区。

平原地形设备车载方式的地类划分为四类，划分标准见表 4-2。

表 4-2　平原车装钻地类划分标准

地区类别	Ⅰ	Ⅱ	Ⅲ	Ⅳ
地表特征	地形平坦，障碍物较少，村庄稀少，行车方便	地形有起伏，障碍物较多，以水田为主，行车多绕路	沙丘密集，河沟纵横，城镇近郊，行车困难	淤灌地，冲沟或较大的鱼虾场，丘陵及山前冲积区，行车很困难 城区及矿区，排列摆放与检波器埋置都困难，各种干扰大，一般白天无法接收，施工效率较低

平原地形设备人抬方式地类划分为三类，划分标准见表4-3。

表4-3　平原人抬钻机地类划分标准

地形类别	Ⅰ	Ⅱ	Ⅲ
地表特征	地形平坦，以旱田为主，机动车辆不能到达测线	以水田、旱田、台田为主，沟、坎、渠较多，道路狭窄，交通困难	围湖造田区、半沼泽区、雨后积水区、解冻后的江河淤灌地带、较大的鱼虾场地带，交通极为困难

平原地形区地类划分主要依据行车条件及地表状况与设施对施工的影响程度。对施工车辆行驶影响的因素主要是村庄、城镇、矿区、沟渠、果园分布状况等（图4-4）。

图4-4　平原地形图

施工区块居住人口稠密，工业、农业、交通运输都较发达，车辆的行驶、机械的振动、工业电的干扰等可对施工产生不利的影响。

2. 案例说明平原地区采集技术难点及对策

案例：华北油田白洋淀工区三维地震勘探。

1）工区自然地理概况

工区内地势平坦，地表以黏土和沙土为主。地表高程一般在1～6m。工区内村镇连片，村庄、小工厂密布，鱼塘密集，堤闸错落，交通复杂。区内不均匀的分布大小不等的砖厂，多年烧砖挖土造成该地区地表高低不平。工区内涉及水域面积较多，有三条河流和白洋淀。白洋淀为大片冰面及芦苇地。工区内植被发育，以芦苇、小麦为主，果林较为密集。

本地区属温带大陆性气候，具有极其明显的湿地特点，冬季气温在10～-10℃之间，结冰期约在12月中旬以后，冻土层约为20～35cm，因区内冬季常常大雾弥天，持续时间较长，对正常施工生产和交通安全都会产生一定的不良影响。

工区地表可分为陆地区和水域区两类，陆路区占总面积的 60％，水域及台田区占 40％。工区淀内交通极不便利，冬天水道结冰后主要以冰爬犁等为运输工具。

2）地震采集施工主要难点

（1）连片障碍区。主要障碍区分别为县城障碍区和村庄连片障碍区，障碍区内民房密集，激发点位难以落实，尤其是县城区域，稠密的建筑使检波点准确布放也成为一大难题。

（2）淀内施工困难。淀内区施工的主要困难在于以下几点：一是河道蜿蜒宽阔（20～50m），水深 1～3m 不等，给检波器的准确放置和良好耦合带来极大困难；二是鱼塘蟹池连片，水域及村庄使均匀布设激发点无法实现；三是在河道沟岔纵横、芦苇台田密布的区域施工，给后勤补给和生产组织带来极大不便。

（3）堤坝区施工困难。三维区正处在白洋淀的东北边界上，因防洪防涝的需要，该区域内修建有各类级别的堤坝数条。施工过程中既不能违反国家对堤坝保护的相关条款，又须达到施工设计的要求，这也是在本区施工中的又一主要困难。

3）解决措施

（1）针对连片障碍区域通过提前踏勘、提前设计（包括村中定点、变观、小药量、高覆盖），相应软件预测，加强工农协调相结合等措施来尽可能减小障碍区对资料造成的负面影响。

（2）针对淀区水域，一是以提高钻井工艺，减少水域区的炮点偏移距离，尽量保证浅、中、深覆盖次数的均匀。二是在接收方面提高放线水平，改善设备的防水性能，减少深水区的空道现象，严格控制漏电干扰，积极检测单炮资料效果。

（3）针对堤坝区，则以深入调查为主，详细了解区内所有堤坝的级别及施工的安全距离，严格把握尺度，保证在不违反防洪法规定的基础上尽可能缩小跨越堤坝的距离。

（4）针对干扰，对人为产生的诸如工业干扰、机械干扰等规则干扰有效开展工农协调工作，确保施工正常进行。对诸如植被的随机干扰，水流的干扰等自然产生的随机干扰，可通过严格施工和调整施工参数及打时间差的办法加以解决。

二、草原

1．地类划分标准

草原是指半干旱地区，杂草丛生的大片土地，间或杂有耐旱的树木。

我国草原主要分布于内蒙古自治区，包括华北油田的二连探区与大庆油田的海拉尔探区。西北的广大地区有草原零星分布，如青海油田与新疆油田内的山间凹地。草原施工与地形图见图 4－5 和图 4－6。

草原地表区地类划分为三类，划分标准见表 4－4。

图 4－5　草原施工图

图 4-6 草原地形图

表 4-4 草原区地类划分标准

地区类别	I	II	III
地表特征	地形较平坦；沟渠、村庄较少；草原植被覆盖在 75% 以上；交通条件好，行车较方便	地形有起伏；村庄、沟渠较多；草原植被在 50%~70% 之间，间互有沙地、农田；交通条件差，行车较困难	地形起伏较大；河湖岸的草滩；草原植被在 50% 以下，间互有水田、沙丘、沼泽；地表复杂，行车困难

地类划分标准主要依据的是区内的地形起伏情况、植被覆盖程度及区内交通条件等。

2. 案例说明草原地区采集技术难点及对策

案例：华北油田二连巴彦花地区地震勘探。

1）工区自然地理概况

巴彦花工区位于内蒙古自治区锡林郭勒盟西乌珠穆沁旗境内，北部部分区域隶属于东乌珠穆沁旗。巴彦花凹陷地表是一个东西两侧被山体及丘陵夹持、中部低洼平缓的南北向狭长区域，整个工区地势由东南向西北倾斜，海拔 950~1350m 左右，相对高差在 200m 以上。局部地区起伏较大。工区涉及草原、沼泽、沙丘、河流、山地等地表类型，见图 4-7。

2）地震采集施工主要难点和对策

难点 1：工区内有大面积沼泽，施工前做了充分准备，配置了沼泽区施工设备，大部分沼泽区顺利通过，但有近 6km² 的湿地，水深 0.1~0.3m，机械设备无法通行。

对策：采用防水检波器，大线架高，防止大小线漏电；在镦钻只能钻 2~3m，无法打穿砾石层的情况下，利用人力，垫木板推钻机进入湿地，保证资料质量和不空炮空道。

难点 2：工区穿越露天煤矿矿区，地表条件十分复杂，震点不容易落实；重型车辆来往频繁，矿区内高楼林立，大型机械设备高速运转，外界干扰严重。

对策：解释组与测量人员联合施工，画出详细的草图，尽可能多布设震点，提高该段的覆盖次数。完成放样后进行仔细论证，预测效果。放炮前带点人员对照任务书逐点落实炮点，选好可控震源行车路线；加强检波器埋置，增加震源激发能量，过矿区时通过协商，在傍晚时分施工，厂方停产，减少外界人为、机械干扰。

难点 3：工区内进入秋冬季节多大风天气，且地表植被发育，风吹草动的高频干扰严重，影响资料的信噪比和分辨率。

对策：针对大风天气干扰问题，首先下大力气解决检波器的埋置问题，要求坑深符合要

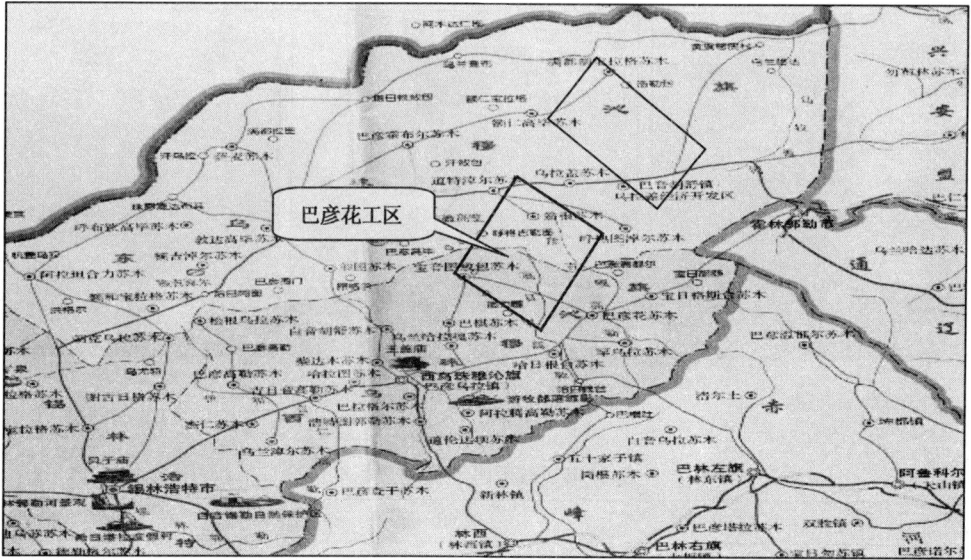

图 4-7 巴彦花工区位置图

求、埋好、耦合好，检波器附近小线和杂草要做特殊处理，防止风吹草动产生微震干扰。其次，增加震源震动次数，改善激发效果。同时，安排好野外生产时间，尽量争取在风小时放炮、风大时摆放排列。最后，当风大到对资料品质影响较大时，停止施工。

难点 4：表层结构复杂，个别测线地表起伏较大，低降速带横向变化较快。

对策：加强表层调查工作，搞清表层结构；及时分析表层规律，发现有不符合山地山前带沉积特征的区段，加密小折射调查点，采用深井微测井加以验证。

三、沙漠

1. 地类划分标准

沙漠是指地面完全为沙所覆盖、植物非常稀少、雨水稀少的荒芜地区。

在地震勘探工程中，沙漠含义与地貌学上的概念有所不同，不仅涵盖沙漠区域，也包括沙地及沙漠边缘的农田、盐碱地、浮土区等区域。

沙漠区地类划分为六类，划分标准见表 4-5。

表 4-5 沙漠车装地类划分标准表

地区类别	Ⅰ	Ⅱ	Ⅲ	Ⅳ	Ⅴ	Ⅵ
地表特征	沙漠连片，表层较实，呈带状，有稀疏植被，地表单一，沙漠专用车可顺利通行	沙漠连片，起伏不大，表层较实，多呈带状，有稀疏植被分布，缺乏水源，经简单清障后通行顺利	起伏较大，表层疏松，多呈带状，有稀疏植被，缺乏水源，经简单清障可顺利通行	起伏较大，表层松软，间有盐碱地、浮土、沼泽、灌木林等多种地表	沙丘高大、松软，以条带状为主，间有蜂窝状；浮土地；需配专用重型车辆	沙丘高大松软，以蜂窝状为主。需配专用重型车辆

沙漠区地类划分不仅依据地形起伏程度、分布形状，也要依据表层沙层的胶结程度及车辆通行状况。

沙漠区不同地类实图见图 4-8，图 4-9。

| I,II类 | III,IV类 | V,VI类 |

图4-8 沙漠地形图

我国沙漠主要分布于气候干燥的西北地区和北部地区。新疆有塔克拉玛干沙漠与古尔班通古特沙漠，分别是塔里木油田与新疆油田的探区，内蒙古有巴丹吉林沙漠、腾格里沙漠、毛乌素沙漠与浑善达克沙漠，长庆油田部分探区在毛乌素沙漠之中，华北油田的二连探区部分在浑善达克沙漠之中（图4-3）。

图4-9 沙漠浮土区图

沙漠较其他地形有着不同的特点，气候干燥，缺少植被，地表疏松，起伏大，居民稀少。对地震施工影响较大，主要表现在物资供应、住宿、行车、施工等困难。在设备配备与生产组织上与其他队型有所不同，运输设备需配备较一般车辆动力大，轮胎宽大能在疏松的沙漠中运行的沙漠专用车辆，住宿通常采取住营房车方式。施工中较其他地形区也有着较大不同。

2. 案例说明沙漠地区采集技术难点及对策

案例：塔里木盆地沙漠地区地震勘探。

1）以往施工方法分析

1995年以前，主要采用坑炮或4m吹沙筒钻井进行激发，覆盖次数均为60次，采集到的资料有一定的信噪比，但频率较低。受当时地质认识和物探技术、装备的影响，主要目的层一直在石炭系以上。

1995—1999年，采用8m吹沙筒和部分单深井，使单井药量得以提高，从而使激发、反射能量得到有效增加。这些物探技术的进步使该区中深层资料信噪比有所提高。

2000年以来，以潜水面以下激发为主要代表技术的沙漠深层攻关，使本区资料品质上了一个台阶，信噪比和分辨率明显提高，断块、断点、火成岩侵入体等地质特征表现明显，大沙漠区三维目标勘探技术日趋成熟。

2002年度，针对塔中深层奥陶系碳酸盐岩，在塔中16井区实施了三维采集攻关，代表性采集技术为小面元、适中覆盖次数、100%潜水面以下激发，获得了清晰的奥陶系潜山顶面和丰富的内幕信息。

近年来，在采集技术进步的同时，碳酸盐岩解释技术有了长足的发展，尤其是岩溶理论和技术的开发和应用，使轮南地区碳酸盐岩钻井成功率达 80%～90%。在塔中大沙漠区，观测、激发、静校正技术已趋于成熟，随着接收技术的进一步攻关，使塔中大沙漠区在深层奥陶系碳酸盐岩寻找油气大场面成为可能。

2）采集技术难点

（1）奥陶系碳酸盐岩埋藏深度大，内幕表现为高度非均质性，没有良好的波阻抗界面，致使提高深层信噪比和分辨率难度大；塔中地区奥陶系地震勘探以寻找奥陶系内幕溶洞裂缝为主，对地震资料的信噪比和分辨率要求高。

（2）大沙漠地表固有的勘探难题。松散、巨厚的沙层对地震波产生强烈的吸收和衰减作用，尤其是高频成分损失严重，极不利于高精度地震勘探。尽管目前采用增大钻井深度等措施基本上解决了激发问题，但接收问题仍是目前无法逾越的屏障。

（3）自然及人为干扰难题。除激发过程中产生的各种原生、次生干扰外，油田作业区的大钻井场、采油井、高压线、油田公路等产生的外界干扰对地震资料品质影响严重，且该类干扰频带范围宽，在所有有效波范围内均存在，且呈不规则发育，野外及室内消除难度大。

3）采取的对策

（1）优化三维观测系统设计。

①较小的面元尺寸。采用较小的面元是提高地震资料信噪比和分辨率最为有效的措施之一。

②适当的覆盖次数。大沙漠区地震波能量在接收过程被巨厚沙层所吸收衰减，造成深层信噪比偏低，因此需要保证足够的覆盖次数。

③合理的排列长度。采用小道距和适当的排列长度，可以提高目的层的有效覆盖次数，同时减弱动校畸变问题，保证目标勘探精度。

（2）坚持 100% 潜水面以下激发。

潜水面以下激发是大沙漠区改善资料品质最有效技术之一。100% 潜水面以下激发，可确保激发效果。

（3）努力改善接收效果。

检波点合理偏移。在保证偏移对方位角、炮检距、覆盖次数的分布不发生根本改变的前提下，优选检波点位。

（4）保证静校正精度。

表层调查采用小折射、微测井、推水坑相结合方式保证表层调查精度，并结合以往表层调查资料建立高精度三维表层资料数据库。

（5）油田区施工。

针对油田作业区、公路等地面设施，利用综合信息科学设计施工方案，确保油田设施安全的前提下保证资料品质。

①提前对工区内油田设施分布做详细调查，结合 HSE 部门提供的安全距离，科学合理的布设物理点。

②施工过程中做好警戒工作，尽可能降低背景干扰。

（6）其他相关技术措施。

①采用先进的数字地震仪，增强拾取弱小信号的能力。

②应用高精度的 RTK 实时差分测量技术，确保点位精度。

③配备功能齐全的现场处理系统，对野外采集资料及时进行质量分析及监控。

四、戈壁

1. 地类划分标准

戈壁是蒙古语，是指地表都是沙子、石块或盐碱壳，缺少水源和植物的地区。

我国戈壁主要分布于气候干燥的西北新疆、甘肃、青海等省区。

在地震勘探工程中，戈壁含义与地貌学上的概念有所不同，不仅涵盖地貌学上的戈壁区域，也包括戈壁边缘的盐碱壳地区、山前冲积区、山前砾石区及部分较低缓山地等区域。

戈壁区地类划分为四类，划分标准见表4-6。

表4-6 戈壁区地类划分标准

地区类别	Ⅰ	Ⅱ	Ⅲ	Ⅳ
地表特征	地形平坦，视野开阔，行车方便。地表主要为砾石或盐碱壳，村庄、树木、农田占工区面积小于5%	地形有起伏，存在障碍物，行车方便。主要为砾石与盐碱壳、露头、沙丘、冲沟、丛林、农田占工区面积的5%～15%	地形起伏大，沟深而多，行车困难。主要为砾石或盐碱壳、山前冲积区、公路两侧、市郊占工区的15%～30%	主要为山前砾石区及部分山体，坡高大，经清障车辆能到达测线

戈壁区地类划分主要是依据地形起伏、地表状况、障碍物分布、施工车辆通行情况。

实际戈壁地类划分见图4-10。

Ⅰ类　　　　　Ⅱ类　　　　　Ⅲ类　　　　　Ⅳ类

图4-10　戈壁地形图

图4-11为卫星图片，从图中可宏观了解戈壁Ⅳ类所处的地理部位，本戈壁区位于山前带冲积扇和部分低山区。

图4-12表明戈壁Ⅳ类地区地质结构复杂，砾石发育，是地震激发的困难地区。

2. 案例说明戈壁地区采集技术难点及对策

案例：吐哈油田戈壁地区地震勘探。

1）工区自然地理概况及表层地震地质条件

鄯勒地区地表主要为较厚的第四系砾石层覆盖，砾石直径2～8cm，结构疏松。砾石区横穿博格达山南的众多冲积扇，构成高低起伏的戈壁砾石区。

工区从冲积扇中部到扇缘，低降速带厚度相差在几十米以上，降速带厚度变化较大。且冲积砾石大小不一、结构松散，对地震波有强烈吸收作用，能量衰减严重，激发与耦合条件差。根据声波测井资料变化情况，该区虽然地形起伏较小，多数地带地表相对平坦，但表层横向速度变化剧烈，表现为强烈的不均匀性，激发接收条件较差。

图 4-11 戈壁Ⅳ类地表特征图

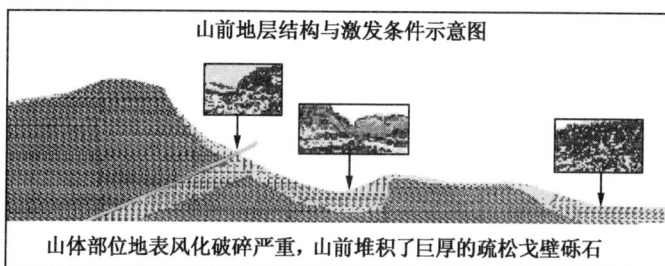

图 4-12 戈壁Ⅳ类地质特征图

工区表层主要分为三层结构，低速层速度 560～1200m/s，厚度 5～20m。降速层速度 1300～1500m/s，厚度 25～70m。高速层速度 2000～2500m/s。

2) 以往采集方法分析

1996 年以前激发采用 3～5m 浅坑多口组合，或者采用小吨位震源少台多次组合，扫描频带较窄，12～48Hz。

1996 年以前观测系统最小偏移距较大 200～600m，最大偏移距在 3250～3550m。最小偏移距较大，造成浅层资料覆盖次数低，影响资料品质；最大偏移距小，不利于深层资料品质。覆盖次数基本为 30 次左右，覆盖次数较低。

2003 年，在该区采用小道距、高覆盖进行攻关试验，浅层取得了较好的效果，资料品质有了较大提高。

3) 主要技术难点

(1) 工区内有山体、砾石冲积扇，表层结构复杂，纵横向变化剧烈，静校正问题难以落实。

(2) 工区巨厚松散砾石的浅表层，激发和接收条件较差，地震信号衰减很强，有利勘探区域资料信噪比和分辨率较差，不利于开展储层研究工作。

(3) 本区的地下构造特征复杂，断层发育，目的层埋深变化较大，油气运移受断层控制，对地震资料横向分辨率要求高。

(4) 区内油田作业的机械干扰、火车干扰严重影响资料品质，南部火车站、北部坎儿库区和高陡山体不利于布设炮检点。

4）采取技术对策

（1）利用卫星照片合理布设表层调查点，采用 24 道、48 道小折射，长短排列相结合，常规和深井微测井联合调查，建立高精度的近地表结构模型。

（2）表层调查和大炮初至综合建模，采用模型约束的初至静校正方法，解决该区复杂的静校正问题。

（3）优化观测系统设计，采用较小面元，提高地震分辨率。

（4）采用变观施工，避开障碍物和强干扰施工，因地制宜选择检波器埋置方法，加强工序质量管理，降低环境干扰。

（5）充分利用采集、处理、解释一体化运作模式，处理、解释人员提前介入采集设计及野外生产。

五、沼泽

1．地类划分标准

沼泽是指低洼积水、杂草丛生的大片泥淖区域。

沼泽区地类划分为三类，划分标准见表 4－7。

表 4－7　沼泽区地类划分标准

地区类别	I	II	III
地表特征	沟渠、盐池、沼泽、苇塘间互，部分常年积水区；行车有主干线，车辆能绕行或牵引通行	河流冲积的淤地、沼泽洼地、苇塘大于 1km² 的区块；车辆需牵引通行	海陆连片的淤泥地，河套地，淤泥、水草深度在 10～30cm 以内，无任何路线，行车非常困难

沼泽区分类主要依据施工车辆通行条件进行划分。

实际沼泽地区见图 4－13。

沼泽区施工运载工具履带沼泽车、明轮沼泽车见图 4－14。

图 4－13　沼泽地形图

履带沼泽车 明轮沼泽车

图 4-14 沼泽区运载工具

2. 案例说明沼泽地区采集技术难点及对策

案例：塔里木盆地北缘沼泽地区地震勘探。

1）地理概况

工区地处塔里木盆地北缘，地表起伏较小，相对高差小于20m。工区内地表较复杂，塔里木河从中穿过，塔河两岸洪泛区存在大面积的积水，且该区植被较为发育，有大面积的胡杨林和红柳等灌木，间有小河、湖泊、盐碱地和棉花地等。

区内交通较为不便，过水的桥梁多为木质结构，重型装备大多无法通行。

2）采集技术和生产组织难点

（1）该区地表条件复杂，干扰严重，对提高分辨率勘探不利。

（2）工区大面积的农田区放水浇灌，沼泽、水网密集，严重影响施工进度。

（3）塔里木河两岸水网密布，植被茂密，密林区域和沼泽区域不利于检波器的布设，影响施工进度。

3）采取的对策

（1）采用小道距、适中排列长度、较高覆盖次数的观测系统，兼顾勘探目的层对信噪比和分辨率的要求。

（2）采用高密硝铵炸药，根据表层调查资料逐点设计激发深度，100％潜水面下激发，确保激发效果。

（3）检波点采用"以炮代道"和灵活布点的方法，尽量避开水域和地表植被密集区的影响，改善接收效果。

（4）采用小基距检波器组合，以保护高频有效信息。

（5）提前准备，提前预计，做好过塔河的准备工作；加强与地方关系，为生产创立有利条件；加强领导班子管理，协调全队的运作。

六、水网

1. 地类划分标准

水网是指河湖港汊纵横交错密布如网的地区。

水网在我国南方分布很广，主要在长江中下游地区，包括湖北、江苏、江西、安徽的部分地区（图 4-3）。

水网区地类划分为三类，划分标准见表 4-8。

表 4-8　水网区地类划分标准

地表特征	Ⅰ	Ⅱ	Ⅲ
地表特征	地形较平坦，村庄、河沟较少，水不成网状，行船较少，人抬较易	村庄等障碍物较少，河流较多，成网状，行船较易	沟渠与苇塘间互，有常年积水区，行车有主干线，湖岸的沼泽区，人抬与行船较困难

　　水网区地类主要依据河湖港汊等水域分布情况进行划分。水网Ⅰ类以人抬为主，Ⅱ类以船载为主，Ⅲ类为人抬与船载混合型。

　　实际水网地区地表情况见图 4-15。

Ⅰ类　　　　　　　　　　Ⅱ类　　　　　　　　　　Ⅲ类

图 4-15　水网地形图

2. 水网地区采集技术难点及对策

1）采集技术难点

水网区地表比较复杂，水陆交互，湖泊、河流与农田、丘陵共存；村庄密集，植被茂盛，工业发达，干扰因素多；地形起伏大、地表岩性变化大。

2）对策

（1）对于地表复杂，施工困难的特点，采用水陆设备混合的复杂队型。配备人抬、手摇、船载、车载多种钻机与车、船各种交通工具及农用机械来适应多变的地表情况。

（2）对于地表起伏大，表层岩性变化大的特点，通过近地表沉积规律研究，合理布设微测井。使用精细表层结构及静校正软件，提供精确的激发井深数据与静校正量。

（3）对于村庄密集及工业区，采用特殊观测系统。在地物周围，进行变观，适当加密炮点，确保覆盖次数达到设计要求。

（4）针对人为产生的规则干扰通过开展企地协调工作，确保施工正常进行。对自然产生的随机干扰通过严格施工和调整施工参数及打时间差的办法加以解决。

七、山地

1. 地类划分标准

山是指地面形成的高耸部分。山地是指多山的地带或是具有较大相对高度、坡度和海拔高度的高地及其相伴山谷、山岭所组成的地域。

在地震勘探工程中，山地含义与地貌学上的概念有所不同，未能涵盖地貌学上的所有山地区域，仅包括两部分，一是西南山地，即对西南探区山地进行划分；二是西北山地，即对西北探区的山地进行的划分。

山地地类划分为六类，划分标准见表 4-9 和表 4-10。

山地地类划分主要依据山体大小、相对高差、出露岩石性质及林木覆盖情况进行划分。实际山地地形见图 4-16。

表 4 - 9 西南山地地类划分标准

地区类别	I	II	III	IV	V	VI
地表特征	地形相对高差小于100m，仪器有时可以不下车。地层一般出露侏罗系，钻井容易	地形相对高差小于200m，地层一般出露侏罗系或白垩系，钻井容易	地形相对高差在200～400m。地层一般出露侏罗系或白垩系，钻井容易	地形相对高差在400～600m。地层一般出露侏罗系或三叠系，有较大面积林木覆盖	地形相对高差在500～1000m。有碳酸盐岩出露，有大面积林木覆盖	地形相对高差大于1000m。有碳酸盐岩出露，林木面积在85%以上，交通极为不便

表 4 - 10 西北山地地类划分标准

地区类别	I	II	III	IV	V	VI
地表特征	山体小，地形相对高差小于等于100m，经清障车辆可少部分到达的山区，钻机搬迁容易	山体较小，地形相对高差在100～200m，经清障车辆无法到达的山区，钻机搬迁较容易	山体较大，地形相对高差在200～400m，经清障车辆无法到达，钻机搬迁比较容易	山体大，地形相对高差在400～600m，经清障将钻机和生产物资运到测线附近，钻机搬迁较困难	山体高大，地形相对高差在600～1200m，经清障将钻机和生产物资运到测线附近，钻机搬迁困难	山体高大，地形相对高差大于1200m，经清障将钻机和生产物资运到测线附近，钻机搬迁极为困难

西南山地

西北山地

图 4 - 16 山地地形图

2. 用案例说明山地采集技术难点及对策

案例：塔里木西北山地三维地震勘探。

1）以往工作方法分析

1982—1993年，受当时的技术和装备的限制，激发能量明显不足，加之覆盖次数低（24～30次），排列长度短（3000～4000m），导致资料品质很差。

1996—1997年，在工区沿沟做了一些可控震源线，采用了大吨位震源、适中的排列长度、较高的覆盖次数。所获剖面中浅层品质较好，但深层资料尤其是目的层资料品质仍然较差。

2000—2001年，塔里木油田分公司在区内进行了地震采集方法攻关，应用近年来形成的先进山地采集技术，资料品质较以往有了一定程度的提高。

2003年，根据地质目标调查需要，油田分公司调整以往测网方向，并加大了攻关力度，资料品质明显提高。

2）采集技术难点

（1）工区地表条件复杂多变，山体第三系地层出露部分，地形起伏剧烈，地表风化严重，土质干燥疏松，激发接收条件差，山前为巨厚砾石覆盖，钻井显示最厚可达 1500m 左右，严重影响地震波的能量下传。

（2）工区地表起伏剧烈，低降速层厚度变化大，表层调查难度大，静校正问题突出。受断裂影响，构造翼部地层倾角较陡，导致资料信噪比较低，成像困难。

（3）主要目的层白垩系与下伏地层不整合接触，受其影响主要目的层波组特征不明显。

（4）工区自 11 月下旬开始降雪，到 12 月中下旬全区白雪覆盖，直至次年 3 月底，施工环境十分恶劣，技术方法实施难度大。

3）采取的主要对策

（1）优化设计三维观测系统。较小的面元——以便提高纵横向分辨率；适当的覆盖次数分配——在适当的基本覆盖次数基础上，在构造翼部采用加密炮点等方式提高覆盖次数。

（2）注重表层结构调查。建立准确的表层结构模型，既可以为良好的激发效果提供保证，又可以保证静校正精度。

（3）努力改善激发效果。采用适当的药量和高速层激发是改善山体区激发效果的有效手段；尽可能压制干扰，保证接收效果。区内干扰发育，是影响目的层成像的主要因素之一，要求尽可能增大组合基距，并采用电钻打眼等方式保证耦合效果。

八、黄土塬

1. 地类划分标准

黄土塬又称黄土平台、黄土桌状高地，塬是中国西北地区群众对顶面平坦宽阔、周边为沟谷切割的黄土堆积高地的俗称，已正式引入地貌学文献。按照成因类型和形态特征分为：（1）古缓倾斜基岩平地上覆盖厚层黄土形成的塬，简称完整塬。如陇东董志塬、陕北洛川塬和陇中白草塬，面积都在数十至数百平方公里，塬面完整，四周正受沟谷蚕蚀；（2）山前倾斜平地上发育的塬，简称靠山塬。一面靠山，倾向河谷，被发源于山地的河流或沟谷割切，如秦岭山地中段北坡坡麓的塬；（3）断陷盆地中发育的塬，又称台塬，如陕西关中平原北面的渭北高原上的塬；（4）河流高阶地形成的塬，如黄河龙门河段两侧的塬，这类塬已被后期发育的沟谷分割，称为破碎塬；（5）古平坦分水岭接受风积黄土形成的塬，如延河支流杏子河流域的杨台塬，茹河上游的孟塬，其面积多在数平方公里以内，零散地分布在黄土丘陵区内部，称为零星塬。黄土塬顶面坡度多为 1°～3°，边缘可达 5°左右，现代侵蚀微弱，是黄土高原地区的主要农耕地所在。

黄土塬地区地类划分为三类，在地震勘探中，依据工程施工测线弯曲不同分为两种，一是直测线，二是弯测线，具体划分标准见表 4-11，图 4-17，图 4-18。

表 4-11 黄土塬地类划分标准

地区类别		I	II	III
地表特征	直线	表层以 20～80m 黄土覆盖，起伏大，由塬、梁、峁、坡、沟组成，农田、灌木林间互 60%地段靠人抬	表层为 80～150m 黄土覆盖，地层起伏大，由塬、梁、峁、沟、坡组成，小型运输车可绕道行走，基本靠人抬运输	表层为 120～300m 黄土覆盖，起伏大，由塬、梁、峁、坡、沟组成，交通条件极差，全部靠人抬运输
	弯线	可通行大型车辆，机械化施工，成岩地层出露地表 75%以上的主沟或大于 30km 的支沟	不能机械化施工，成岩地层出露地表在 50%左右的支沟	不通车，交通困难，靠人抬，成岩地层出露在 50%以下的支沟，以及淤泥、砾石覆盖区

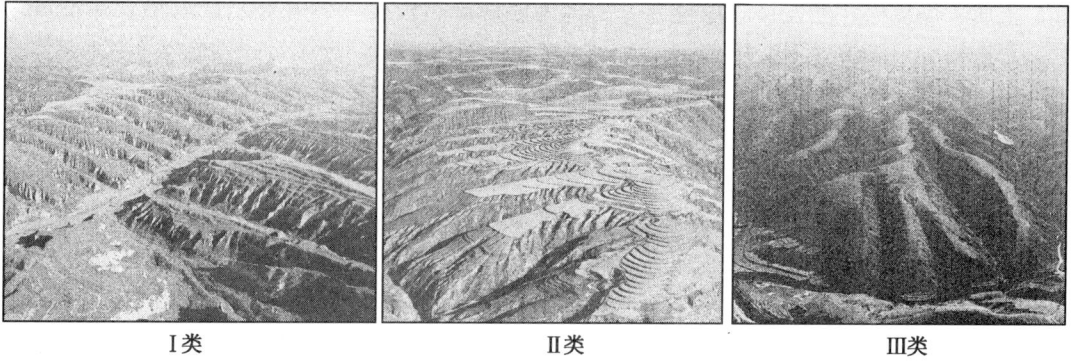

| Ⅰ类 | Ⅱ类 | Ⅲ类 |

图 4-17　黄土塬地形图

图 4-18　黄土塬的塬、梁、坡、沟、峁

弯线施工是沿沟按其自然形状底进行施工，直线施工是沿直测线进行的施工（图 4-19）。

黄土塬弯线地类划分主要是依据沟底平坦程度，黄土塬直线主要是依据表层黄土覆盖厚度与运输条件。

弯线施工

直线施工

图 4-19　黄土塬施工图

2. 黄土塬采集技术难点及对策

1）地形、地貌及植被

黄土塬区，经长期风雨侵蚀、冲刷、切割，形成了黄土高原区特有的梁、塬、坡、峁、沟地表条件。地形起伏较剧烈，沟壑纵横，沟塬高差从几十米到百米以上，区内河流水系呈"树枝"状，冲刷断面陡峭松动，易坍塌。塬上有大面积农田。通常潜水面很深，一般在60m以上。

2）技术难点

（1）工区流沙层、黄土层厚度大，在30～100m左右，常规钻井无法钻到降速层、高速层；而且巨厚的流沙层、黄土层质地疏松，速度低，对地震波中—高频有严重的吸收和衰减作用，并产生强烈地规测和随机干扰，接收条件较差。

（2）沟中淤泥覆盖区，常常是含砾岩、黄土、胶泥的互层区，钻井、下药、焖井困难，老地层出露区检波器埋置困难。

（3）地形复杂，起伏较大，摆放排列困难。

3）主要对策

（1）大的明沙地段选择泥沙层激发，黄土层地段采用湿黄土层激发，加大药量激发，提高主频。

（2）含砾岩、黄土、胶泥互层地段采用蹦蹦钻打水井，沙层厚的地段采用内吸式打井法（压水井），有利于下药和焖井工作，提高打井质量。

（3）黄土塬区地势起伏大，工区内资料频率低，低频干扰严重，做好静校正工作，同时继续加强静校正攻关的力度。

（4）缩小道距，增加覆盖次数，提高主频率，从而提高分辨率。

（5）充分消除和压制干扰，保证接收效果。加强警戒作用，消除或减小人为干扰，采用洛阳铲镢坑、钻机打眼等方式加强检波器的埋置工作，改善耦合效果，采用选择时间段采集、风力监测等措施消除或降低自然干扰。

（6）针对油田、煤矿设施、城镇、村庄等障碍物采用灵活的炮点布设方式，保证障碍物区的覆盖次数均匀稳定。

九、可控震源

1. 地类划分标准

可控震源是产生地震波的一种激发形式，而不是一种地形。由于可控震源车体宽，重量大，通常在20t以上，可控震源方式施工要求工区地表土质坚实，地形开阔，便于可控震源车辆通行。

可控震源一般适用于草原、戈壁、平原区，而在沙漠、水网、海滩、沼泽、山地、黄土塬等地区无法使用。

可控震源施工方式根据施工难易程度划分为六类，划分标准见表4－12。

表 4－12 可控震源地类划分标准

地区类别	Ⅰ	Ⅱ	Ⅲ	Ⅳ	Ⅴ	Ⅵ
地表特征	地表平坦，视野开阔，行车方便的草原及戈壁地区	地表较平坦，视野开阔，行车较方便的草原、戈壁、平原地区	地表有起伏，存在障碍物，行车较方便的沙漠边沿、起伏戈壁、沙丘及村镇密集区	起伏较大，存在障碍物，行车困难的沙漠边沿、起伏戈壁、沙丘、丛林及村镇密集区	地表复杂，行车困难的山前堆积砾石区、城区、大面积丛林	地表特别复杂，行车非常困难的山前带、冲沟

可控震源施工方式地类划分主要是依据地表状况、地形起伏程度及施工车辆通行情况进行划分。

实际可控震源施工见图 4－20。

图 4－20　可控震源施工图

2. 案例说明可控震源采集技术难点及对策

案例：吐哈油田鄯善地区可控震源勘探。

1）地理概况

工区位于博格达山以南，鄯善火车站以北。区内地势西北高、东南低。工区北部山体陡峭、地层直立，海拔在 1300m 以上，山前河滩砾石堆积、冲沟发育，交通不便。中南部地势平坦，海拔为 900～1200m，地表以山前堆积的戈壁砾石为主。兰新铁路从工区南部穿过。

2）以往的采集方法

1996 年以前激发采用 3～5m 浅坑多口组合，或者采用小吨位震源少台多次组合，扫描频带较窄，12～48Hz。覆盖次数基本为 30 次左右，覆盖次数较低。

2003 年，在该区采用小道距、高覆盖进行攻关试验，浅层取得了较好的效果，资料品质有了较大提高。

3）主要技术难点

（1）工区浅表层为巨厚砾石，松散，激发和接收条件较差，地震信号衰减很强，资料信噪比和分辨率较差，不利于开展储层研究工作。

（2）区内油田作业的机械干扰、火车干扰严重影响资料品质。

4）改进措施

采用 KZ－28 大吨位可控震源激发，工区北部震次 2 次，工区南部震次 4 次。

在必要段进行了激发点加密，并增加震次，对火车等移动干扰源进行较好压制。

十、滩海

1. 地类划分标准

滩：海、河、湖水涨淹没、水退显露的淤积平地。

滩涂：从自然属性来看，滩涂的范围主要在低潮线和高潮线之间的地带即潮间带，以及向海和岸两侧自然延伸的部分。

在地震勘探工程中，滩海与滩涂有所区别，滩海地区包括 5m 以浅海域、潮间带及向岸延伸的淤积平地。

滩海地形地类划分为三类，地类划分标准见表 4－13 与图 4－21。

表 4 – 13　海滩地区地类划分标准

地区类别	Ⅰ	Ⅱ	Ⅲ
地表特征	海岸线附近的虾池、卤池、沼泽等水域和泥滩、沙滩，不受潮汐影响，沟渠堤坝较多，陆路车辆可绕行	高潮线与低潮线之间的潮间带，多为淤泥、沙滩、受潮汐影响严重，陆路车辆不能通行，使用两栖设备方能施工	低潮线以下到 5m 水深海域，使用水上设备方能够施工

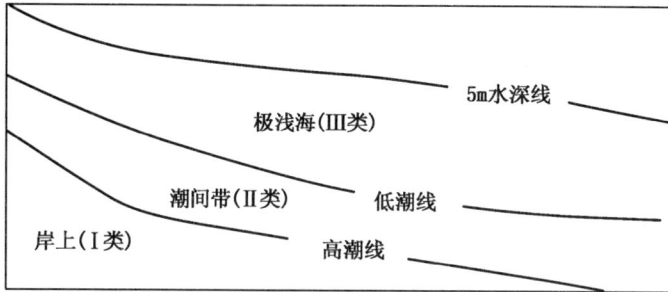

图 4 – 21　滩海区类别划分示意图

　　滩海地区地震勘探常用设备见图 4 – 22。Ⅰ类岸上区使用空气船与人抬设备，Ⅱ类区使用两栖设备，Ⅲ类区使用空气船。

气枪船在极浅海作业

空气船在岸上作业

两栖设备在海滩作业

图 4 – 22　滩海区施工图

2. 案例说明滩海采集技术难点及对策

案例：大港油田滩海地震勘探。

1）地理概况

本工区位于天津市大港—塘沽区白水头—高沙岭以东的 2～7m 水深线海域，本区为塘沽、歧口、驴驹河等地渔民的重要捕鱼区，区内流网、固定网、拖网星罗棋布，且有潮汐、风浪及海底暗流的影响（图 4-23）。

图 4-23　工区位置图

本区沿海风力较内地偏大，根据多年测定，该区全年平均风速为 6.0m/s，最大风速可达 26m/s 以上，年平均大风日，沿海 45.3 天，内地 22.2 天。本区 3～5 月是多风季节。

2）技术难点

（1）工区浅层反射能量强，中深目的层由于构造复杂破碎，能量差，信噪比低，导致构造成像精度差，提高中深层信噪比和成像精度是采集难点。

（2）工区主要目的层砂体发育，对资料分辨率要求较高；提高采集资料中浅层视主频，拓宽优势频宽中的高频成分，是采集难点之二。

（3）工区潮差大，水流急，如何保证物理点点位的准确性，防止物理点位漂移，是采集的难点之三。

（4）工区海底为硬沙板，易形成大的浪、涌；工区地处新港码头、航道附近，噪声干扰复杂，如何压制环境噪声干扰，提高中深层高频弱信号的信噪比，是本次采集的难点之四。

3）技术对策

（1）中深层成像技术对策。

①采取大容量多枪组合的气枪震源，适当的气枪沉放深度，提高激发能量，增加激发下穿能量。

②采取较高的覆盖次数。通过目的层多次覆盖技术来提高中深层信噪比。

③选择合理的最大炮检距，确保中深层速度分析精度和成像精度。

④加强环境噪声控制，减小高频噪声对深层弱小信号的影响。

⑤采用大动态范围高精度地震仪器记录深层弱小信号。

（2）提高视主频技术对策。

①采用较小的面元，对破碎的断裂进行有效的偏移归位，有效识别断点和层间砂体单元。

②通过多次覆盖观测系统设计，来提升有效目的层频宽。

③采取合适的气枪沉放深度，做好环境噪声控制，减小高频噪声对有效信号的影响。

(3) 物理点精度技术对策。

①采取实时定位的气枪震源，确保激发点的准确性。

②利用定位、放线一体化作业工艺，保证接收点的准确性。

(4) 环境干扰技术对策。

①增加干扰严重区覆盖次数，压制噪声。

②选择合适的施工季节，合理安排施工作业次序，将环境噪声干扰水平控制在最低。

③施工中实时监测环境噪声水平。

第三节　地震采集工序内容与工程造价

一、测线清障

为确保地震资料采集正常进行，保证施工人员、车辆通行以及设备的平稳摆放，须对野外施工区域的各种障碍进行清理。

测线清障工作是指使用推土机或人工对测线上影响施工的障碍物进行推填、平整、清除以及为改善检波器、可控震源的耦合条件进行的推平、压实等工作。

清障只在沙漠、山地、戈壁地区进行，并依据不同地类进行不同程度的清障。西南山地清障采用人工，使用砍刀、铁撬之类工具对树木、竹林、岩石沿测线清障；沙漠、西北山地、戈壁是采用推土机平整道路进行清障。戈壁区采用可控震源施工时，清障一是为保证车辆人员通行，二是改善可控震源的耦合条件，保证能量有效传递。

1. 清障工程量确定

(1) 计量单位：km。

(2) 计算方法：

二维清障工程量 = 设计测线总长度（km）×清障比例系数（表 4 - 14）；

三维清障工程量 = ［设计接收线总长度（km）+ 设计炮线总长度（km）］×清障比例系数。

表 4 - 14　不同地区清障比例系数

地　形		地　　类					
		Ⅰ	Ⅱ	Ⅲ	Ⅳ	Ⅴ	Ⅵ
沙漠区		100%	100%	100%	100%	100%	100%
西南山地		100%	100%	100%	100%	100%	100%
西北山地		30%	30%	30%	30%	30%	30%
戈壁区		30%	40%	50%	60%		
可控震源	塔里木、柴达木戈壁区	二维测线比例100%					
		三维炮线比例200%、接收线比例100%					
	其他地区戈壁区	100%	100%	100%	100%		

2. 人工清障工程造价

西南山地测线清障采用人工进行，只配备砍刀和铁撬，不使用专用工具和机械设备。

清障基本直接费 = 人工费 + 材料费

1）人工费计算

$$人工费 = 工日单价 \times 工日数$$
$$工日数 = 工程量 / 日工作量（Q_{QR}）$$
$$Q_{QR} = 2.14 \times K_I$$

式中　Q_{QR}——单人日完成工作量（km/d）；

　　　2.14——山地Ⅲ类单人日完成工作量（km/d）；

　　　K_I——地类系数（表4-1）。

案例：西南山地清障人工费计算。

依据表4-1可相应查出西南山地Ⅰ类系数为1.122，则相应单人日工作量为

$$2.14km \times 1.122 = 2.4km/d$$

同理，其他地类如西南山地Ⅴ类系数为0.76，则相应单人日工作量为

$$2.14km \times 0.76 = 1.62km/d$$

如果需完成100km清障工作量，对于西南山地Ⅲ类，需要的工日数为

$$工日数 = 工程量 / 日工作量（Q_{QR}）= 100km / 2.14km/d = 46.72d$$

对于西南山地Ⅰ类，需要的工日数为

$$工日数 = 工程量 / 日工作量（Q_{QR}）= 100km / 2.4km/d = 41.67d$$

对于西南山地Ⅴ类，需要的工日数为

$$工日数 = 工程量 / 日工作量（Q_{QR}）= 100km / 1.62km/d = 61.73d$$

如果工日单价为60元/d，则完成上述西南山地Ⅲ、Ⅰ、Ⅴ类地区100km清障工作量，人工费各为

西南山地Ⅲ类：人工费 = 工日单价 × 工日数 = 60元/d × 46.72d = 2803.2元

西南山地Ⅰ类：人工费 = 工日单价 × 工日数 = 60元/d × 41.67d = 2500.2元

西南山地Ⅴ类：人工费 = 工日单价 × 工日数 = 60元/d × 61.73d = 3703.8元

2）材料费计算

人工清障主要消耗材料为砍刀和铁撬，消耗量标准见表4-15。

在地震工程造价中，其他次要材料费用不以消耗量作为计算基础，而以占主要材料费用的比例计取，人工清障其他材料费比例为5%。

表4-15　山地清障材料消耗量表（100km·人）

材料名称	单位	地　　类					
		Ⅰ类	Ⅱ类	Ⅲ类	Ⅳ类	Ⅴ类	Ⅵ类
砍刀	把	0.5	0.5	0.5	1	1.5	2
铁撬	把	0.5	0.5	0.5	1	1.5	2
其他材料	%	5	5	5	5	5	5

材料费计算公式：材料费 = Σ（材料单价 × 消耗量）×（1 + 占其他材料费比率）

案例：西南山地清障材料费计算。

对应人工费案例，若砍刀单价10元，铁撬单价45元，则完成西南山地Ⅲ、Ⅰ、Ⅴ类地区100km清障工作量，材料费为

西南山地Ⅲ类：材料费 = Σ（材料单价 × 消耗量）×（1 + 其他材料费比率）=（0.5×10 +

$0.5 \times 45) \times 1.05 = 28.88$（元）；

西南山地Ⅰ类：材料费 $= \Sigma$（材料单价×消耗量）×（1＋其他材料费比率）$= (0.5 \times 10 + 0.5 \times 45) \times 1.05 = 28.88$（元）；

西南山地Ⅴ类：材料费 $= \Sigma$（材料单价×消耗量）×（1＋其他材料费比率）$= (1.5 \times 10 + 1.5 \times 45) \times 1.05 = 63$（元）。

完成上述西南山地Ⅲ、Ⅰ、Ⅴ类地区100km清障工作量，清障基本直接费为

西南山地Ⅲ类：清障基本直接费 = 人工费 + 材料费 = 2803.2 元 + 28.88 元 = 2832.08 元；

西南山地Ⅰ类：清障基本直接费 = 人工费 + 材料费 = 2500.2 元 + 28.88 元 = 2529.08 元；

西南山地Ⅴ类：清障基本直接费 = 人工费 + 材料费 = 3703.8 元 + 63 元 = 3766.8 元。

3. 推土机清障工程造价

地震勘探工程中机械清障使用的设备主要为推土机（图4-24和图4-25），常用型号有D8N、D9N及D85等。

图4-24 推土机清障

图4-25 清障后的沙漠地表

实际地震勘探采集施工中，野外地震队进行枪械清障需要的推土机数量通常与工作量多少及建设方要求工期有关。清障施工中，可以是一台也可是几台推土机同时工作。在工程造价中，通常以单台为单位进行费用计算。

单台推土机配备人员与地形有关，同时需配备油罐车保证燃油工供应（表4-16）。

表4-16 单台推土机人员配备标准表

地形 \ 项目	油罐车定员（人）	推土机定员（人）
沙漠	0.333	3
戈壁	0.50	1
西北山地	0.50	2

机械清障中，清障基本直接费为

清障基本直接费 = 人工费 + 设备使用费

1）推土机清障日工作量

$$Q_{QT} = K_I \times (T - T_1 - T_2 - T_3) \times V_T$$

式中 Q_{QT}——推土机清障日工作量（km/d）；

K_I——地类系数，见地类系数表；

T——制度工作时间（min/d，工程造价中规定一天工作 9h，即 540min）；

T_1——作业宽放时间（min/d，经验值 30min）；

T_2——生理需要时间（min/d，经验值 30min）；

T_3——找测线时间（min/d，经验值 20min）；

V_T——推土机行进速度（km/min）。

推土机行进速度 V_T 与地形、地类有关，见表 4-17。

表 4-17 285HHp 推土机推进速度表

地 形	推进速度（km/min）
沙漠	0.0044
戈壁	0.0199
西北山地	0.0037

不同马力推土机推进速度根据功率大小可以用系数进行相互换算。

相应地形不同地类推土机推进速度为

$$V_T = 相应地区推土机推进速度 \times 地类系数$$

经验换算系数见表 4-18。

表 4-18 不同功率推土机推进速度系数换算表

功率（马力）	195	225	255	285	315	345	375	405	435
系数	0.865	0.910	0.955	1.000	1.045	1.090	1.135	1.180	1.225

案例：沙漠 I 类地区机械清障，推土机型号 D8N，查表可知沙漠地区推土机推进速度是 0.0044km/min，沙漠 I 类地区地类系数 1.45，相应沙漠 I 类地区推土机推进速度为

$$V_T = 相应地区推土机推进速度 \times 地类系数 = 1.45 \times 0.0044km/min = 0.00638km/min$$

推土机清障日工作量为

$$Q_{QT} = K_I \times (T - T_1 - T_2 - T_3) \times V_T = 1.45 \times (540 - 30 - 30 - 20) \times 0.0044km/min = 2.93km/d$$

若完成 100km 清障工作量，则需要的施工天数为

$$100km \div 2.93km/d = 34.13d$$

2）人工费计算

$$人工费 = 工日单价 \times 定员 \times 工日数$$

案例：沙漠 I 类地区机械清障，推土机型号 D8N，完成 100km 清障任务。若人工工日单价为 210 元，则人工费为

人工费 = 工日单价 × 定员人数 × 工日天数 = 210 元/(人·日) × 3.33 人 × 34.13d = 23867.11 元

3）设备使用费计算

$$设备使用费 = \sum 设备台班单价 \times 设备台班$$

$$设备台班 = 工程量 \div Q_{QT} \times 设备配备数量$$

各地形推土机机械清障设备配备标准见表 4-19。

表 4-19 各地形机械清障设备配备标准

地　形	设　备	单　位	配备数量
沙漠	推土机	台	1
	油罐车	台	0.333
戈壁	推土机	台	1
	油罐车	台	0.5
西北山地	推土机	台	1
	油罐车	台	0.5

注：可控震源施工，采用相应地区的戈壁设备配备标准。

案例：完成 100km 清障工作量。

推土机需要台班为

　　设备台班 = 工程量 $\div Q_{QT} \times$ 设备配备数量 = 100/2.93×1 = 34.13（台班）

油罐车需要台班为

　　设备台班 = 工程量 $\div Q_{QT} \times$ 设备配备数量 = 100÷2.93×0.33 = 11.26（台班）

若 D8N 推土机台班单价是 1800 元/台班，油罐车台班单价是 710 元/台班，则完成 100km 清障工作量设备使用费为

　　设备使用费 = $\sum$ 设备台班单价 × 设备台班 = 1800 元/台班×34.13 台班 + 710 元/台班× 11.26 台班 = 61434 元 + 8079.80 元 = 69513.80 元

完成上述沙漠地区Ⅰ类地区 100km 清障工作量，清障基本直接费为

　　清障基本直接费 = 人工费 + 设备费 = 23867.11 元 + 69513.80 元 = 93380.91 元

二、测量

地震勘探测量是一种工程测量（图 4-26）。它的主要内容是根据施工设计，将勘探部署图上的点、线、网放样到实地，为物探的野外施工、资料处理和解释提供符合一定要求的测量成果和图件。

1. 测量的技术与设备

我国测量技术和设备的发展经历了漫长的岁月。从物探发展初期一直到 20 世纪 70 年代末，测量技术及设备发展较缓慢。80 年代中期到 90 年代初是测量技术和设备发展较快的时期。这期间使用的测量设备主要有国外引进的瑞士维特厂生产的 T_1、T_2 型光学经纬仪和与之配套的 D14L、DI5S 红外测距仪适用于山区、沙漠和其他复杂地区。随着电子工业、航空航天技术、遥感技术的发展，

图 4-26　地震勘探测量施工图

全新的全球卫星定位系统GPS投入民用，大大推动了测量技术的发展。此外，随着物探技术的发展和勘探区域趋于高难地区，90年代又先后引进了适用于特殊工区的测量仪器。如DMU530和DMU586微波定位系统，美国天宝公司生产的静态GPS4000SE，美国德尔诺特公司生产的DGPS3006定位仪，法国SERCEL公司生产的DGPS NR102K接收机和202K定位仪等。

测区内三角点加密工作需要布设高精度网点，用到了各种三角交会法、精密导线、精密水准导线、静态GPS定位等方法。地震测线的布设一般采用量距导线、红外测距导线、实时差分GPS定位等技术。

目前的GPS测量设备，有1带3和1带2等配置方式，即是指一个基准站带几个流动站。基准站的作用是接收卫星定位信号和误差信息，并把误差修正信息传递给流动站，修正误差值，从而使流动站能定出准确坐标。

2. 测量的结果与内容

测量的结果是表示地形高程的测量图，有平面图和立体图，图4-27是表示测量结果的立体图。

图4-27 测量成果立体图

测线的高程不可能在一个水平面上，但是，垂直投影距离要满足道间距要求。图4-28中，OB为投影距离。

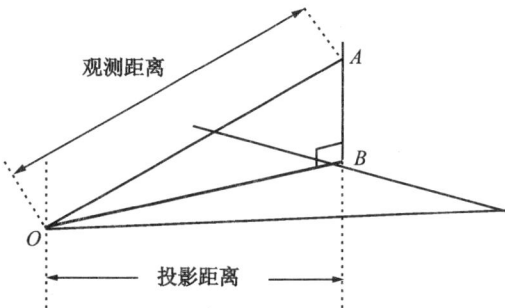

图4-28 观测距离与投影距离关系图

有关测量内容请见图4-29测量内容平面示意图。

常规测量原理如图4-30所示。采用工区内建网络的方法施工，它是指在工区内依照国家测绘局认可的高精度基准点作为参考点，建立自己局部测量的网络，确保测量精度达到要求。

从基准点出发，到自建加密点，测量经过很多点，至返回基准点时，x、y坐标和高程z闭合误差须符合测量规范要求。工区内其他的坐标点，以自建加密点为参考点，加密观测得到一些网线，这些网线的每个点的误差也须符合规范要求。工区内的测线可以直接参照网络点进行测量。

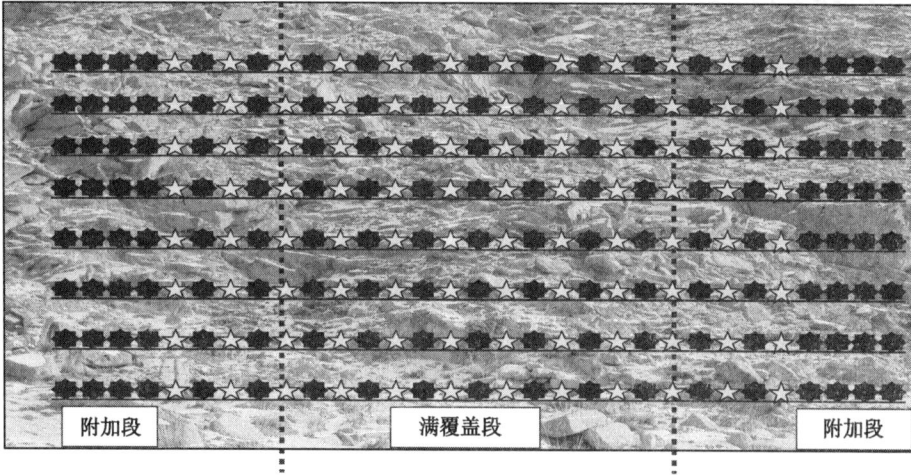

图 4-29 测量内容平面示意图

●代表检波点；★代表炮点和检波点在一起的点。虚线之间部分是满覆盖段

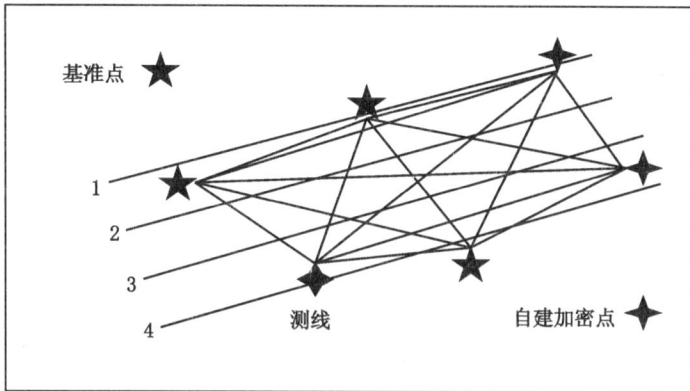

图 4-30 常规测量原理示意图

通常地震队都要求先期开展测量工作，一般要比其他工序早开工 5～7d 甚至更多时间。

3. 测量工程造价

1) 测量工程基本直接费

测量基本直接费 = 人工费 + 设备使用费 + 专用工具费 + 材料费

2) 测量工程量确定

(1) 计量单位：km。

(2) 计算方法：

二维测量工程量 = 设计测线总长度（km）；

三维测量工程量 = ［设计接收线总长度（km）+ 设计炮线总长度（km）］。

3) 不同地形测量定员

(1) 陆地差分测量定员。

一个 GPS 测量组是由一个基准站和几个流动站组成，通常在定员为 13 人左右，包括技术与生产管理、观测与记录、标记、内业计算、司机等岗位人员，以及仪器充电工、设备搬运、送饭人员等辅助人员。如果山地施工，还需增加扛运设备与行李的民工若干。各地形差分测量定员详见表 4-20。

（2）常规测量定员。

定员通常包括技术和生产管理、前标尺、后标尺、观测、记录、插标志旗与埋桩号、司机、内业计算人员。如果远离驻地施工，需要炊事人员一人。如果山地作业，需临时雇用民工搬运设备、行李，还需地质员一人，绘制地质露头。各地形常规测量定员详见表 4-20。

表 4-20　不同地形地震测量定员表

地　　形	常规测量（人）			实时差分测量（人）		
	职工	民工	专职司机	职工	民工	专职司机
沙漠、沼泽	6	8	2	6	5	2
西北山地	8	9	2	7	7	2
西南山地	11	14	1	8	12	1
黄土塬	8	9	2	7	7	2
其他	5	8	2	7	4	2

注：可控震源施工，采用相应施工区域地形的定员。

（3）滩海测量定员。

通常滩海作业测量采用 GPS 定位。定员包括技术和生产管理、内业计算、观测记录、测量水深和卫星定位人员等。

4）不同地形地震测量设备配备

地震测量设备包括测量仪、微机和运载设备（车辆或船只），表 4-21 是不同地形设备配备表。

表 4-21　地震测量不同地形设备配备表

测量方法　　设备 地形	常　规　测　量				实时差分测量			
	全站仪（套）	微机（套）	常规GPS（套）	测量车（船）（台）	GPS接收机（套）	微机（套）	测量车（船）（台）	测深仪（套）
沙漠	1	1	1	2	2	2	2	
沼泽	1	1	1	2	2	2	2	
西南山地	1	1	1	1	1	1	1	
其他	1	1	1	2	1	1	2	

5）日工作量计算

测量日工作量经验公式为

$$Q_c = K_i \times [(T - T_1 - T_2 - T_z) \div (T_g + T_b)] \times (S_C \times 0.001)$$

式中　K_i——代表地类系数；

　　　Q_c——测量日工作量，km/d；

　　　T——制度工作时间，min/d；

　　　T_1——作业宽放时间，min/d；

　　　T_2——生理需要时间，min/d；

T_z——日准结累积时间，min/d；

T_g——单点观测时间，min/点；

T_b——测点间搬迁时间，min。

$$T_b = (S_C \div V_Y) \times B_C$$

式中 S_C——测点间距离，m/点；

V_Y——移动速度；

B_C——调节系数。

公式中（$T - T_1 - T_2 - T_z$）即全天有效工作时间，（$T_g + T_b$）为单点测量时间。测点间搬迁时间由测点间距离、移动速度决定，移动速度及调节系数与地表有关。

影响工程进度的参数是地类和物理点距即检波点和炮点。

公式中的各类时间和其他参数列表见表 4-22。

表 4-22　公式中的各类时间和其他参数表

地形　　参数	T (min/d)	T_1 (min/d)	T_2 (min/d)	T_z (min/d)	T_g (min/点)	B_C	V_Y (m/min)
沙漠	540	30	30	30	1.5	2.736	50
戈壁	540	30	30	15	1.5	1.300	50
草原	540	30	30	15	1.5	2.736	50
平原	540	30	30	20	1.5	2.016	50
沼泽	540	30	30	20	1.5	2.024	40
水网	540	30	30	20	1.5	2.204	40
海滩	540	30	30	30	1.5	1.200	40
西北山地	540	30	30	80	1.5	3.360	30
西南山地	540	30	30	80	2.5	3.360	30
黄土塬	540	30	30	30	1.5	3.360	40
可控震源	540	30	30	15	1.5	1.300	50

案例：平原车装 I 类地区，检波点距 50m，测量日工作量计算。

查相应表可知：

地类系数 1.15；

有效工作时间为：（$540 - 30 - 30 - 20$）$= 460$（min）；

单点观测时间为：1.5min；

测点间搬迁时间为：$T_b = (S_C \div V_Y) \times B_C = (50 \div 50) \times 2.016$（min）；

测量日工作量为

$Q_c = K_i \times [(T - T_1 - T_2 - T_z) \div (T_g + T_b)] \times (S_C \times 0.001) = 1.15 \times [(540 - 30 - 30 - 20) \div (1.5 + (50 \div 50) \times 2.016)] \times (50 \times 0.001) = 7.52$（km/d）

6）人工费计算

$$人工费 = 民工人工费 + 职工人工费$$
$$民工人工费 = 民工工日单价 \times 定员 \times 工日数$$
$$职工人工费 = 职工工日单价 \times 定员 \times 工日数$$

案例：平原Ⅰ类地区完成 100km 常规测量人工费计算。

由上例可知测量日工作量为 7.52km，则平原Ⅰ类地区完成 100km 测量工作量需要的工日数为

$$工日数 = 100km \div 7.52km/d = 13.29d$$

查表可知平原Ⅰ类地区常规测量定员为民工 8 人、职工 7 人（含专职司机），若相应工日单价为 57.11 元/人·日与 175.49 元/人·日，则人工费为

民工人工费 = 民工工日单价×定员×工日数 = 57.11 元/人·日×8 人×13.29d = 6071.94 元；

职工人工费 = 职工工日单价×定员×工日数 = 175.49 元/人·日×7 人×13.29d = 16325.83 元。

测量工程人工费为

人工费 = 民工人工费 + 职工人工费 = 6071.94 元 + 16325.83 元 = 22397.77 元。

7）设备使用费计算

$$设备使用费 = \sum 设备台班单价 \times 设备台班$$
$$设备台班 = 工程量 \div Q_{cc} \times 设备配备数量$$

各地形测量设备配备标准见表 4-21。

案例：同上平原Ⅰ类地区完成 100km 常规测量设备使用费计算。

全站仪需要台班为

$$设备台班 = 工程量 \div Q_{cc} \times 设备配备数量 = 100 \div 7.52 \times 1 = 13.30（台班）$$

微机需要台班为

$$设备台班 = 工程量 \div Q_{cc} \times 设备配备数量 = 100 \div 7.52 \times 1 = 13.30（台班）$$

常规 GPS 需要台班为

$$设备台班 = 工程量 \div Q_{cc} \times 设备配备数量 = 100 \div 7.52 \times 1 = 13.30（台班）$$

测量车需要台班为

$$设备台班 = 工程量 \div Q_{cc} \times 设备配备数量 = 100 \div 7.52 \times 2 = 26.60（台班）$$

若全站仪台班单价是 178.39 元/台班，微机台班单价是 54.56 元/台班，常规 GPS 台班单价是 436.51 元/台班，测量车台班单价是 406.40 元/台班，则完成 100km 测量工作量设备使用费为

设备使用费 = $\sum$设备台班单价×设备台班 = 178.39 元/台班×13.30 台班 + 54.56 元/台班×13.30 台班 + 436.51 元/台班×13.30 台班 + 406.40 元/台班×26.60 台班 = 2372.59 元 + 725.65 元 + 5805.58 元 + 10810.24 元 = 19714.06 元

8）专用工具摊销费计算

测量工序使用的专用工具有对讲机、导航仪、车装电台。配备数量、摊销年限见表 4-23。

表 4-23　测量工序专用工具配备表

专用工具名称	配备数量	摊销年限
对讲机	4	4
导航仪	1	6
车装电台	2	6

摊销费计算公式：

专用工具摊销费 = Σ专用工具单位工程量摊销量×专用工具单价×工程量

单位工程量摊销量（部/km）=（配备数量/摊销年限）÷年工作量（km）

或

专用工具摊销费 = Σ专用工具日摊销量×专用工具单价×工日数

日摊销量（部/日）=（配备数量/摊销年限）÷年额定工作天数（日）

年工作量（km）= 日工作量 Q_{QC} ×年额定工作天数

在地震勘探工程造价中，年额定工作天数为149d。

测量专用工具单位工程量摊销量为

对讲机单位工程量摊销量 =（4/4）÷（日工作量 Q_{QC} ×149）

导航仪单位工程量摊销量 =（1/6）÷（日工作量 Q_{QC} ×149）

车装电台单位工程量摊销量 =（2/6）÷（日工作量 Q_{QC} ×149）

9）材料费计算

测量工序消耗主要材料包括标志旗、大小木桩、软盘、打印纸等，工程造价中，主要材料费依据消耗量及材料单价进行计算，其他材料不计消耗量，材料费的计算以占主要材料费比率进行计算。测量工序消耗材料量见表4-24。

表 4-24 测量工序消耗材料量表

材料名称	消耗标准	
	西南山地	其他地区
油漆	0.06kg/点	
标志旗		1面/点
大木桩	1个/km	1个/km
小木桩	1个/点	1个/点
软盘	1片/50点	1片/50点
打印纸	1箱/5000点	1箱/5000点
其他材料	15%	15%

西南山地与其他地区略有差别，无法埋置标志旗，用油漆写在沿途岩石或树木上作为标记。

消耗量表中如标志旗消耗以1面/点计，在计算中，需依据点距计算单位千米有多少个点。如点距为50m，则1km有20个点。

材料费计算公式为

材料费 = Σ（材料单价×消耗量）×（1 + 占其他材料费比率）

案例：华北平原车装Ⅰ类三维地震勘探，测线长度1500km，炮线长度1000km，检波点距50m，横向炮距80m，使用常规测量方法，计算完成该项目测量工程的基本直接费。

日工作量计算参见上述案例：

（1）使用平原车装Ⅰ类地区参数与上述计算公式，测线测量日工作量为

Q_c（测）= K_i ×[（T - T_1 - T_2 - T_z）÷（T_g + T_b）]×（S_c × 0.001）= 1.15 ×[（540 - 30 - 30 - 20）÷（1.5 +（50÷50）× 2.016）]×（50 × 0.001）= 7.52（km/d）

（2）炮线测量日工作量为

Q_c（炮）$= K_i \times [(T - T_1 - T_2 - T_z) \div (T_g + T_b)] \times (S_C \times 0.001) = 1.15 \times [(540 - 30 - 30 - 20) \div (1.5 + (80 \div 50) \times 2.016)] \times (80 \times 0.001) = 8.96$（km/d）

（3）完成相应测量工作量需要工日计算。

完成测量 1500km 测线工日为

$$工日 = 1500km \div 7.52km/d = 199.47d$$

完成测量 1000km 炮线工日为

$$工日 = 1000km \div 8.96km/d = 111.61d$$

合计工日为

$$199.47d + 111.61d = 311.08d$$

（4）人工费计算。

华北地区职工工日单价为 155.72 元/工日，民工为 54.09 元/工日。职工定员 7 人，民工定员 8 人。

职工人工费 = 职工工日单价 × 定员 × 工日数 = 155.72 元/工日 × 7 人 × 311.08d = 339089.64 元

民工人工费 = 民工工日单价 × 定员 × 工日数 = 54.09 元/工日 × 8 人 × 311.08d = 134610.54 元

人工费合计 = 职工人工费 + 民工人工费 = 339089.64 元 + 134610.54 元 = 473700.18 元

（5）设备使用费计算。

全站仪设备使用费 = 台班单价 × 设备台班 = 178.39 元/台班 × 1 台 × 311.08d = 55493.56 元

微机设备使用费 = 台班单价 × 设备台班 = 54.56 元/台班 × 1 台 × 311.08d = 16972.52 元

常规 GPS 设备使用费 = 台班单价 × 设备台班 = 436.51 元/台班 × 1 台 × 311.08d = 135789.53 元

测量车设备使用费 = 台班单价 × 设备台班 = 346.61 元/台班 × 2 台 × 311.08d = 215646.88 元

设备使用费合计 = 55493.56 元 + 16972.52 元 + 135789.53 元 + 215646.88 元 = 423902.49 元

（6）专用工具费计算。

常规测量专用工具配备见表 4-23。

对讲机摊销费 = 日摊销量（部/d）× 单价（元/部）× 工日数（d）= [4 部 ÷ (149d × 4)] × 3000 元/部 × 311.08d = 6363.36 元

导航仪摊销费 = 日摊销量（部/d）× 单价（元/部）× 工日数（d）= [1 部 ÷ (149d × 6)] × 2943 元/部 × 311.08d = 1024.06 元

车装电台摊销费 = 日摊销量（台/d）× 单价（元/台）× 工日数（d）= [2 台 ÷ (149d × 6)] × 2800 元/台 × 311.08d = 1948.60 元

专用工具费合计 = 对讲机摊销费 + 导航仪摊销费 + 车装电台摊销费 = 9336.02 元

（7）材料费计算。

测量消耗材料见表 4-24。

1500km 测线长度和 1000km 炮线长度包含的物理点数 = [(1000m ÷ 50m/点) × 1500] +

$[(1000m \div 80m/点) \times 1000] = 42500$ 点

标志旗费 $= 0.36$ 元/面 $\times 42500$ 面 $= 15300$ 元

大木桩费 $= 2$ 元/个 $\times (1500 + 1000)$ 个 $= 5000$ 元

小材桩费 $= 0.35$ 元/个 $\times 42500$ 个 $= 14875$ 元

软盘费 $= 6$ 元/片 $\times 42500$ 点 $\div 50$ 点/片 $= 5100$ 元

打印纸费 $= 130$ 元/箱 $\times 42500$ 点 $\div 5000$ 点/箱 $= 1105$ 元

其他材料费 $= [15300$ 元 $+ 5000$ 元 $+ 14875$ 元 $+ 5100$ 元 $+ 1105$ 元 $] \times 15\% = 6207$ 元

材料费合计 $=$ 标志旗费 $+$ 大木桩费 $+$ 小材桩费 $+$ 软盘费 $+$ 打印纸费 $+$ 其他材料费 $=$ 47587 元

(8) 测量工程基本直接费 $=$ 人工费 $+$ 设备费 $+$ 专用工具费 $+$ 材料费 $= 954525.69$ 元。

三、钻井与可控震源

炸药和可控震源是激发地震波的两种方式。炸药激发是将通炸药放到已钻的井底部爆炸，产生能量并向下传播的过程。因此钻井工序与下炸药、炸药激发工作密切相配合。可控震源是另一种激发方式，是利用震源设备产生机械能并向地下传播的过程，故不需钻井、下炸药、炸药激发等工作。

1. 钻井

钻井是为后续炸药激发和数据采集工序做好井眼准备，是在地震测量布设的炮点上依据施工设计的井深、井数等要求，使用钻机设备所进行的钻进及为配合该项工作所做的辅助工作等。

钻井的深度视地表地质条件、通过设计和试验确定，目的是寻找好的激发岩性，使炸药爆炸产生的能量有效传播，一般是含水致密层激发岩性较好。

目前，大多数探区井深通常大于 30m，在部分特殊地区，井深已达 50m 或更深。

在实际生产中须严格控制野外钻井点位偏移桩号超限，保证下药深度。一般井位偏移桩号误差小于 1m，下药深度误差小于设计 $\pm 0.5m$，超过误差标准时，须及时进行补井。

钻井难度与施工地区、岩性、各种岩性的胶结压实程度有关。

钻机类型须依据井深、岩性和地表情况进行选择。

1) 钻机类型及适用环境

钻机有多种类型，主要有人抬轻便钻机、砾石钻机、吹沙筒式钻机、车装轻型钻机、麻花钻机、摩托钻机、手摇钻等（图 4 - 31）。钻机类别与型号适应于相应地表要求，如水网区的打井筏子就是专为钻井而设计的。

(1) 钻机分类。

根据运载方式把钻机可分为车装钻机、人抬钻机和手提钻机三种类型。

车装钻机：分为吹沙筒式（空气）钻机、麻花（干）钻机、普通车装（水）钻机。以运载车辆发动机为动力。

人抬钻机：分为空气钻机、水钻机；以配备的发动机为动力。

手提钻机：分为手摇钻机、洛阳铲、摩托钻机；手摇钻机与洛阳铲以人工为动力，摩托钻机以自备小型汽油机为动力。

(2) 特点与适用环境。

车装钻机：动力大，移动快，效率高，在通行条件好的情况下使用。如沙漠、平原、戈壁、草原等地区。其中吹沙筒式钻机只能在沙漠地区作业，这种钻机由普通车装钻机改装而

图 4-31　钻机类型图

a—洛阳铲；b—人抬轻便钻机；c—砾石车装钻

成，钻具改为吹沙筒，配备空气压缩机，靠高压空气把疏松沙土吹出，再把炸药下入井底。钻井深度受空气压力限制，一般在浅于35m。其他车装钻机应用广泛，改变钻具后可用于不同岩性的地层。

人抬钻机：动力较大，移动慢，适用于通行条件差、车辆难以通行的地区。如山地、沼泽、台田、水网、水浇地等地区。其中空气钻机靠压缩空气使钻杆和钻头产生纵向震动破碎岩石，靠高压空气将岩石碎屑吹出井外，适用于石灰岩等坚硬岩石钻井。水钻机靠钻杆带动钻头旋转，钻碎地层，用循环水把碎屑带出地表，适用于砂泥岩层和土层钻井。

手提钻机：动力小，移动方便，适用于在通行条件更差但土层疏松的地区。其中手摇钻机靠人力为动力，只能在高含水且土层软的地区钻井，一般在水网区、滩涂、湖岸、水浇地等地区使用较多。洛阳铲是在铁杆下端，焊接一个铲头，靠人力向下墩击，并把土取出，主要用在黄土塬地区。摩托钻机一般用于冻土地区埋置检波器。

2）钻井工程造价

（1）钻井工程基本直接费：

钻井基本直接费＝人工费＋设备使用费＋专用工具费＋材料费。

（2）钻井工程量确定：

①计量单位：口井；

②计算方法：

钻井工程量＝设计总炮数（炮）×单炮组合井数。

（3）定员标准。

单台车装钻机通常需配备司机1名（开钻机车），司钻1名（操作钻机），一钻工1名（负责抬钻杆、接钻杆，卸钻杆等），二钻工1名（负责捞泥浆，挖钻坑、清理钻出来的碎屑，清洗"莲蓬头"），三钻工1名（负责抬钻杆，放循环水），水罐车司机1名（负责拉水、送水）。

人抬钻机，由于部件比较多，在工地要多次组装和搬运，一般一个组7～9人。与钻井组配合的还有下炸药人员。

各类钻机人员配备见表4-25。

（4）其他设备配备标准。

与钻机配合作业的还有其他设备，配合作业的设备配备标准见表4-26。

表 4 - 25　不同地区一个钻井组定员表

地形与钻机类型	职 工	民 工	专职司机	备 注
平原、草原、沼泽车装钻	1.25	3	2	
沙漠、戈壁车装钻	1.25	3	1	
平原、水网人抬钻	2.17	10	0.5	
沼泽人抬钻	2.17	10	0.5	人员中包括下药工、钻井人员、水罐车与拉钻机车司机。
西北山地空气钻	2.13	10	0.5	出现小数是因一人兼管几台钻机的原因。如职工1.25人,是包括一个司钻,一个组长管4台机,分摊为0.25人;一个司机拉两台钻机分摊为0.5人
西南山地空气钻	3.00	16	0.25	
西北山地水钻	2.13	8	0.5	
西南山地水钻	3.00	13	0.25	
黄土塬人抬钻	2.17	10	0.5	
黄土塬洛阳铲	全队9人	2	全队7人	
海滩人抬钻	1.17	7	0.33	
手摇钻	1.17	5	0.1	

表 4 - 26　单台钻机其他配合作业设备配备标准表

钻机类型	地 区	水罐车配备数量	钻机运输车配备数量	班 车
车装钻		1		
人抬钻	西南山地		0.25	
	西北地区	0.5	0.5	
	其他地区		0.5	
手摇钻	水网地区		0.17	
	西北地区	0.5	0.17	
洛阳铲			全队3台	全队4台

(5) 日工作量计算。

地震勘探激发中,可是单井激发,也可是组合井激发。组合井可以是线形组合,也可以是面积组合。

激发的质量关键一是井深确保设计深度和稳定的井壁,二是确保炸药在设计深度激发。

钻机日工作量计算公式为

$$Q_Z = K \times [(T - T_1 - T_2 - T_3) \div (T_4 + T_5 + T_6)] \times N$$

式中　Q_Z——钻机日工作量(口/d);

K——地类调节系数;

N——组合井数;

T——制度工作时间(min/d);

T_1——作业宽放时间(min/d);

T_2——生理需要时间(min/d);

T_3——寻找第一点时间(min/d);

T_4——单点准结时间(min/口);

T_5——炮点间搬迁时间（min/口），$T_5 =$ 搬迁距离（S）/搬迁速度（V_Z）；

N——组合井口数（口）；

T_6——单个炮点钻进时间，min/口，$T_6 =$ 井深（h）÷钻进速度（V_i）×N。

单井：搬迁距离＝炮点距。

组合井：搬迁距离还应加上组合井距，组合井的间距数量，为组合井数减一。

搬迁距离＝炮点距＋［组合井距×（组合井数－1）］

T，T_1，T_2，T_3 与前面工序一致，分别规定为540min、30min、30min、20min。

T_4，T_5，T_6 与地区地表情况、钻机类型有关，不同地区不同钻机类型有关参数见表4－27。

表4－27　各种钻机搬迁速度、钻进速度、准结时间、地类调节系数表

地形/钻机类型	V_Z (m/min)	V_i (m/min)	T_4 (min)	地类调节系数（K）					
				Ⅰ	Ⅱ	Ⅲ	Ⅳ	Ⅴ	Ⅵ
平原车装钻	350	4.0	6	1	0.9	0.8	0.7	—	—
沙漠车装钻	350	6.0	6	1	1	0.9	0.9	0.8	0.8
草原车装钻	350	3.5	4	1	0.9	0.8	—	—	—
戈壁车装钻	350	2.4	6	1	0.9	0.8	0.7	—	—
戈壁人抬钻	45	0.113	30	1	0.9	0.8	0.7	—	—
平原、沼泽人抬钻	45	2.0	15	1	0.9	0.8	—	—	—
平原、农田手摇钻	35	0.8	5	1	0.9	0.8	—	—	—
滩海人抬钻	35	2.0	15	1	0.9	—	—	—	—
滩海手摇钻	35	1.4	5	1	0.9	—	—	—	—
水网人抬钻	45	2.0	15	1	0.9	0.8	—	—	—
水网手摇钻	35	0.8	5	1	0.9	0.8	—	—	—
黄土塬人抬钻	42	0.6	15	1	0.9	0.8	—	—	—
黄土塬洛阳铲	40	0.35	1	1	0.9	0.8	—	—	—
西南山地	30	0.095	45	1	0.9	0.8	0.7	0.6	0.5
西北山地	35	0.113	30	1	0.9	0.8	0.7	0.6	0.5

（1）黄土塬人抬钻机在塬上施工时，钻进速度为2m/min。（2）可控震源微测井，地类调节系数、钻机搬迁速度、钻进速度、准结时间采用相应地形的参数。

案例：平原Ⅰ类地区采用平原车装钻施工，炮间距为100m，每炮5口组合井，组合井距4m，井深20m，计算1炮需要的钻井时间。

全天有效工作时间＝（540－30－30－20）min＝460min；

一个炮点有效工作时间＝单点准结时间＋搬迁时间＋单炮点钻进时间；

单点准结时间查表为6min；

搬迁时间＝搬迁距离/搬迁速度＝（100m＋4m×4）÷（350m/min）＝0.33min；

单炮点钻进时间＝井深÷钻进速度×组合炮点数＝20m÷4m/min×5口＝25min；

一个炮点有效工作时间＝6min＋0.33min＋25min＝31.33min。

全天有效工作时间（460min）内应完成工作量：

460min÷31.33min＝14.68炮。

全天有效工作时间应钻井口数为

14.68炮×5口＝73.4口。

需要说明的是，本公式未考虑岩性和不同钻机型号对钻井速度的影响，存在一定缺陷。不同钻机型号的钻速，可以按功率大小用系数进行换算。

（6）人工费计算：

人工费＝民工人工费＋职工人工费；

民工人工费＝民工工日单价×定员×工日数；

职工人工费＝职工工日单价×定员×工日数。

定员标准见表4－25。

（7）设备使用费计算：

设备使用费＝∑设备台班单价×设备台班；

设备台班＝工程量÷Q_z×设备配备数量。

设备配备标准见表4－26。

（8）专用工具摊销费计算：

专用工具摊销费＝∑专用工具单位工程量摊销量×专用工具单价×工程量；

单位工程量摊销量（部/口井）＝（配备数量÷摊销年限）÷年工作量（口井）；

或

专用工具摊销费＝∑专用工具日摊销量×专用工具单价×工日数；

日摊销量（部/日）＝（配备数量÷摊销年限）÷年额定工作天数（日）；

年工作量（口井）＝日工作量Q_z×年额定工作天数；

在地震勘探工程造价中，年额定工作天数为149d。

钻井工序专用工具有车装电台1部，摊销6a，对讲机1部，摊销4a。

（9）材料费计算：

由于不同井深、不同钻机型号材料消耗量不同，地震勘探工程造价中以18m井为标准，其他不同井深用系数折算，折算系数为：井深/18。

钻井工序材料中帐篷4年摊销，单井摊销量为

单井摊销量＝1÷（4×149×日工作量）。

爆炸杆以1年摊销，单井摊销量为

单井摊销量＝［（井深/3）＋1根］÷（149×日工作量）。

钻井工序不同钻机材料消耗量见表4－28、表4－29、表4－30。

表4－28　山地 CT 钻机 18m 井深单井材料消耗量表

材料名称	钻杆	锤头	三叶钻头	冲击器	减震器	液压管	电瓶	风压管	活动房	其他材料
单位	m	只	只	只	只	套	块	根	顶	%
消耗量	0.05	0.10	0.04	0.03	0.02	0.09	0.02	0.01	0.025	0.10

表4－29　山地 QPY 钻机 18m 井深单井材料消耗量表

材料名称	钻杆	钻头	活动房	其他材料
单位	m	只	顶	%
消耗量	0.012	0.06	0.0025	0.10

表 4 - 30　其他地形钻机 18m 井深单井材料消耗量表

地区/材料名称	钻头（只）	钻杆（根）	其他材料（%）
草原、平原、沼泽、水网、滩海	0.003	0.0025	0.10
沙漠	0.001	0.0025	0.10
戈壁	0.012	0.01	0.10
黄土塬人抬钻	0.03	0.006	0.10
黄土塬洛阳铲	0.036	0.018	0.10

材料费计算公式：

材料费 = Σ（材料单价 × 消耗量）×（1 + 占其他材料费比率）。

2. 可控震源

1）可控震源的工作原理和应用

可控震源是利用液压控制的机械装置，连续地在地面振动形成向下传播的地震波，它不像炸药震源那样具有良好的脉冲特性和较宽的频带，往下传播的是一个正弦信号，但频率随时间变化，称作线性扫描信号（图 4 - 32）。

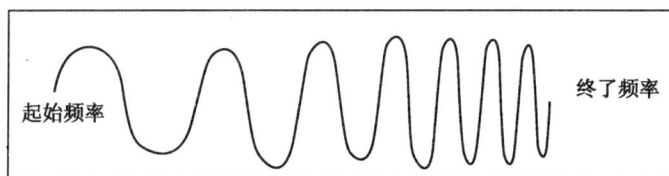

图 4 - 32　线性扫描信号

可控震源与炸药震源相比其优点体现在三个方面：可控震源不产生地层不传播的震动频率，节约能量，当炸药爆炸时产生一个尖脉冲，频带很宽，在向地下传播的过程中，高频与低频部分被地层吸收，只有部分频率的波得到顺利传播，可控震源选择最适合地层传播的频带，能量可发挥最大效果。其次可控震源不破坏岩石，不在破碎岩石上消耗能量。除此之外，可控震源引起的地面损失小，适合人口稠密地区工作，特别是在炸药震源不准许施工或受到限制的地区。如城区、堤坝附近、文物保护区、军事区、自然保护区及部分草原等。

可控震源缺点是体积大、重量高，较为笨重，通常自重可达 20 多吨，对于路桥及地面难以承载的地区无法使用。

采用可控震源施工，把可控震源放在炮点位置，在接收到仪器发来的指令后，开始振动。一台震源的能量较小，目前的大吨位（大于 20t）可控震源是 4~6 台组成一组（又称为组合震动）。震动一次称为一个震次，震动的次数依据施工设计。

按设计要求完成规定的震次即完成一炮工作量。多次震动过程中，单次即可动点震动，也可定点震动。常规是定点震动。动点震动是指在完成一次震动后搬动一小段距离震第二次，再搬动一段震一次，直到完成该炮点规定的震次。可控震源工作原理与施工情况见图4 - 33，图 4 - 34。

可控震源有多种型号，通常按吨位命名，如 KZ - 28 就是指吨位为 28t。

2）可控震源工序工程造价

可控震源工序无其他材料和专用工具，一台可控震源配一名司机，无其他设备配合，只需计算人工与可控震源费用。

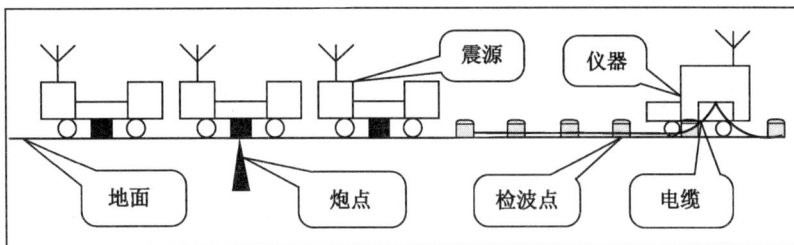

图 4-33 可控震源工作示意图

（1）可控震源工序基本直接费：

可控震源工序基本直接费 = 人工费 + 设备使用费。

（2）可控震源工序工程量确定：

①计量单位：炮。

②计算方法：

可控震源工程量 = 设计总炮数（炮）。

（3）日工作量计算。

图 4-34 可控震源在施工

日工作量计算公式为

$$Q_{jb} = K_p \times \frac{T_b - (T_{fd} + T_g + T_{jxk} + T_1 + T_2)}{T_3}$$

式中　Q_{jb}——日工作量（炮/d）；

　　　T_b——制度工作时间（min）；

　　　T_{fd}——宽放时间（min）；

　　　T_g——更换磁带与记录纸时间（min）；

　　　T_{jxk}——生理需要时间（min）；

　　　T_1——仪器车搬点时间（min）；

　　　T_2——排列收放及查故障时间（min）；

　　　T_3——每炮平均作业时间（min/炮）；

　　　K_p——炮密度调节系数。

二维 $K_p = 1$；三维 K_p 按下式计算，即

$$K_p = \left(\frac{M_p}{65}\right)^m$$

式中　M_p——平均炮密度；

　　　M_p = 总炮数/满覆盖工作量（km²）；

　　　m——炮密度指数，其中：二维 $m = 0$，三维当 $M_p < 65$ 时，$m = 1/32$，$M_p \geqslant 65$ 时，$m = 1/2$。

T_1 的计算公式为

$$T_1 = K_d \cdot \frac{\Delta x \cdot N_z}{V_y}$$

式中　Δx——道间距（m）；

N_z——单条排列仪器接收道数；

V_y——仪器车搬站平均视速度（m/min）；

K_d——接收道数调节系数。

三维 $K_d = 1$；二维 K_d 按下式计算，即

$$K_d = \left(\frac{20 \times 120}{\Delta x \times N_z}\right)^{\frac{1}{2}}$$

T_2 的计算公式为

$$二维：T_2 = \left[T_{zj} \cdot \left(\frac{3+e}{6}\right)^{\frac{1}{4}} + T_c\right] \cdot \left(\frac{\Delta x \times N_z}{20 \times 120}\right)^{\frac{2}{7}}$$

$$三维：T_2 = \left[T_{zj} \cdot \left(\frac{3+e}{6}\right)^{\frac{1}{4}} + T_c\right] \cdot \left(\frac{\Delta x \times N_z}{20 \times 120}\right)^{\frac{1}{32}}$$

式中　T_{zj}——排列布、收时间（min）；

e——每道小线根数；

T_c——查、处排列故障时间（min）；

N_z——单条排列仪器接收道数。

T_3 的计算公式为

$$T_3 = \frac{(T_s + T_j + T_{sj}) \cdot D_z + (1 + K_C) \cdot T_{pk}}{60}$$

式中　T_s——扫描时间长度（s）；

T_j——记录时间长度（s）；

T_{sj}——扫描间隔、点火延迟时间（s）；

D_z——震源单台震次；

T_{pk}——单炮作业宽放时间（s）；

K_C——震源车工作台数调节系数，按下式计算，即

$$K_C = \frac{Z_s - 4}{4}$$

式中　Z_s——震源车工作台数，当 $Z_s \leqslant 4$ 台时，$K_c = 0$。

$$T_{pk} = \left(\frac{d + (p-1) \times Y}{p}\right) \div \frac{V_k}{60} + T_{qx}$$

式中　d——纵向炮间距（m）；

p——单束横向炮点数（炮）；

Y——横向炮间距（m）；

T_{qx}——震源平台起落时间和寻找震点时间（s）；

V_k——震源车搬点速度。

上述公式中各类时间及速度参数见表 4-31。

表 4-31　各类时间及其他参数表

时间参数								其他参数	
T_b (min)	T_{fd} (min)	T_g (min)	T_{jxk} (min)	T_{zj} (min)	T_c (min)	T_{sj} (s)	T_{qx} (s)	V_y (m/min)	V_k (m/min)
540	30	10	30	145	40	3	40	350	200

从以上公式中罗列的大量参数可以看出可控震源日工作量计算是比较复杂的，只有加强对该公式理解和分析的前提下，才能正确地计算可控震源的日工作量。

可控震源作业是与其他工序配合的联合作业，与排列收放、数据采集、激发等同步进行，具有相同的工作效率。

可控震源操作有关参数：扫描时间长度（每次振动时间）、点火延迟时间（从启动到产生振动的时间）、单台震次（在一个炮点振动的次数）。

数据采集有关参数：每炮平均作业时间、更换磁带与记录纸时间、仪器车搬点平均速度、记录长度。

排列收放有关参数：排列收放及查故障时间、小线根数、道距和单条排列接收道数。

激发有关参数：纵向炮间距、横向最大炮间距、单束横向炮点数。

还有其他共有的参数，制度工作时间与宽放时间。

整体分析日工作量计算公式：

$$Q_{jb} = K_p \cdot \frac{T_b - (T_{fb} + T_g + T_{jxk} + T_1 + T_2)}{T_3}$$

全天工作时间扣除非震源操作时间（宽放时间、更换磁带与记录纸时间、生理需要时间、仪器车搬点时间、排列收放及查故障时间），才是震源操作时间。

全天工作时间、宽放时间、更换磁带与记录纸时间、生理需要时间为经验值，在表中可查，仪器车搬点时间、排列收放及查故障时间、震源每炮平均作业时间通过公式计算。

可控震源日工作量与施工地区有关，不同地区施工难度不同，效率也不同。

案例：华北 II 类可控震源三维地震勘探，工程量为 12500 炮，横向炮距 100m，纵向炮距为 500m，1600 道接收，采用 10 线 3 炮制，每道 3 根小线。使用 KZ-28 型可控震源施工，4 台组合，单台 6 次，扫描时间长度 16s，记录长度 6s，计算完成该项工程可控震源激发工序的基本直接费。

日工作量与工日计算：

按上述计算方法，可控震源日工作量为 54 炮/d。

完成 12500 炮工作量需要工日数为 231d。

（4）人工费计算。

可控震源施工中，通常配备 5 台可控震源，其中 4 台可控震源进行施工，另 1 台备用。相应定员为 5 名专职司机。

人工费 = 职工人工费

职工人工费 = 职工工日单价 × 定员 × 工日数

案例：与前面所述相同，若华北地区职工工日单价 175.49 元/工日，可控震源工序中相应人工费为

人工费 = 工日单价 × 定员人数 × 工日数 = 175.49（元/工日）× 5（人）× 231（d）= 202690.95（元）

（5）设备使用费计算：

设备使用费 = Σ设备台班单价 × 设备台班；

设备台班 = 工程量 ÷ Q_{CC} × 设备配备数量。

可控震源施工中，通常配备 5 台可控震源，其中 4 台可控震源进行施工，另 1 台备用。在有 8 台可控震源进行施工时，则需备用 2 台。具体设备配备可依据施工设计进行相应

调整。

案例：若可控震源台班单价为 2818.59（元/台班），施工及备用设备为 5 台 KZ - 28 型可控震源，则设备使用费为

设备使用费 = 设备台班单价×设备台班（设备台数×工日数）= 2818.59（元/台班）×5（台）×231（d）= 3255471.45（元）

相应基本直接费 = 人工费 + 设备费 = 202690.95（元）+ 3255471.45（元）= 3458162.4（元）

四、排列收放

1. 排列收放专用工具

检波器：地震仪器要接收地震信息，离不开把地震信息转换成电子信号的装置，该装置通常称为传感器或检波器。现在使用的检波器有多种型号。按照变换原理分为动圈传感器（用于陆地）和压电传感器（用于水下）等；按信号分为数字型和模拟型。图 4 - 35 是动圈式模拟检波器和数字检波器的外形图。

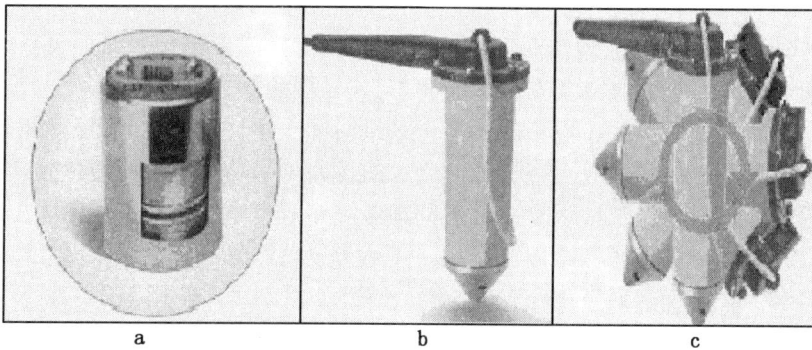

图 4 - 35　各种检波器图
a—动圈式模拟检波器；b—单分量数字检波器；c—三分量数字检波器

检波器串：模拟检波器通常采用由检波器组成的检波器串。一串检波器也叫一根小线，连接方式有 5 串 2 并，6 串 2 并，4 串 3 并等，目的是增加灵敏度。同时检波器按设定的距离摆开时，能压制某些频率的干扰波。

采集站：用于放大检波器的信号，并把信号数字化的设备。

交叉站：用于把单条线连接起来的设备。

电源站：给采集站供电的设备。

电缆：用于采集站之间的连接设备。

2. 工作内容及方法

排列收放是指放线工按施工设计要求摆放电缆、采集站、电源站、交叉站、电瓶和埋置检波器，以及排列收集倒运、故障查处、专项工具维修保养等作业过程。

排列收放目的是通过激发产生的地震波，由检波器转换成电信号，再由电缆或无线传输到仪器接收并记录。

包括把仪器、采集站、交叉站、电源站、电缆、检波器连接起来，组合成一个接收与传输系统。摆放好的电缆、采集站、电源站、交叉站、电瓶和埋设好的检波器称之为排列，整个工序称为排列收放。排列收放人员配备与排列道数直接相关。

排列收放的具体工作过程是沿测量好的测线（上有检波点桩号标记），将车辆运送的检波器和电缆等放置到测线上，并依据设计将检波器串按照规定的图形摆放在地表。通常为防止干扰需对每个检波器进行挖坑埋置。图4-36是排列收放人员正在挖检波器坑。

采集站之间用电缆相连，每一采集站按设计负责若干道接收。一般情况下，每隔6~8个采集站需布设一个电源站和一块12V的大容量电瓶。

二维排列摆放成成单条（图4-37），三维排列依据设计摆放若干条线（图4-38）。

在水域摆放排列与陆地不同。为防止检波器会被水流冲走，检波器用锚固定。水中使用的检波器一般都是压电检

图4-36 排列收放人员在挖检波器坑

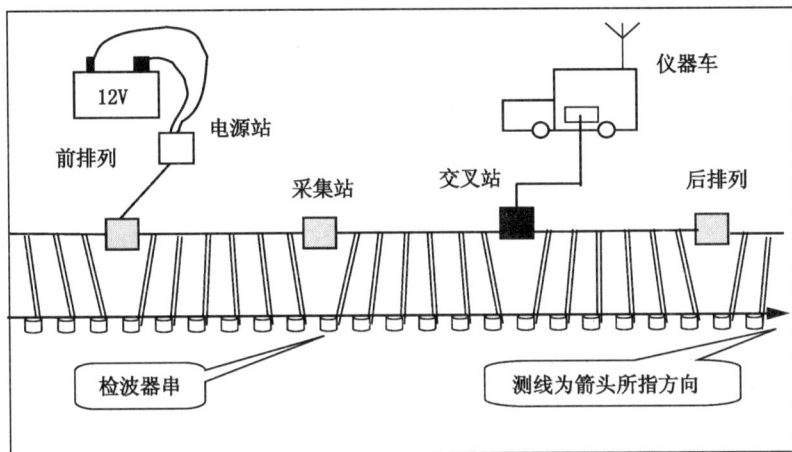

图4-37 二维排列摆放示意图

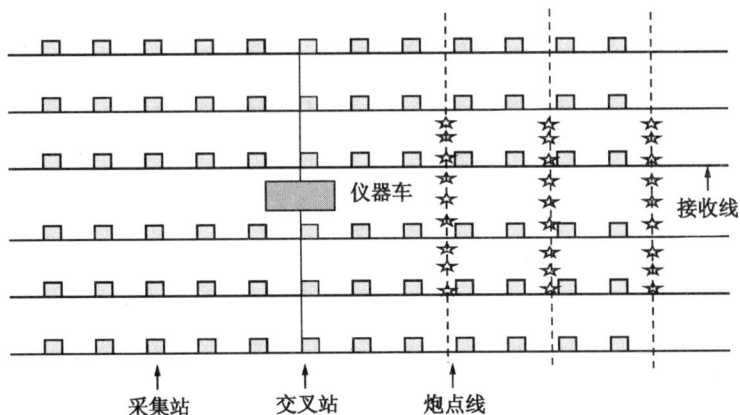

图4-38 三维排列摆放示意图

波器，由于压力变化而产生地震模拟信号。

水中放线一般使用橡皮船。在沼泽滩涂地区施工，使用一种以风扇为动力的空气船用来摆放大线和采集站，空气船吃水很浅，适用于浅水区作业。图4-39所示为施工的空气船。

图4-39　空气船在作业

在水上作业时通常将采集站用浮漂固定在水面上，电缆、检波器、各种接插头具防水性能。在海滩水中生产作业，由于来往渔船可能对排列造成损坏，涨潮和落潮、风浪、长久浸泡等也会对采集设备造成故障，如果靠近渔村或养殖区，排列产生人为故障的概率会大幅度增加。

在陆地施工从摆放检波器到激发过程中，期间由于排列上的人员、车辆、甚至动物等的活动，特别是人口密集区的各种人为活动，有多种可能会造成电缆被扎断、检波器丢失或脱落等现象。同时由于如刮风、下雨等自然的影响，也会引起排列上的接插件接触不良或漏电对记录质量造成影响。排列查线工主要任务就是排除排列的各种故障。

3. 排列收放工序注意事项

（1）放线人员必须经过岗位技术培训，经考试合格后签订上岗协议书方可上岗，每个放线工应严格按照解释组下达的施工任务书进行放线。

（2）检波器的图形须按照技术要求；检波器的埋置必须保证耦合良好——正、直、紧，同时要求沙丘和平地检波器埋深不小于20cm。

（3）在坚硬地表，埋设检波器时必须采用电钻打眼或挖坑，确保检波器与地表的耦合，在浮土区检波器要埋置在浮土层下的实地上或湿土中并确保检波器的直、紧。

（4）放线班必须建立组内自检，认真如实填写放线质量检查表，专职质量检查的人员负责所有接收点的检查，并做好检查记录，将检查结果及时反馈解释组。

4. 检波器组合图形

在施工中检波器一般都组合成串，按照设计的图形摆放。

检波器的组合图形是相对排列的一道而言。组合好的检波器要经过插头连接到电缆上，以便将信号输送采集站。

检波器组合目的是为了压制某个频率的干扰波。施工中常用的有线形组合及面积组合。

线形组合就是一串或多串检波器摆放成一条线，可以与测线方向一致，也可以垂直测线方向。检波器间的距离称为"组内距"。图4-40是线形组合示意图，图4-41是检波器串实物图。

面积组合可以采用多种图形，如品字形、菱形、矩形等。图4-42是面积组合。

图4-42中检波器共为3串，每个方块是一串检波器。每串10个检波器，检波器面积组合成"品"字形。其中组内距：$\delta x = \delta y = 3\text{m}$；组合基距：$L_x = 21\text{m}$，$L_y = 15\text{m}$。

图4-43检波器面积组合个数为2串10个；相应组合基距：$L_x = 12\text{m}$，$L_y = 15\text{m}$；组内距：$\text{d}x = 4\text{m}$，$\text{d}y = 3\text{m}$。

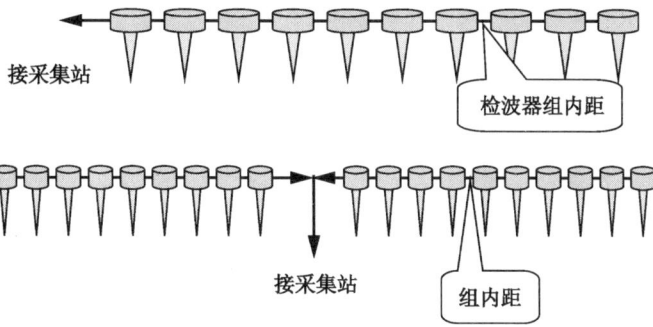

图 4-40 检波器线性组合图形

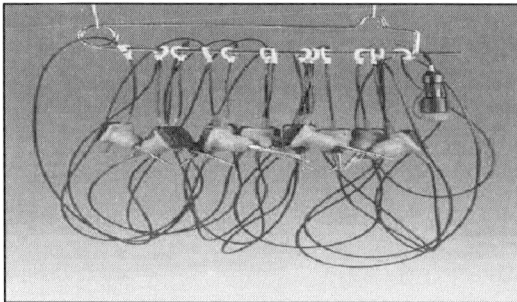

图 4-41 检波器串实物图

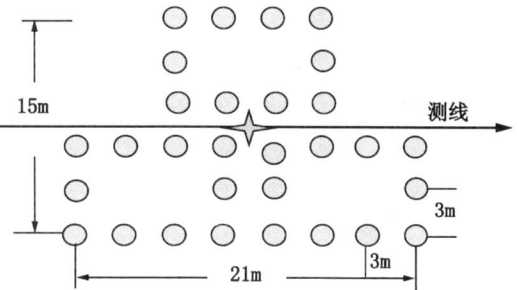

图 4-42 检波器面积组合图形——品字形组合图形

数字检波器与模拟检波器相比，灵敏度较高，频带宽，一般不需要组合，每道配备一个。

5. 排列收放工程造价

1）排列收放工程基本直接费

排列收放基本直接费 = 人工费 + 设备使用费 + 专用工具费 + 材料费

2）排列收放工程量确定

（1）计量单位：炮。

（2）计算方法：

排列收放工程量 = 设计总炮数（炮）。

3）日工作量计算

地震勘探激发中，排列收放日工作量的确定按两类地形分别计算。一是黄土塬以外其他地区，二是黄土塬地区。

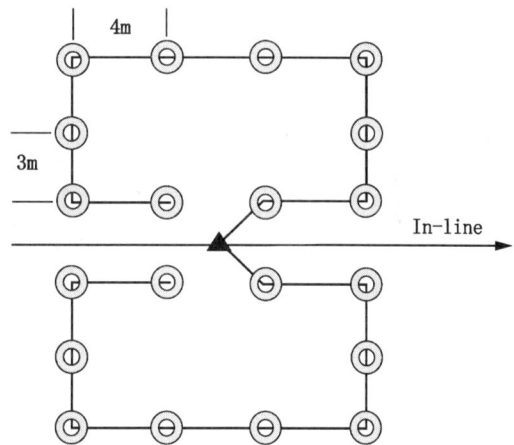

图 4-43 检波器面积组合图形——检波矩形组合图形

（1）黄土塬宽线以外其他地区排列收放日工作量计算。

基本日定额工作量计算公式为

$$Q_{jb} = K_b \cdot K_p \cdot \frac{T_b - (T_{fd} + T_g + T_{jxk} + T_1 + T_2)}{T_3}$$

式中　Q_{jb}——基本日定额工作量（炮/d）；

　　　K_b——备用道调节系数；

　　　K_p——炮密度调节系数；

　　　T_b——制度工作时（min）；

　　　T_{fd}——非定额时间（min）；

　　　T_g——更换磁带和记录纸时间（min）；

　　　T_{jxk}——生理需要时间（min）；

　　　T_1——仪器车搬站时间（min）；

　　　T_2——排列布、收及查处故障时间（min）；

　　　T_3——每炮平均作业时间（min/炮）。

其中，仪器车搬站时间 T_1 的计算公式为

$$T_1 = K_d \cdot \frac{\Delta x \cdot N_z}{V_y}$$

式中　K_d——接收道数调节系数；

　　　Δx——道间距（m）；

　　　N_z——单条排列接收道数；

　　　V_y——仪器车搬站平均视速度（m/min）。

$$K_d = \left(\frac{20 \times 120}{\Delta x \cdot N_z}\right)^{\frac{1}{2}}$$

平原车装、沼泽、黄土塬弯线二维 T_2 的计算公式为

$$T_2 = \left[T_{zj} \cdot \left(\frac{3+e}{6}\right)^{1/2} + T_c\right] \cdot \left(\frac{2N}{N+120}\right)^{1/8}$$

平原人抬、沙漠、草原、戈壁二维 T_2 的计算公式为

$$T_2 = \left[T_{zj} \cdot \left(\frac{3+e}{6}\right)^{1/2} + T_c\right] \cdot \left(\frac{2N}{N+120}\right)^{1/4}$$

山地二维、三维，黄土塬直线二维 T_2 的计算公式为

$$T_2 = \left[T_{zj} \cdot \left(\frac{3+e}{6}\right)^{1/4} + T_c\right] \cdot \left(\frac{2N}{N+120}\right)^{\frac{1}{4}} \cdot \left(\frac{2\Delta x}{\Delta x + 50}\right)^{1/8}$$

平原车装、平原人抬、沙漠、草原车装、戈壁、沼泽三维 T_2 的计算公式为

$$T_2 = \left[T_{zj} \cdot \left(\frac{3+e}{6}\right)^{1/4} + T_c\right] \cdot \left(\frac{N}{240}\right)^{1/32}$$

式中　T_{zj}——排列布、收时间（min）；

　　　e——每道小线根数；

　　　T_c——查、处排列故障时间（min）；

　　　N——仪器接收道数。

每炮平均作业时间 T_3 计算公式为

$$二维：T_3 = T_{jz} + \frac{d}{v}$$

$$三维：T_3 = T_{jz} + T_y \cdot K_t$$

式中　T_{jz}——每炮基本作业时间，min/炮；

　　　d——纵向炮间距（m）；

　　　T_y——每炮辅助作业时间；

　　　K_t——每炮辅助作业时间调整系数。

$$K_t = \left(\frac{p \cdot Y}{B \cdot v}\right)^{\frac{1}{8}}$$

式中　p——单束横向炮点数（炮）；

　　　B——爆炸机台数；

　　　v——放炮工平均行进速度（m/min）；

　　　Y——单束横向平均炮间距（m）。

$$K_b = \left(\frac{N_d}{J_d}\right)^{b}$$

式中　N_d——备用道数；

　　　J_d——调节基数；

　　　b——备用道调节系数指数。

$$K_p = \left(\frac{M_p}{P_j}\right)^{m}$$

式中　M_p——平均炮密度，$M_p = $ 设计总炮数/满覆盖工作量（km，km²）；

　　　m——炮密度指数；

　　　P_j——基本平均炮密度。

（2）黄土塬宽线排列收放日工作量的计算。

基本日定额工作量计算公式为

$$Q_{jb} = \frac{T_b - (T_{fd} + T_g + T_{jxk} + T_1 + T_2)}{T_3}$$

式中　Q_{jb}——基本日定额工作量（炮/d）；

　　　T_b——制度工作时间（min）；

　　　T_{fd}——非定额时间（min）；

　　　T_g——更换磁带和记录纸时间（min）；

　　　T_{jxk}——生理需要时间（min）；

　　　T_1——仪器车搬站时间（min）；

　　　T_2——排列布、收及查处故障时间（min）；

　　　T_3——每炮平均作业时间（炮/d）。

仪器车搬站时间 T_1 的计算公式为

$$T_1 = K_d \cdot \frac{\Delta x \cdot N_z}{V_y}$$

式中　Δx——道间距，m；

　　　N_z——单条排列仪器接收道数；

　　　V_y——仪器车搬站平均视速度（m/min）；

　　　K_d——接收道数调节系数，三维 $K_d = 1$；二维按下式计算

$$K_d = \left(\frac{20 \times 120}{\Delta x \cdot N_z}\right)^{\frac{1}{2}}$$

排列布、收及查处故障时间 T_2 的计算公式为

$$T_2 = \left[T_{zj} \cdot \left(\frac{3+e}{6}\right)^{\frac{1}{4}} + T_c\right] \cdot \left(\frac{2N}{N+240}\right)^{\frac{1}{4}} \times \left(\frac{2\Delta X}{\Delta X + 50}\right)^{\frac{1}{8}}$$

式中　T_{zj}——排列布、收时间（min）；

　　　e——每道小线根数；

　　　T_c——查、处排列故障时间（min）；

　　　N——仪器接收道数。

　　每炮平均作业时间计算公式为

$$T_3 = T_{jz} + \frac{d + (p-1) \times Y}{p \cdot v}$$

式中　T_{jz}——每炮基本作业时间（min/炮）；

　　　d——纵向炮间距（m）；

　　　p——横向炮点数（炮）；

　　　Y——横向炮间距（m）；

　　　v——放炮工平均行进速度（m/min）。

　　公式中的有关参数见表 4-32，表 4-33，表 4-34。

表 4-32　各类时间及速度参数表

地　　形	时间参数（min）								速度参数		
	T_b	T_{fd}	T_g	T_{jzk}	T_{zj}	T_c	T_{jz}		v_y	v（m/min）	
							二维	三维		二维	三维
平原（车装）、沙漠、草原、戈壁、沼泽、西北农田	540	70	10	30	150	45	2	1.5	300	50	
平原人抬、黄土塬（弯线）	540	70	10	30	180	60	2	1.5	250	40	
西南山地、西北山地	540	60	10	30	160	60	2	1.5	300	30	50
黄土塬直线	540	60	10	30	160	60	2	1.5	300	30	
黄土塬（宽线）	540	60	10	30	220	60	2		300	30	
水网人抬	540	70	10	30	150	45	2	1.5	250	50	

表 4-33　其他参数表

地　形	施工方法	M_p	m	M_p	m	P_j	T_y	B
西南山地	二维		1/8		1/8	10		1
	三维		1/8		1/8	55	1	4
其他地形	二维	$M_p<15$	1	$M_p\geqslant15$	1/2	15		1
	三维	$M_p<65$	1	$M_p\geqslant65$	1/2	65	1	4

表 4 – 34 接收道数调节系数相关参数表

系数 地形	N_d 二维、三维	J_d 二维	J_d 三维	b 二维	b 三维
平原车装、平原人抬、沙漠、草原、沼泽、水网	备用道配备比例×接收道数	60	240	1/5	1/5
西南山地	等于仪器接收道数	240	960	1/8	1/3
西北山地	等于仪器接收道数	120	960	1/5	1/3
戈壁	备用道配备比例×接收道数	120	240	1/5	1/5
黄土塬直线	备用道配备比例×接收道数	60		1/5	
黄土塬弯线	备用道配备比例×接收道数	120		1/5	

（3）各地形不同施工方法日工作量（Q_b）计算。

不同地形地类的日工作量计算需要在基本日定额日工作量计算的基础上再乘以不同地形平衡系数（K）和地类系数（K_i），计算公式为

$$Q_b = K_i \times K \times Q_{jb}$$

式中 Q_b——日工作量（炮）；

K_i——地类系数；

K——不同地类平衡系数；

Q_{jb}——基本日定额工作量（炮/d）。

不同地形及施工方法不同地类平衡系数 K 值为：

①平原车装钻，$K = 1$。

②沙漠车装钻，二维 $K = 1$；三维 $K = 1.2$。

③草原车装钻与沼泽、水网、平原人抬钻，二维 $K = 1$；三维 $K = 1.1$。

④戈壁车装钻，二维 $K = 1$；三维 $K = 1.5$。

⑤山地人抬钻。其中，西北山地：二维 $Q_b = K_i \times K (0.9) \times Q_{jb} + 5$；三维 $Q_b = K_i \times K (1.2) \times Q_{jb}$。西南山地：二维 $Q_b = K_i \times K (0.50) \times Q_{jb} + 3$；三维 $Q_b = K_i \times K (1.1) \times Q_{jb}$。

⑥黄土塬直线人抬，二维 $Q_b = K_i \times K (1) \times Q_{jb} + 15$；三维 $Q_b = K_i \times K (1.2) \times Q_{jb}$。

⑦黄土塬弯线二维，二维 $Q_b = K_i \times K (1) \times Q_{jb} + 10$。

⑧黄土塬宽线，$K = 1$。

⑨可控震源，$K = 1$。

劳动效率对工程造价影响很大，构成工程造价的主要费用人工费、设备费、专用工具费等都与之有关。因此，劳动效率的计算是概（预）算费用的基础，劳动效率计算结果的可靠性与准确性影响工程造价的高低。在计算劳动效率时和生产实际结合起来，使之更为合理，更加切合生产实际。但是，实际生产中往往投入的人员、设备、工具以及日工作时间与定额标准有一定的差别。人们在生产中不断用最佳的资源组合来创造高的劳动效率。

这里所讲述的日工作量计算公式是根据常规状态下建立的数学模型建立的，公式本身与生产实际有一定的差距，主要源于生产组织方法不同、工程期限的要求不同以及地震工作的性质与特点等决定的。

4）排列收放定员标准

排列收放人员包括组长、收、放、倒、埋置检波器及看护工、查线工、修线工、充电

工、加长线工等。组长负责生产组织，1~2人，一般二维队1人，三维队2人；收、放、倒、埋置检波器及看护工根据不同地形按排列道数，以不同的比例配备人员。如2001年国家经贸委发布的车装钻地震勘探劳动定额规定：沙漠、草原、戈壁二维240道队收、放、倒线及护线工0.18人/道，三维240道队0.144人/道；平原区二维240道队收、放、倒线及护线工0.4人/道，三维240道队0.32人/道。配备原则是人烟稀少地区比例低些，人口稠密地区比例高些。查线工与修线工按队规模配备，各种地形无差别；采集站充电工每队配1人；加长线工二维队不需要，三维队配2人。排列收放人员是指收、放、倒、埋置检波器及看护工、查线工、修线工、充电工、加长线工的总和。

排列道数中包括备用道，备用道的计算方法目前有两种，一种是实际需要计算，另一种是以接收道数为基数按比例计算。

实际需要计算法：备用道应满足在一天内不搬站为前提，在备用道所摆放的范围内应包含一天的炮数。例如日工作量是100炮，20线20炮，道距50m，纵向炮距100m，纵向放5排炮就可以完成100炮的工作量，纵向放5炮包含的道数就能满足一天的备用道了，纵向一炮等于2道，5炮等于10道，一束线为20条线，20线共需200个备用道。

按比例配备法：配备比例见表4-35。

表4-35　备用道配备比例表

地形 ＼ 道数	仪器接收道数（N）		
	N＜480	480≤N＜960	N≥960
西南山地	1/2	1/3	1/4
可控震源施工地形	1/2	1/3	1/4
其他地形	1/2	1/2	1/2

该方法只考虑仪器接收道数，并分段测算。

把用按比例配备法计算的部分队型人员配备数量列表如下，供造价人员在使用中参考，见表4-36。

表4-36　排列收放人员配备表

维　别		二　维							三　维								
仪器接收道数		120	180	240	300	360	480	540	600	960	1200	1440	1680	1800	1920	2040	2280	2400
仪器备用道数		60	90	120	150	180	240	270	300	480	600	720	840	900	960	1020	1140	1200
平原车载	职工	24	35	46	57	67	85	93	100	99	122	144	164	174	183	192	209	217
	民工	51	76	100	123	145	185	202	218	259	319	376	429	454	479	502	545	565
平原人抬	职工	34	50	66	81	96	122	133	144	184	227	267	305	323	340	357	387	402
	民工	81	121	159	196	231	294	322	347	518	638	752	858	909	957	1004	1090	1131
沙漠车载	职工	11	16	21	26	31	39	43	46	46	57	67	76	81	85	89	97	101
	民工	25	37	49	60	70	90	98	106	118	145	171	195	206	217	228	247	257
草原车载	职工	11	16	21	26	31	39	43	46	46	57	67	76	81	85	89	97	101
	民工	25	37	49	60	70	90	98	106	118	145	171	195	206	217	228	247	257
戈壁车载	职工	10	15	20	25	29	37	40	44	46	57	67	76	81	85	89	97	100
	民工	25	37	49	60	70	90	98	106	118	145	171	195	206	217	228	247	257

维别		二维								三维								
沼泽人抬	职工	30	44	58	72	85	108	118	127	157	194	228	260	276	290	304	331	343
	民工	69	102	135	166	195	248	272	294	424	522	615	702	743	783	821	892	925
西南山地人抬	职工	43	64	85	104	123	157	171	185	156	191	225	257	273	287	301	327	339
	民工	170	253	333	410	483	615	674	727	747	919	1082	1236	1308	1378	1445	1570	1628
西北山地人抬	职工	28	42	56	68	81	103	112	121	130	160	188	215	227	239	251	273	283
	民工	74	111	146	179	211	269	295	318	415	510	601	686	727	766	803	872	905
黄土塬人抬	职工	21	32	42	51	60	77	84	91									
	民工	56	83	109	135	159	202	221	239									
水网人抬	职工	30	44	58	72	85	108	118	127	157	194	228	260	276	290	304	331	343
	民工	69	102	135	166	195	248	272	294	424	522	615	702	743	783	821	892	925
可控震源	职工	9	13	17	21	25	32	35	38	42	52	61	69	74	77	81	88	92
	民工	19	29	38	47	55	70	77	83	112	138	163	186	197	207	217	236	245

表 4-36 中只包括排列人员，未包括为排列服务的车辆司机。未计入的专职司机为倒线车和班车司机，从设备标准中可以查出相应的人员配备数量。

由于表 4-36 的备用道是按上述不同比例的方法计算的，出现了高仪器道数的备用道少于低仪器道数的不合理现象，如 360 道接收的二维地震队备用道为 180 道，480 道接收的反而为 160 道等，故表 4-36 仅供参考。

在生产实际中，为了提高效率，备用道往往用的较多。备用道影响人员配备标准，备用道和人员标准又影响劳动效率。在进行工程造价时，要根据施工地区的实际情况，合理确定备用道及日工作量标准。

5）设备配备标准

排列收放工序使用设备有倒线车、查线车和班车。

倒线车用来运送大线、检波器、采集站、电源站、交叉站等。

查线车运送查线人员，沿排列查线。

班车接送排列收放人员出工和收工。

水上队需要配备船只。

不同队型排列收放设备配备数量见表 4-37。

表 4-37 排列收放设备配备表

队型	仪器接收道数	二维					三维					
		120	180	240	360	480	960	1200	1280	1440	1920	2240
		设备配备数量										
平原车装	倒线车	2	3	3	5	6	9	11	12	13	17	20
	查线车	2	2	3	4	4	7	8	9	10	13	15
	班车	2	2	3	3	3	5	6	6	7	10	11
平原人抬	倒线车	2	3	3	5	6	9	11	12	13	17	20
	班车	2	2	3	3	3	5	6	6	7	10	11

队型	仪器接收道数	二 维					三 维					
		120	180	240	360	480	960	1200	1280	1440	1920	2240
		设备配备数量										
戈壁车装	倒线车	2	3	3	5	6	10	12	12	14	18	20
	查线车	2	2	3	4	4	7	9	10	11	14	16
	班车	2	2	3	3	3	5	5	6	6	8	10
西南山地	倒线车	4	4	5	6	6	10	11	11			
	发电机	2	3	4	6	8	14	16	18			
西北山地	倒线车	2	2	3	3	3	8	8	9	9	10	10
	查线车	2	2	2	2	2	6	6	7	7	7	7
	班车	1	1	2	3	3	4	5	5	5	6	7
沙漠车装	倒线车	3	4	5	7	8	12	14	15	16	22	25
	查线车	2	2	3	4	4	10	11	12	14	18	21
	班车	1	2	2	3	3	4	5	6	6	7	10
黄土塬人抬	倒线车	2	3	3	3	3	8	9	10			
	班车	2	2	3	4	4	6	7	8			
草原车装	倒线车	2	3	3	5	6	9	11	12	13	17	20
	查线车	2	2	3	4	4	7	8	9	10	13	15
	班车	2	2	3	3	3	5	5	6	6	8	10
沼泽人抬	倒线车	2	3	3	5	6	9	11	12			
	班车	1	1	2	2	3	4	5	5			
可控震源	倒线车	3	3	4	5	6	10	12	12	14	18	20
	查线车	2	2	3	4	4	8	10	10	11	15	17
	班车	2	2	2	3	4	4	4	4	5	6	7
水网住陆	倒线车	3	3	4	5	6	14	15	16	17	18	18
	班车	1	1	2	2	3	4	4	4	4	4	4
水网住船	倒线车	1	1	2	2	3	7	7	8	8	9	9
	倒线船	2	2	2	3	3	7	8	8	9	9	9
	班车	1	1	2	2	3	4	4	4	4	4	4

6) 人工费计算

$$人工费 = 民工人工费 + 职工人工费$$

$$民工人工费 = 民工工日单价 \times 定员 \times 工日数$$

$$职工人工费 = 职工工日单价 \times 定员 \times 工日数$$

定员标准见表 4 – 36。

7) 设备使用费计算

$$设备使用费 = \sum 设备台班单价 \times 设备台班$$

$$设备台班 = 工程量 \div Q_{QB} \times 设备配备数量$$

设备配备标准见表 4 - 37。

8）专用工具摊销费计算

排列收放工序专用工具配备较多，用于接收和传送信号的有电缆、检波器、采集站、电源站、交叉站、中继站。用于检测的有测试仪、探伤仪；用于通信联络用的有对讲机、车装电台等。

配备标准根据接收道数进行计算。

配备标准 =（总道数 ÷ 一个控制道数）。

如采集站，假定一个控制 6 道，120 道仪器，备用道为 60 道，共 180 道，需配 30 个（表 4 - 38）。

表 4 - 38　专用工具配备表

序号	名　称	单　位	配　备　标　准
1	采集站	个	（接收道 + 备用道）/6
2	电源站	个	（接收道 + 备用道）/36
3	交叉站	个	［接收道/单条排列接收道］+ 1
4	中继站	个	［接收道/单条排列接收道］+ 1
5	电缆	段	（接收道 + 备用道）/6
6	检波器	串	（接收道 + 备用道）× 每道小线根数
7	测试仪	台	［（接收道 + 备用道）× 每道小线根数］/480
8	探伤仪	台	（接收道 + 备用道）/480
9	车装电台	部	（接收道 + 备用道）/50
10	对讲机	部	（接收道 + 备用道）/36
11	万用电表	块	（接收道 + 备用道）/80

表 4 - 39 是根据各油田的规定统计得来的各种专用工具使用年限。

表 4 - 39　专用工具摊销年限表

序号	名　称	单　位	摊销年限
1	采集站	个	6
2	电源站	个	6
3	交叉站	个	6
4	中继站	个	6
5	电缆	段	3
6	检波器	串	3
7	测试仪	台	7
8	探伤仪	台	7
9	电表	块	1
10	对讲机	部	4
11	车装电台	部	6

专用工具摊销费＝∑专用工具单位工程量摊销量×专用工具单价×工程量

单位工程量摊销量（部/炮）＝（配备数量/摊销年限）÷年工作量（炮）

或

专用工具摊销费＝∑专用工具日摊销量×专用工具单价×工日数

日摊销量（部/d）＝（配备数量/摊销年限）÷年额定工作天数（d）

年工作量（炮）＝日工作量 Q_B ×年额定工作天数

在地震勘探工程造价中，年额定工作天数为149d。

案例：华北平原Ⅱ类地区二维地震勘探，240道接收，道距50m，炮距100m，每道2串检波器，采集站为每站6道。计算完成4700炮的专用工具摊销费。

（1）日工作量计算：

使用计算公式、计算参数及施工参数求出日工作量为47（炮/d）。

（2）工日计算：

工日数＝工程量÷日工作量＝4700炮÷47炮/d＝100d

（3）计算备用道：

备用道按比例配备法计算，240道×1/2＝120道

总道数＝240道＋120道＝360道。

（4）专用工具配备数量计算：

通过表4－38与总道数360道，计算各项专用工具应配数量结果如下：

采集站配备60个，电源站配备10个，交叉站配备2个，中继站配备2个，电缆60段，检波器720串，测试仪2台，探伤仪1台，车装电台8部，对讲机10部，万用电表5块。

（5）专用工具摊销量计算：

通过表4－39，结合配备标准与工日数，计算摊销量。

专用工具摊销量＝［配备数量÷（摊销年限×年额定工作天数）］×工日数

例如，采集站摊销量计算：

采集站摊销量＝［配备数量÷（摊销年限×年额定工作天数）］×工日数＝[60个/(149d×6)]×100d＝6.71个。

（6）专用工具摊销费计算：

专用工具摊销费＝单价×摊销量

例如：采集站摊销费＝单价×摊销量＝40000元/个×6.71个＝5961.25元

其他专用工具摊销费计算相同，各专用工具摊销费累加即得总专用工具摊销费。

9）材料费计算

排列收放工序消耗的主要材料都属于摊销材料，消耗量和摊销年限见表4－40。

表4－40 排列收放材料消耗量表

材料名称	消耗量	
	滩海Ⅲ类	其他地形
电瓶	每4道1个，2年摊销	每36道1块，2年摊销
充电器	每36道1个，2年摊销	每36道1个，2年摊销
埋置工具		每6道1把，1年摊销
帐篷		每9道1顶，2年摊销

材料名称	消耗量	
	滩海Ⅲ类	其他地形
铁锚	每道1个，3年摊销	
铅坠	每道1个，3年摊销	
浮漂	每站1个，3年摊销	
锚绳	每道12米，1年摊销	
救生衣	每人1件，1年摊销	
水裤	每人1条，1年摊销	
软盘	50个点1片	
打印纸	5000个点1箱	
其他（%）	5	

滩海与其他地区有所区别，它不需要埋置检波器，不需要埋置工具和帐篷，但需要铁锚、铅坠、浮漂、锚绳等对摆放的采集站、检波器等进行固定。另外在水中作业，需要救生衣、水裤。

材料费计算公式：

材料费＝Σ（材料单价×消耗量）×（1＋占其他材料费比率）

摊销量＝[配备数量÷（摊销年限×年额定工作天数）]×工日数

配备量＝总道数×配备标准

在地震勘探工程造价中，年额定工作天数为149d。

案例：同上，华北平原Ⅱ类二维地震勘探，240道接收，道距50m，炮距100m，每道2串检波器。计算完成4700炮的材料费。

摊销材料包括电瓶、充电器、埋置工具、帐篷。根据表4-40提供的消耗标准，以及前面计算的总道数＝360道，工日数＝100d。分别计算配备数量和摊销量。

（1）配备数量计算：

电瓶配备量＝总道数×配备标准＝360道×1块/36道＝10块

充电器配备量＝总道数×配备标准＝360道×1个/36道＝10个

埋置工具配备量＝总道数×配备标准＝360道×1把/6道＝60把

帐篷配备量＝总道数×配备标准＝360道×1顶/9道＝40顶

（2）摊销量计算：

电瓶摊销量＝[配备数量÷（摊销年限×年有效工日）]×工日数＝[10块/（149d×2）]×100d＝3.36块

充电器摊销量＝[配备数量÷（摊销年限×年有效工日）]×工日数＝[10个/（149d×2）]×100d＝3.36个

埋置工具摊销量＝[配备数量÷（摊销年限×年有效工日）]×工日数＝[60把/（149d×2）]×100d＝20.13把

帐篷摊销量＝[配备数量÷（摊销年限×年有效工日）]×工日数＝[40顶/（149d×2）]×100d＝13.42顶

（3）材料费计算：

材料费 = ∑材料单价×消耗（摊销）量

各材料费用累加即得总材料费用。

10）排列收放工程造价注意问题

（1）基本直接费计算程序。

按照设计的各参数及工程量，依据各相应公式计算日工作量、完成工作量所需工日数，再相应计算人工费、设备费、专用工具费、材料费，然后汇总计算该工序基本直接费。

（2）排列收放是地震工程中使用人员、专用工具最多的工序，是地震队中最大的班组。在工程造价中占比重最大，相应对工程造价影响最大。因此，在计算过程中，要特别注意把人员、专用工具数量计算准确。

排列收放工序是地震勘探工程中一项关键的工序，排列收放工作进度快慢直接影响激发、采集等工序，对整个施工工期也有较大影响。

（3）排列收放工序与激发、资料采集协同作业，三个班组有相同的工作效率。现场资料处理与整理、现场与营地管理服务于上述班组，工作效率和排列收放工序相同，在计算工程造价时，采用相同日工作量，相同的工日数，不需重复计算。

五、井炮激发

激发是指使用炸药、可控震源或气枪震源在地震测量布设的激发点上，按施工设计要求产生地震波的工作过程。这里所讲的激发，是指采用炸药激发的井炮队，不包括其他方式的能量激发。

炸药是一种化学物质，常见的有 tnt 和硝氨，它通过雷管引爆，从输入电流到爆炸最多2ms，通常是在注满水的井中或是在井中填埋压实爆炸激发地震波。

1. 作业内容

井炮激发的主要作业内容包括：插井口检波器（记录起爆时间和波形，是资料处理的有用信息）、接炮线、包药与运药、排哑炮、填埋炮眼、恢复和清理现场。

井炮激发过程：地震勘探中使用的炸药为单筒重量一定的塑料管固封的成型炸药。实际施工中药量根据设计进行组合，成型炸药间以丝扣连接。钻井组在地面先将成型炸药、雷管、炮线连接，再下到井底，并用成型炸药塑料管上的反卡将炸药固定在井底使之不能上浮，之后工作交爆炸人员处理。爆炸组人员先将单井或组合井炮线连通，再将炮线连接到爆炸机，之后向仪器操作人员发出激发请求并做好激发前的准备，在接到仪器激发信息后进行激发，激发结束后转至下一炮点。

井炮激发要求爆炸班必须严格按照资料整理组下达的任务书施工，野外放炮前必须核对桩号，检查井深、药量、炮点偏移情况，并如实上报仪器组，同时将野外放炮过程中出现的异常情况及时通知仪器组。

2. 激发工程造价

1）激发工程基本直接费

激发基本直接费 = 人工费 + 设备使用费 + 专用工具费 + 材料费

2）激发工程量确定

（1）计量单位：炮。

（2）计算方法：

激发工程量 = 设计总炮数（炮）。

3) 定员标准

爆炸组含组长 1 人，其他人员与队型有关，人员配备数量见表 4-41。

表 4-41　激发工序人员配备数量表

队型	维别	二 维					三 维											
	道数（道）	120	180	240	360	480	480	600	720	960	1080	1200	1280	1440	1600	1920	2240	2400
		定员																
平原车装	职工	7	7	7	7	7	17	17	17	17	17	17	17	17	17	17	17	
	民工	2	2	2	2	2	8	8	8	8	8	8	8	8	8	8	8	
	专职司机	2	2	2	2	2	3	3	3	4	4	4	4	4	4	4	4	
平原人抬	职工	5	5	5	5	5	17	17	17	17	17	17	17	17	17	17	17	
	民工	3	3	3	3	3	12	12	12	12	12	12	12	12	12	12	12	
	专职司机	2	2	2	2	2	2	2	2	2	2	2	2	2	2	2	2	
沙漠车装	职工	7	7	7	7	7	17	17	17	17	17	17		17	17	17	17	
	民工	2	2	2	2	2	8	8	8	8	8	8		8	8	8	8	
	专职司机	2	2	2	2	3	4	4	4	4	4	4		4	5	5	5	
草原车装	职工	7	7	7	7	7	17	17	17	17	17	17	17	17	17	17	17	
	民工	2	2	2	2	2	8	8	8	8	8	8	8	8	8	8	8	
	专职司机	2	2	2	2	2	4	4	4	4	4	4	4	4	4	4	4	
戈壁车装	职工	7	7	7	7	7	17	17	17	17	17	17	17	17	17	17	17	
	民工	2	2	2	2	2	8	8	8	8	8	8	8	8	8	8	8	
	专职司机	2	2	2	2	3	4	4	4	4	4	4	4	4	4	4	4	
沼泽水网人抬	职工	5	5	5	5	5	17	17	17	17	17	17	17					
	民工	3	3	3	3	3	12	12	12	12	12	12	12					
	专职司机	2	2	2	2	2	3	3	3	3	3	3	3					
西南山地人抬	职工	5	5	5	5	5	16	16	16	16	16	16	16					
	民工	18	18	18	18	18	44	44	44	44	44	44	44					
	专职司机	2	2	2	2	2	2	2	2	2	2	2	2					
西北山地人抬	职工	3	3	3	3	3	5	5	5	5	5	5	5	5	5	5	5	5
	民工	23	23	23	23	23	34	34	34	34	34	34	34	34	34	34	34	34
	专职司机	2	2	2	2	2	2	2	2	2	2	2	2	2	2	2	2	2
黄土塬人抬	职工	3	3	3	3	3	5	5	5	5	5	5	5					
	民工	23	23	23	23	23	34	34	34	34	34	34	34					
	专职司机	2	2	2	2	2	2	2	2	2	2	2	2					
可控震源	职工	5	5	5	5	5	5	5	5	5	5	5	5					
	专职司机	7	7	7	7	7	7	7	7	7	7	7	7					

4) 设备配备标准

激发工序需要运药车、雷管车、放炮车配合作业，不同队型设备配备标准见表 4-42。

表4-42 激发工序设备配备数量表

队型	仪器接收道数	二维					三维					
		120	180	240	360	480	960	1200	1280	1440	1920	2240
		设备配备数量										
平原车装	运药车	1	1	1	1	1	3	3	3	3	3	3
	雷管车	1	1	1	1	1	1	1	1	1	1	1
	放炮车	1	1	1	3	3	4	4	4	4	4	4
	爆炸机	1	1	1	3	3	4	4	4	4	4	4
平原人抬	运药车	1	1	1	1	1	1	1	1	1	1	1
	雷管车	1	1	1	1	1	1	1	1	1	1	1
	爆炸机	1	1	1	1	1	4	4	4	4	4	4
戈壁车装	运药车	1	1	1	1	2	3	3	3	3	3	3
	雷管车	1	1	1	1	1	1	1	1	1	1	1
	放炮车	1	1	1	1	1	4	4	4	4	4	4
	爆炸机	1	1	1	1	1	4	4	4	4	4	4
西南山地	运药车	1	1	1	1	1	1	1	1	1		
	雷管车	1	1	1	1	1	1	1	1	1		
	爆炸机	2	2	2	2	2	4	4	4	4	4	4
	发电机	1	1	1	1	1	2	2	2	2	2	2
西北山地	运药车	1	1	1	1	1	1	1	1	1	1	1
	雷管车	1	1	1	1	1	1	1	1	1	1	1
	爆炸机	2	2	2	2	2	4	4	4	4	4	4
沙漠车装	运药车	1	1	1	1	2	3	3	3	3	4	4
	雷管车	1	1	1	1	1	1	1	1	1	1	1
	放炮车	2	2	2	2	2	4	4	4	4	4	4
	爆炸机	2	2	2	2	2	4	4	4	4	4	4
黄土塬	运药车	1	1	1	1	1	1	1	1	1	1	1
	雷管车	1	1	1	1	1	1	1	1	1	1	1
	爆炸机	2	2	2	2	2	4	4	4	4	4	4
草原	运药车	1	1	1	1	1	3	3	3	3	3	3
	雷管车	1	1	1	1	1	1	1	1	1	1	1
	放炮车	1	1	1	1	1	4	4	4	4	4	4
	爆炸机	1	1	1	1	1	4	4	4	4	4	4
沼泽车装	运药车	1	1	1	1	2	2	2	2	2	2	2
	雷管车	1	1	1	1	1	1	1	1	1	1	1
	爆炸机	2	2	2	2	2	4	4	4	4	4	4
水网住船	运药船	1	1	1	1	1	2	2	2	2	2	2
	雷管船	1	1	1	1	1	1	1	1	1	1	1
	爆炸机	2	2	2	2	2	4	4	4	4	4	4
可控震源	油罐车	1	1	1	1	1	1	1	1	1	1	1
	班车	1	1	1	1	1	1	1	1	1	1	1
	震源车											

震源车台数＝工作台数＋备用台数，工作台数按设计要求，备用台数当工作台数小于8台时为1台，8台以上为2台。

5）人工费计算

$$人工费＝民工人工费＋职工人工费$$
$$民工人工费＝民工工日单价×定员×工日数$$
$$职工人工费＝职工工日单价×定员×工日数$$

定员标准见表4－41。

6）设备使用费计算

$$设备使用费＝\sum 设备台班单价×设备台班$$
$$设备台班＝工程量÷Q_Z×设备配备数量$$

设备配备标准见表4－42。

7）专用工具配备标准

专用工具配备标准：每台爆炸机配1块雷管表，1年摊销。

专用工具摊销费计算：

专用工具摊销费＝$\sum$专用工具单位工程量摊销量×专用工具单价×工程量

单位工程量摊销量（部/炮）＝（配备数量/摊销年限）÷年工作量（炮）

或

专用工具摊销费＝$\sum$专用工具日摊销量×专用工具单价×工日数

日摊销量（部/日）＝（配备数量÷摊销年限）÷年额定工作天数（日）

年工作量（炮）＝日工作量Q_B×年额定工作天数

在地震勘探工程造价中，年额定工作天数为149d。

8）材料费计算

激发工序消耗主要材料是炸药和雷管，药量是由设计或通过试验确定。为保证爆炸成功率，雷管一般要求每口井两发。其余消耗材料有炮线，消耗量与钻井的深度相同；其他次要材料费如胶布以占以上主要材料费的比率计算。

在目前地震勘探中，由于纯硝铵炸药爆炸性能差已很少使用。使用的主要是由硝铵炸药与梯恩梯及一些必要添加物的混合物，并用低压聚乙烯塑料作为壳体制成的震源柱。震源柱爆炸性能好，爆速高，威力大，比重大，抗水性好。由于有壳体保护，人员中毒概率已大大降低，储存、运输、使用均很安全。震源柱分为高密度（G）、中密度（Z）和低密度（D）三种。其性能见表4－43。密度高低影响爆速。爆速高，爆炸性能好；爆速低，爆炸性能相对较差。

表4－43 不同规格震源药柱爆炸性能表

项 目	高密度（G）	中密度（Z）	低密度（D）
密度（g/cm³）	大于1.4	1.2～1.4	1.0～1.1
爆速（m/s）	大于5000	4500～5000	不小于3400
威力（ML）		360	
起爆率（%）	99～100	99～100	99～100
起爆连续性（kg）	6～20	30	30
跌落试验（10m）	不燃不爆	不燃不爆	不燃不爆

项目	高密度（G）	中密度（Z）	低密度（D）
枪击感度	不燃不爆	不燃不爆	不燃不爆
抗水性（9.8N/72h）	3	3	3
使用温度（℃）	-40～50	-40～50	-40～50

材料费计算公式：

材料费＝Σ（材料单价×消耗量）×（1＋占其他材料费比率）

其中：炸药费＝单价×炸药量＝单价×单井药量×单炮组合井数×工程量

雷管费＝单价×雷管量＝单价×组合井数×2×工程量

炮线费＝单价×炮线量＝单价×组合井数×井深×工程量

案例：西北沙漠Ⅱ类地震勘探，二维 400 道接收，设计道距 30m，炮距 60m，每道 3 串检波器，双井组合，井深 18m，每口井用 6kg 中密度炸药。计算完成 12600 炮激发工序的基本直接费。

（1）日工作量计算：

使用沙漠地区二维地震日工作量计算公式和施工参数，求得日工作量为 126 炮/d。

（2）工日数计算：

工日数＝工程量÷日工作量＝12600 炮/126 炮/d＝100d

（3）人工费计算：

职工人工费＝工日单价×定员人数×工日数＝210.78 元/工日×（7＋2）人×100d＝189702.00 元

民工人工费＝工日单价×定员人数×工日数＝60.13 元/工日×2 人×100d＝12026.00 元

人工费合计＝职工人工费＋民工人工费＝189702.00 元＋12026.00 元＝201728.00 元

（4）设备使用费计算：

使用 2 台运药车，1 台雷管车，2 台放炮车，2 台爆炸机。选择沙漠运输车的台班单价，分别为 665.88 元/台班、501.86 元/台班、240.28 元/台班，爆炸机台班单价为 88.60 元/台班。

运药车设备费＝台班单价×台数×工日数＝665.88 元/台班×2 台×100d＝133176.00 元

雷管车设备费＝台班单价×台数×工日数＝501.86 元/台班×1 台×100d＝50186.00 元

放炮车设备费＝台班单价×台数×工日数＝240.28 元/台班×2 台×100d＝48056.00 元

爆炸机设备费＝台班单价×台数×工日数＝88.60 元/台班×2 台×100d＝17720.00 元

设备费合计＝运药车设备费＋雷管车设备费＋放炮车设备费＋爆炸机设备费＝249138.00 元

（5）专用工具费计算：

使用 2 块雷管表，1 年摊销，单价 64 元。

雷管表摊销量＝［配备数量÷（摊销年限×年有效工日）］×工日数＝［2 块÷（149d×1）］×100d＝1.34 块

雷管表摊销费＝单价×摊销量＝64 元/块×1.34 块＝85.76 元

（6）材料费计算：

炸药费 = 单价 × 炸药量 = 6.79 元/kg × (6kg × 2 × 12600) = 1026648 元

雷管费 = 单价 × 雷管量 = 1.20（元/发）×（2 发 × 12600）= 30240 元

炮线费 = 单价 × 炮线量 = 0.32 元/m ×（18m × 2 × 12600）= 145152 元

其他材料费 =（炸药费 + 雷管费 + 炮线费）× 5‰ = 60102 元

材料费合计 =（炸药费 + 雷管费 + 炮线费 + 其他材料费）= 1262142 元

（7）基本直接费计算：

基本直接费 = 人工费 + 设备费 + 专用工具费 + 材料费 = 1713093.76 元

炮基本直接费基价 = 基本直接费 / 工作量 = 1713093.76 元/12600 炮 = 135.96 元/炮

公里基本直接费单价 = 炮基本直接费单价 × 每公里的炮数 = 135.96 元/炮 ×（1000m/60m）= 2266.00 元/km

六、数据采集

1. 工作原理

从检波器接收到的地震信号进入采集站放大，再经过模数转换后存入采集站中的存储器并请求传输，在得到主机发来的许可命令后，传给主机并存储于主机存储器中，根据命令进行格式编排，最后将信息记入磁带，同时也输入绘图仪进行绘图，绘出的图就是现场监视记录。

操作人员通过计算机屏幕可以监视到排列上的很多状态，如检波器连接情况、电瓶供电情况、震源震动力度情况、干扰情况等。

仪器是地震队的核心设备。最早的地震仪是采用照相纸来记录的，随着技术的不断进步，模拟仪代替光点仪，数字仪又替代模拟仪。目前使用的地震仪有美国生产的 Opseie—5500 型无线遥测仪、SYSTEM—Ⅱ 24 位模数转换遥测仪、BOX 采集系统，法国生产的 SN388 地震仪等。

地震队都是围绕仪器采集数据进行工作的，整个前期的工作，包括上述的排列摆放均是服务于仪器采集数据。地震施工队的成果，除了测量成果和小折射、微测井记录外，都集中于所采集记录的磁带和生产班报上。

操作员操作的仅是仪器主机和爆炸控制同步器（可控震源称为编码扫描发生器）。仪器主机包括：主控计算机、磁带机、绘图仪、采集站电缆管理部件。辅助设备还有电台、发电机、运载设备等。

2. 工作内容与职责

数据采集的主要任务是：按施工设计要求，监视外线排列质量，控制激发，将地震信号记录在专用磁带上。

数据采集与激发紧密相连。激发是一个较为复杂的工作，需与查线员、爆炸员、排列警戒人员时刻联系，并随时通过无线电台传递生产过程中的主要信息，每完成一炮都需记录仪器使用参数、文件号、排列位置、炸药与雷管消耗量、井的岩性、井深等因素。仪器操作人员对生产的当日记录质量负责，质量不合格需及时报告，由解释人员修订工作方法。

仪器操作人员的职责与要求如下：

（1）检查排列：每日生产前先布置排列，和放线人员、查线工把排列建立起来。在仪器的监视屏幕上看到每个道的检波器连接情况、电瓶电压情况、电缆是否漏电、采集站的工作是否正常等。不正常时，需排列故障排除人员及时进行排除。

（2）检查采集参数：检查仪器的采集参数是否和设计一致。参数包括前放增益、滤波器设置、采样间隔、采集相位参数和记录长度等。

（3）日检：检查排列上的采集站、检波器、交叉站、仪器主机等是否工作正常。发现不正常的，要及时更换，对检查情况需用磁带记录。

同时录制接收排列背景值的监视记录，检查有没有人为因素影响记录质量。如果有人为因素影响需排除后才能进入正常生产，不能排除的注意变化，择机生产。

（4）起爆准备：通过电台和爆炸工、排列人员联系，看是否准备好，能否起爆。

（5）发起爆指令：给爆炸机发指令，记录一炮的资料和记录生产班报。

（6）记录评价：评价和分析资料好坏，对不正常道需在下一炮前进行修正。需检查评价的内容包括爆炸信号（井口信号）、工作道是否都正常、记录的整体能量够不够，尤其目的层，找出影响的因素、干扰信号的特征有什么变化及初步评价记录，确定是否需要补炮等。

操作人员需熟悉仪器性能，及时排除工作故障，是生产的组织与协调者。生产效率的高低和操作者的技术水平、组织协调能力有一定关系。

3. 数据采集工程造价

1）数据采集工程基本直接费

$$数据采集基本直接费 = 人工费 + 设备使用费 + 材料费$$

2）数据采集工程量确定

（1）计量单位：炮。

（2）计算方法：

数据采集工程量 = 设计总炮数（炮）。

3）日工作量计算

与排列收放一致。

4）数据采集定员标准

野外仪器操作人员配备与队型有关。定员含1名仪器组长，负责全面工作，是野外工地的指挥员。其他人员负责放炮、记录生产班报、监视记录质量、进行作业中的协调和驾驶仪器车（水上施工仪器要装在船上，车辆与船只无法通行的地区需要人抬）。

不同地区数据采集人员配备数量见表4-44。

表4-44　数据采集人员配备数量表

地形/队型	二　维			三　维		
	职工	民工	司机	职工	民工	司机
平原、沙漠、草原、戈壁车装、平原人抬、可控震源	3		1	4		1
西北山地、沼泽、水网人抬、防土员、滩海	4		1	5		1
西南山地人抬	6	24	1	6	24	1

5）设备配备标准

数据采集设备包括仪器1台，仪器车1台（水上采用船只），供电用的发电机1台，可控震源施工时配备1台扫描信号发生器，保证仪器与可控震源的同步。

图4-44是法国SERCEL公司的VE—432震源控制器，扫描信号发生器安装在仪器车上，电控箱体安装在可控震源上，用通信系统连接。

数字参考扫描信号发生器 　　Digital Servo Drive 震源数字伺服电控箱体

图 4 – 44　可控震源控制器

本工序不使用专用工具，小工具包含在材料费中。

6）人工费计算

$$人工费 = 民工人工费 + 职工人工费$$
$$民工人工费 = 民工工日单价 \times 定员 \times 工日数$$
$$职工人工费 = 职工工日单价 \times 定员 \times 工日数$$

定员标准见表 4 – 44。

7）设备使用费计算

$$设备使用费 = \Sigma 设备台班单价 \times 设备台班$$
$$设备台班 = 工程量 \div Q_{QB} \times 设备配备数量$$

设备配备标准见设备配备标准。

8）材料费计算

数据采集主要消耗磁带、记录纸、软盘、打印纸等材料，消耗标准见表 4 – 45。

表 4 – 45　数据采集材料消耗量表

材料名称	型　　号	单　　位	消　耗　量
磁带（二维）	3490e	盘	1 盘/30 炮
磁带（三维）	3490e	盘	1 盘/10 炮
记录纸	12in×500	卷	1 卷/50 炮
软盘	3.5in 高密	片	1 片/100 炮
打印纸	241—3	箱	1 箱/2000 炮
其他材料		％	5

实际磁带消耗量是比较复杂的，与记录的数据量成正比例关系。数据量与记录长度、采样间隔、记录道数有关，计算起来很复杂，表 4 – 45 的数据是根据统计结果提供的平均值。

材料费计算公式为

$$材料费 = \Sigma（材料单价 \times 消耗量）\times（1 + 占其他材料费比率）；$$
$$消耗量 = 消耗标准 \times 工程量。$$

案例：西北沙漠 Ⅱ 类地震勘探，二维 400 道接收，设计道距 30m，炮距 60m，每道 3 串检波器，采用 DFS – Ⅴ 接收仪，U1700 运载车，12.5kW 发电机。计算完成 12600 炮数据采集工序的基本直接费。

（1）日工作量计算：

使用沙漠地区二维地震日工作量计算公式和施工参数，求得日工作量为 126 炮/d。

（2）工作日计算：

工日数＝工程量÷日工作量＝12600 炮÷126 炮/d＝100d

（3）人工费计算：

职工人工费＝工日单价×定员人数×工日数＝210.78 元/工日×4 人×100d＝84312 元

（4）设备费计算：

使用 1 台 DFS-V 接收仪，1 台 U1700 仪器车，1 台 12.5kW 发电机。台班单价分别为 2260.00 元/台班、665.88 元/台班、62.41 元/台班。

接收仪设备费＝台班单价×台数×工日数＝2260.00 元/台班×1 台×100d＝226000 元

仪器车设备费＝台班单价×台数×工日数＝665.88 元/台班×1 台×100d＝66588 元

发电机设备费＝台班单价×台数×工日数＝62.41 元/台班×1 台×100d＝6341 元

设备费合计＝接收仪设备费＋仪器车设备费＋发电机设备费＝298829 元

（5）材料费计算：

磁带费＝单价×消耗量＝76.00 元/盘×（1 盘/30 炮×12600 炮）＝31920 元

记录纸费＝单价×消耗量＝130.00 元/卷×（1 卷/50 炮×12600 炮）＝32760 元

软盘费＝单价×消耗量＝6.00 元/片×（1 片/100 炮×12600 炮）＝756 元

打印纸费＝单价×消耗量＝130.30 元/箱×（1 箱/2000 炮×12600 炮）＝820.89 元

其他材料费＝（磁带费＋记录纸费＋软盘费＋打印纸费）×5%＝3312.84 元

材料费合计＝（炸药费＋雷管费＋炮线费＋其他材料费）＝69569.73 元

（6）基本直接费计算：

基本直接费＝人工费＋设备费＋材料费＝452710.73 元

炮基本直接费单价＝基本直接费÷工作量＝452710.73 元÷12600 炮＝35.93 元/炮

公里基本直接费单价＝炮基本直接费单价×每公里的炮数＝35.93 元/炮 ×（1000m/60m）＝598.83 元/km

七、表层调查

表层调查是一项相对独立的为确定激发因素提供依据的野外工作，须在地震采集正式开工前完成。施工方法包括浅层折射法和微地震测井法。

1. 表层调查的任务、方法及有关概念

表层调查的任务是利用浅层折射法、微地震测井法研究表层降速带的厚度和速度，并结合地表高程建立表层结构模型为寻找好的激发岩性和资料处理提供可靠的静校正资料。

浅层折射工作量一般控制在 1～2km 一个采集点。微测井大约 2km^2 一个采集点。现场资料整理组负责完成静校正量的计算，并提供给现场处理人员。

静校正是对地表附近不均匀性引起的时差的校正。由于地表不平、地层厚度、地层松散程度差异影响地震波在地表附近的传播速度和时间，从而影响深层的地层准确归位，为此进行的校正称为静校正。

浅层折射和微测井都可以为静校正提供原始数据，但所采用的仪器道数、炮数及井等概念与二维、三维地震不同。设计的施工参数和工作量是根据地表情况确定的。

表层调查工序注意事项：严把表层资料采集质量关，严格按照有关标准执行。认真分析、解释表层结构调查资料，并结合表层数据库，建好各测线的表层结构模型，做好野外静校正工作。严格按标准整理表层资料，与各测线大炮资料一同上交。

2. 浅层折射工程造价

浅层折射是在一个指定物理点上利用浅层爆炸所产生的折射波，通过接收、记录，来研究表层速度和结构的方法。

1）浅层折射工程基本直接费

浅层折射基本直接费＝人工费＋设备使用费＋专用工具摊销费＋材料费。

2）浅层折射工程量确定

（1）计量单位：点。

（2）计算方法：

浅层折射工程量＝设计总点数（点）＝测线长度÷点距。

3）日工作量计算

浅层折射日工作量与点距、排列长度、地表情况关系密切，也可通过经验公式计算。

日工作量计算公式为

$$Q_Z = K_i \cdot \frac{T - (T_{fd} + T_x)}{T_1}$$

式中　Q_Z——日工作量（点）；

　　　K_i——地类调节系数（表4-1）；

　　　T——全天工作时间（min）；

　　　T_{fd}——作业宽放时间（min）；

　　　T_x——生理需要时间（min）；

　　　T_1——一个点平均作业时间（min）。

$$T_1 = \frac{6L}{V_1} + \frac{\Delta x}{V_2} + T_j$$

式中　L——浅层折射排列长度（m）；

　　　V_1——施工人员行进平均速度（m/min）；

　　　Δx——物理点距（m）；

　　　V_2——仪器车搬迁平均速度（m/min）；

　　　T_j——单个物理点作业时间。

$$T_j = T_a + T_b + T_c + T_d + T_e + T_f$$

T_a，T_b，T_c，T_d，T_e，T_f 分别代表定点时间、埋检波器时间、埋炸药时间、警戒时间、仪器操作时间、整理时间，计量单位为 min。各类时间参数、地类系数和速度参数见表4-46，表4-47。

表4-46　各类时间参数

T_z	T_{fd}	T_x	T_a	T_b	T_c	T_d	T_e	T_f
540	60	30	4	6	3	1	5	1

浅层折射机械化施工，野外人员主要包括仪器操作人员，摆放电缆人员，埋置检波器人员，挖炮坑人员，放炮线和警戒人员。另外，按照安全规定的要求，炸药与雷管不可混装，拉炸药、雷管、仪器车辆各一辆，仪器车是专职司机，其他车辆兼职。如果人抬化施工，人员相对较多，需抬仪器和电瓶、检波器、电缆、雷管，炸药等。

表 4 - 47　速度参数表

地　形	V_1（m/min）	V_2（m/min）
平原车载	41	153
平原人抬	36	36
沙漠	27	143
草原	31	161
戈壁	44	173
沼泽	31	31
山地	28	28
黄土塬	28	28
水网	34	34

4）浅层折射定员标准

浅层折射人员配备见表 4 - 48。

表 4 - 48　浅层折射人员配备数量表

地形与队型	职工	民工	专职司机
西北山地、黄土塬	5	2	1
沼泽、水网人抬	7	2	1
草原、戈壁、沙漠、沼泽、平原车装	3	2	1
西南山地	7	2	1

5）设备配备标准

浅层折射使用设备有折射仪、爆炸机、仪器车、放炮车各 1 台，水上作业仪器车改为挂浆船。

6）人工费计算

人工费 = 民工人工费 + 职工人工费；

民工人工费 = 民工工日单价 × 定员 × 工日数；

职工人工费 = 职工工日单价 × 定员 × 工日数。

定员标准见表 4 - 48。

7）设备使用费计算

设备使用费 = Σ设备台班单价 × 设备台班；

设备台班 = 工程量 ÷ Q_z × 设备配备数量。

设备配备见设备配备标准。

8）专用工具摊销费计算

浅层折射专用工具配备标准：电缆 1 根和检波器 3 串，摊销年限 3 年。

专用工具摊销费计算：

专用工具摊销费 = Σ专用工具单位工程量摊销量 × 专用工具单价 × 工程量；

单位工程量摊销量（部/炮）=（配备数量/摊销年限）÷ 年工作量（炮）；

或

专用工具摊销费 = Σ专用工具日摊销量×专用工具单价×工日数；

日摊销量（部/d）=（配备数量÷摊销年限）÷年额定工作天数（d）；

年工作量（炮）= 日工作量 Q_z×年额定工作天数；

在地震勘探工程造价中，年额定工作天数为149d。

9）材料费计算

浅层折射消耗材料及消耗量见表4-49。

表4-49　浅层折射材料消耗量表

材　料　名　称	消　耗　量
炸药	2kg/点
雷管	2发/点
炮线	1m/点
铁锹	1把/100点
软盘	25片/100点
记录纸	5卷/100点
铁镐	0.5把/100点
其他材料	3%

材料费计算公式：

材料费 = Σ（材料单价×消耗量）×（1＋占其他材料费比率）。

3. 微地震测井工程造价

微地震测井是在指定物理点上打一口井，井深视调查深度而定，通过井中爆炸，地面接收，或地面爆炸，井中接收，分段测定地表地层速度的方法。

微地震测井接收到的波是直达波，其原理见图4-45和图4-46。

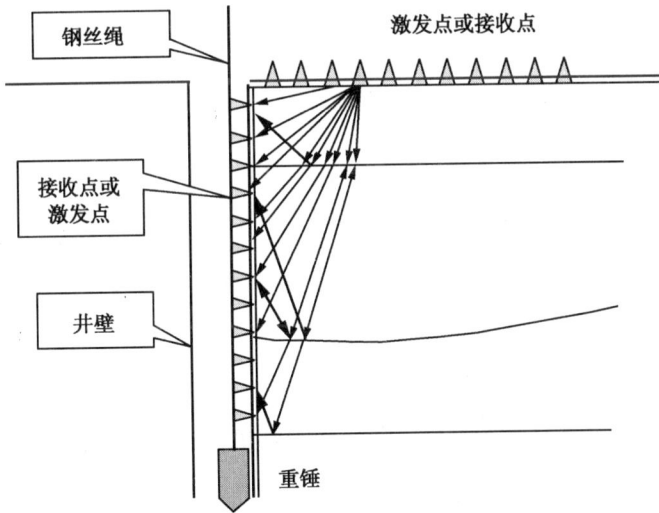

图4-45　微测井施工示意图

图4-45中向下的箭头表示的是直达波，向上的箭头表示激发后产生的反射波。由于反射波的传播路径长，直达波的传播时间比反射波的时间短，并且能量要强。如果把经过的路

程和接收到的直达波时间作成图，可表示为图 4-46。

根据深度和时间，通过换算，从图 4-46 可进行地表浅层的分层，求出地层层速度和层厚度，进行表层降速带速度与厚度的研究。

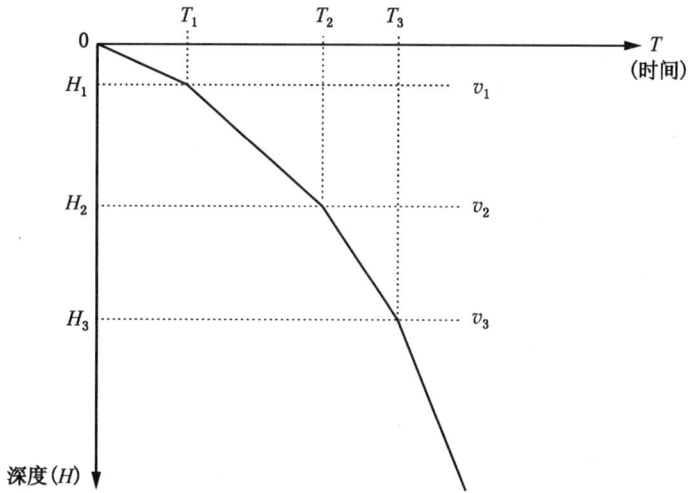

图 4-46 微测井时距曲线图

1) 微地震测井工程基本直接费
微地震测井基本直接费 = 人工费 + 设备使用费 + 专用工具摊销费 + 材料费
2) 微地震测井工程量确定。
（1）计量单位：口井。
（2）计算方法：
微地震测井工程量 = 设计总口数（口井）= 测线长度 ÷ 井距。

或

微地震测井工程量 = 设计总口数（口井）= 面积 ÷ 单口井面积。

3) 日工作量计算
日工作量计算公式为

$$Q_w = K \times (T - T_1 - T_2) \div (T_3 + T_4 + T_5)$$

式中　Q_w——日工作量（口/d）；

K——地类系数；

T——日工作时间（min）；

T_1——宽放时间（min）；

T_2——生理需要时间（min）；

T_3——搬迁时间（min/口），$T_3 =$ 井间距 ÷ 钻机搬迁速度；

T_4——准结时间（min/口）；

T_5——单井作业时间（min/口）；$T_5 =$（井深 ÷ 钻进速度）+ 单炮工作时间 × 单井炮数。

井间距、井深由设计确定，单位 m；宽放时间每天 50min 左右；日工作时间、生理需要时间、准结时间、钻机搬迁速度、钻进速度与钻井工序相同；单炮工作时间在 5min

左右。

4）微测井定员标准

微测井定员 14 人，其中职工 11 人（包括 3 名司机），民工 3 人。

5）设备配备标准

微测井设备配备接收仪、仪器车、钻机、水罐车、放炮车、爆炸机各 1 台。

6）人工费计算

$$人工费 = 民工人工费 + 职工人工费；$$
$$民工人工费 = 民工工日单价 \times 定员 \times 工日数；$$
$$职工人工费 = 职工工日单价 \times 定员 \times 工日数。$$

定员标准见微测井人员配备。

7）设备使用费计算

$$设备使用费 = \sum 设备台班单价 \times 设备台班；$$
$$设备台班 = 工程量 \div Q_w \times 设备配备数量。$$

设备配备见设备配备标准。

8）专用工具摊销费计算

微测井使用专用工具配备数量与摊销年限见表 4-50。

表 4-50 微测井工序专用工具配备数量表

名　称	单　位	配备数量	摊销年限
车装电台	台	1	6
对讲机	部	4	4
电缆	根	1	3
检波器	串	1	3

专用工具摊销费计算：

专用工具摊销费 $= \sum$ 专用工具单位工程量摊销量 $\times$ 专用工具单价 $\times$ 工程量

单位工程量摊销量（部/炮）=（配备数量÷摊销年限）÷年工作量（炮）

或

专用工具摊销费 $= \sum$ 专用工具日摊销量 $\times$ 专用工具单价 $\times$ 工日数

日摊销量（部/d）=（配备数量÷摊销年限）÷年额定工作天数（d）

年工作量（炮）= 日工作量 $Q_w \times$ 年额定工作天数

在地震勘探工程造价中，年额定工作天数为 149d。

9）材料费计算

微测井单井材料消耗量见表 4-51。

表 4-51 微测井材料消耗量表

材料名称	消　耗　量
炸药	0.5kg×单井炮数
雷管	1发×单井炮数
炮线	2m×单井炮数

材 料 名 称	消 耗 量
磁带	(1/30) 盘×单井炮数
记录纸	(1/50) 卷×单井炮数
爆炸杆	[(井深/3)＋1]/(149×日工作口数)
钻头、钻杆	见钻井工序的材料消耗量和计算方法
其他材料	3%

材料费计算公式：

$$材料费＝\Sigma（材料单价×消耗量）×（1＋占其他材料费比率）$$

其中：

爆炸杆每根 3m，井口以上需加一根供操作，摊销年限为一年。爆炸杆单井摊销量用公式表示如下：单井摊销量＝[（井深÷3）＋1]÷（年工作日×日完成口数）。

案例：华北 I 类地震勘探，表层调查设计工作量为浅层折射 500 个点，微测井 15 口。浅层折射接收排列长度 150m，点距 1000m。微测井井距 2000m，井深 30m，垂直炮间距 2m，每井 15 炮。计算完成该项工程的基本直接费。

（1）浅层折射工程基本直接费计算。

①日工作量计算：

使用华北 I 类地区浅层折射日工作量计算公式和施工参数，求得日工作量为 9.47 点/d。

②工日数计算：

工日数＝工程量÷日工作量＝500 点÷9.47 点/d＝52.80d

③人工费计算：

职工人工费＝工日单价×定员人数×工日数＝175.49 元/工日×4 人×52.80d＝37063.48 元

民工人工费＝工日单价×定员人数×工日数＝54.09 元/工日×2 人×52.80d＝5711.90 元

人工费合计＝职工人工费＋民工人工费＝42775.38 元

④设备使用费计算：

使用折射仪、爆炸机、仪器车、放炮车、雷管车各一台。根据华北地区情况，选择一般运输车辆，它们的台班单价分别为折射仪 327.49 元/台班、爆炸机 88.60 元/台班、仪器车 346.61 元/台班、放炮车 240.28 元/台班、雷管车 231.80 元/台班。

折射仪设备费＝台班单价×台数×工日数＝327.49 元/台班×1 台×52.80d＝17291.47 元

爆炸机设备费＝台班单价×台数×工日数＝88.60 元/台班×1 台×52.80d＝4678.08 元

仪器车设备费＝台班单价×台数×工日数＝346.61 元/台班×1 台×52.80d＝18301.01 元

放炮车设备费＝台班单价×台数×工日数＝240.28 元/台班×1 台×52.80d＝12686.78 元

设备费合计＝折射仪设备费＋爆炸机设备费＋仪器车设备费＋放炮车设备费＝52957.34 元

⑤专用工具摊销费计算：

浅层折射使用专用工具电缆 1 根和检波器 3 串，摊销年限都是 3 年。接收排列长度

150m，选择 SN－388－165m 1 根，单价 3900 元/根。普通检波器，单价 900 元/串。

电缆摊销量＝[配备数量÷（摊销年限×年有效工日）]×工日数＝[1 根÷（149d×3）]×52.80d＝0.12 根

电缆摊销费＝单价×摊销量＝3900 元/根×0.12 根＝460.67 元

检波器摊销量＝[配备数量÷（摊销年限×年有效工日）]×工日数＝[3 串÷（149d×3）]×52.80d＝0.35 串

检波器摊销费＝单价×摊销量＝900 元/串×0.35 串＝315.00 元

专用工具摊销费合计＝电缆摊销费＋检波器摊销费＝775.67 元

⑥材料费计算：

炸药费＝单价×消耗量＝6.10 元/kg×（2kg/点×500 点）＝6100.00 元

雷管费＝单价×消耗量＝1.20 元/发×（2 发/1 点×500 点）＝1200.00 元

炮线费＝单价×消耗量＝0.30 元/m×（1m/点×500 点）＝150.00 元

铁锹费＝单价×消耗量＝14.00 元/把×（1 把/100 点×500 点）＝70.00 元

铁镐费＝单价×消耗量＝23.00 元/把×（0.5 把/100 点×500 点）＝57.50 元

记录纸费＝单价×消耗量＝130.00 元/卷×（5 卷/100 点×500 点）＝3250.00 元

软盘费＝单价×消耗量＝6.00 元/片×（25 片/100 点×500 点）＝750.00 元

其他材料费＝（炸药费＋雷管费＋炮线费＋铁锹费＋铁镐费＋记录纸费＋软盘费）×3％＝347.33 元

材料费合计＝（炸药费＋雷管费＋炮线费＋铁锹费＋铁镐费＋记录纸费＋软盘费＋其他材料费）＝11924.83 元

⑦基本直接费计算：

基本直接费＝人工费＋设备费＋专用工具摊销费＋材料费＝108433.22 元

基本直接费单价＝基本直接费/工作量＝108433.22 元/500 点＝216.87 元/点

（2）微测井工程基本直接费计算。

①日工作量计算：

使用微测井日工作量计算公式和华北Ⅰ类地区系数及施工参数，求得日工作量为 3.60 口/d。

②工作日计算：

工日数＝工程量/日工作量＝15 口/3.60 口/d＝4.17d

③人工费计算：

职工人工费＝工日单价×定员人数×工日数＝175.49 元/工日×11 人×4.17d＝8049.73 元

民工人工费＝工日单价×定员人数×工日数＝54.09 元/工日×3 人×4.17d＝676.67 元

人工费合计＝职工人工费＋民工人工费＝8726.40 元

④设备费计算：

使用接收仪、爆炸机、仪器车、钻机、水罐车、放炮车各 1 台。根据华北地区情况，选择一般运输车辆，它们的台班单价分别为接收仪 327.49 元/台班、爆炸机 88.60 元/台班、仪器车 346.61 元/台班、钻机 417.02 元/台班、水罐车 432.31 元/台班、放炮车 240.28 元/台班。

接收仪设备费＝台班单价×台数×工日数＝957.14 元/台班×1 台×4.17d＝3991.27 元

爆炸机设备费 = 台班单价 × 台数 × 工日数 = 88.60 元/台班 × 1 台 × 4.17d = 369.46 元

仪器车设备费 = 台班单价 × 台数 × 工日数 = 346.61 元/台班 × 1 台 × 4.17d = 1445.36 元

钻机设备费 = 台班单价 × 台数 × 工日数 = 417.02 元/台班 × 1 台 × 4.17d = 1738.97 元

水罐车设备费 = 台班单价 × 台数 × 工日数 = 432.31 元/台班 × 1 台 × 4.17d = 1802.73 元

放炮车设备费 = 台班单价 × 台数 × 工日数 = 240.28 元/台班 × 1 台 × 4.17d = 1001.97 元

设备费合计 = 接收仪设备费 + 爆炸机设备费 + 仪器车设备费 + 钻机设备费 + 水罐车设备费 + 放炮车 = 10349.76 元

⑤专用工具摊销费计算：

微测井使用专用工具电缆 1 根和检波器 1 串，摊销年限都是 3a，对讲机 4 部，摊销 4a，车装电台 1 台，摊销 6a。井深 30m，选择 TELSEIS - 55m 电缆，单价 500 元/根，普通检波器，单价 900 元/串，对讲机单价 3300 元/部，车装电台单价 2800 元/台。

电缆摊销量 = [配备数量 ÷ (摊销年限 × 年有效工日)] × 工日数 = [1 根/(149d × 3)] × 4.17d = 0.01 根

电缆摊销费 = 单价 × 摊销量 = 500 元/根 × 0.01 根 = 5.00 元

检波器摊销量 = [配备数量 ÷ (摊销年限 × 年有效工日)] × 工日数 = [1 串/(149d × 3)] × 4.17d = 0.01 串

检波器摊销费 = 单价 × 摊销量 = 900 元/串 × 0.01 串 = 9.00 元

对讲机摊销量 = [配备数量 ÷ (摊销年限 × 年有效工日)] × 工日数 = [4 部/(149d × 4)] × 4.17d = 0.03 部

对讲机摊销费 = 单价 × 摊销量 = 900 元/部 × 0.03 部 = 27.00 元

车装电台摊销量 = [配备数量 ÷ (摊销年限 × 年有效工日)] × 工日数 = [1 台/(149d × 6)] × 4.17d = 0.005 台

车装电台摊销费 = 单价 × 摊销量 = 2800 元/台 × 0.005 台 = 14.00 元

专用工具摊销费合计 = 电缆摊销费 + 检波器摊销费 + 对讲机摊销费 + 车装电台摊销费 = 55.00 元

⑥材料费计算：

炸药费 = 单价 × 消耗量 = 6.49 元/kg × (0.5kg/炮 × 15 炮/井 × 15 井) = 730.13 元

雷管费 = 单价 × 消耗量 = 1.20 元/发 × (1 发/炮 × 15 炮/井 × 15 井) = 270.00 元

炮线费 = 单价 × 消耗量 = 0.30 元/m × (2m/炮 × 15 炮/井 × 15 井) = 135.00 元

磁带费 = 单价 × 消耗量 = 76.00 元/盘 × (1 盘/30 炮 × 15 炮/井 × 15 井) = 570.00 元

记录纸费 = 单价 × 消耗量 = 130.00 元/卷 × (1 卷/50 炮 × 15 炮/井 × 15 井) = 585.00 元

爆炸杆摊销费 = 单价 × 爆炸杆摊销量 = 单价 × [配备数量/(摊销年限 × 年有效工日)] × 工日数 = 35 元/根 × [(30m/3m + 1) 根/149d] × 4.17d = 10.77 元

钻头费 = 单价 × 消耗量 = 285.00 元/只 × (0.003 × 15 × 30/18) 只 = 21.38 元

钻杆费 = 单价 × 消耗量 = 1500.00 元/根 × (0.0025 × 15 × 30/18) 根 = 93.75 元

其他材料费 = (炸药费 + 雷管费 + 炮线费 + 磁带费 + 记录纸费 + 爆炸杆费 + 钻头费 + 钻杆费) × 3% = 56.58 元

材料费合计 = (炸药费 + 雷管费 + 炮线费 + 磁带费 + 记录纸费 + 爆炸杆费 + 钻头费 + 钻杆费 + 其他材料费) = 1942.61 元

⑦基本直接费计算：

基本直接费 = 人工费 + 设备费 + 专用工具摊销费 + 材料费 = 21272. 17 元

工程基本直接费单价 = 基本直接费 ÷ 工作量 = 21310. 17 元/15 口 = 1418. 16 元/口

八、现场资料整理及处理

1. 现场资料整理工作内容

现场资料整理也称现场资料解释，主要工作内容是负责工程设计的布置和落实，质量管理和监督；提出技术要求，如质量培训、任务交底，作业指导书的落实；任务分解后对每个工种下达任务书等。同时，负责所有资料的收集、整理、归档、上交，包括现场处理剖面、静校正资料分析、测量资料；还负责生产进度汇报日报、周报、月报、试验报告、施工总结报告的编写等工作。

2. 现场资料处理工作内容

现场资料处理是依据地质目标要求，对所采集的资料，按现场资料处理项目及流程，选择最佳参数，进行资料处理、方法试验，及时提供地震剖面、频谱、速度谱等质量监控信息，用于质量监控（图4－47）。

3. 现场资料整理工序注意事项

（1）根据地质任务的要求，认真分析研究表层和深层地震地质条件，了解区内资料变化规律，针对重点区段实行重点监控，确保整体资料品质。

（2）组织小队技术领导及测量组长在内的踏勘小组，对工区进行全面准确的踏勘，写出详细的踏勘报告。

（3）踏勘工区后，结合工区特点和地质任务要求，由解释组编写出详细的《施工设计》和《试验设计》。

图4－47　现场资料处理机

（4）试验后要及时进行资料的处理分析及论证工作，优选出合理的采集参数，并编写详细的试验总结分析报告。

（5）解释员必须清楚地质任务，了解工区资料，明确设计要求。

（6）每条测线施工前，必须有测量组提供的《测线合格通知书》及测线炮检点高程图、炮检点展点图，并且经过驻队监督签字认可，方可下达施工任务书。

（7）必须采用"先小炮、后大炮"的原则，根据详细的潜水面调查资料，结合以往本区的表层数据库，逐点设计激发参数（井深、药量），指导野外钻井作业。

4. 现场资料处理工序注意事项

（1）严格执行集团公司颁发的《地震勘探资料采集现场处理技术规程》有关现场处理的各项要求。

（2）加强对现场处理机的清洁和保护，保持室内有一个清洁环境，并控制好温度和湿度，确保现场处理机正常运转。

（3）应熟练掌握现场处理流程，精通各模块功能，针对地质任务要求选择正确的处理流程和处理参数。

（4）野外方法试验后，及时对试验资料进行处理，为二次方法论证提供准确全面的分析图件和基础数据。

（5）检查野外磁带记录与仪器班报记录是否相一致，发现问题要及时通知有关人员。

（6）认真定义观测系统，特别是过较大障碍物变观地段，并认真检查观测系统定义是否与野外采集观测系统相一致。

（7）建立现场处理档案卡，主要包括：施工参数、处理流程、处理参数、各种交接卡、现场处理剖面等内容。

5. 现场资料整理与处理工程造价

1）现场资料整理与处理工程基本直接费

现场资料整理基本直接费＝人工费＋设备使用费＋专用工具摊销费＋材料费；

现场资料处理基本直接费＝人工费＋设备使用费＋专用工具摊销费＋材料费。

2）现场资料整理与处理工程量确定

（1）计量单位：炮。

（2）计算方法：

现场资料整理工程量＝设计总炮数（炮）；

现场资料处理工程量＝设计总炮数（炮）。

3）日工作量计算

现场资料整理与处理日工作量与排列收放一致。

4）现场资料整理与整理定员标准

现场资料整理人员配备标准：根据队型配备：480 道以下 4 人，480～960 道 5 人，960 道以上 6 人。

现场资料处理人员配备标准：不论队型均配备 2 人。

5）现场资料整理与处理设备配备标准

现场资料整理设备配备标准：便携式微机 1 台。有部分解释组配有刻录机、扫描仪与复印机等。

现场资料处理设备配备标准：主要有现场处理系统 1 套（含工作站、绘图仪、软件等），空调机 1 台，微机 2～3 套，用于编写报告、统计资料与做多媒体等。

6）人工费计算

$$人工费＝职工工日单价×定员×工日数$$

定员标准见现场资料整理与处理人员配备标准。

7）设备使用费计算

$$设备使用费＝\sum 设备台班单价×设备台班；$$
$$设备台班＝工程量÷Q_B×设备配备数量。$$

设备配备标准见现场资料整理与处理设备配备标准。

8）材料费计算

现场资料整理与处理材料消耗量（表 4-52）。

表 4-52　现场资料整理与处理材料消耗量

材料名称	消耗量	
	现场资料整理	现场资料处理
坐标纸	1 卷/2000 炮	
文具	1 套/5000 炮	1 套/5000 炮

材料名称	消耗量	
	现场资料整理	现场资料处理
打印纸	1箱/10000炮	1箱/10000炮
装订机	1台/30000炮	
订书机	1个/10000炮	
计算器	1个/9000炮	
绘图纸		1卷/200炮
绘图笔		1只/50000炮
绘图板	1个/10000炮	
软盘	1片/5000炮	1片/5000炮
其他材料	3%	3%

材料费计算公式：

材料费＝Σ（材料单价×消耗量）×（1＋占其他材料费比率）；

消耗量＝消耗标准×工程量。

九、现场与营地管理

1. 现场与营地管理内容

现场与营地管理不是地震工程的一个工序，而是为地震施工提供管理和服务。

现场管理是指地震队在施工期间队领导对生产所进行的组织、管理、协调和实施，以及与地方的协调关系。

营地管理是指地震队在施工期间对生产、生活、后勤的保障和供应工作。内容包括以下几点。

一是营地建设：根据地震队工作性质，施工期间需要建立一个生产、生活的后勤保障基地。在设施不完善地区，需安置发电机，炊事机械设备，茶炉、锅炉等设备，配备营房车或搭建临时帐篷。

二是炊事工作：为保证职工就餐，基地设有食堂，供职工就餐和给工地职工送饭。

三是医务工作：为保证职工健康，基地配有保健医生，一般伤病在基地医疗。若有大病，后勤还专门要联系地方定点医院，随时可以帮助伤病员得到及时救助和治疗。

四是财务管理：为满足生产、生活及管理需要，基地配备财务管理人员。

五是材料采购：对生产材料，如雷管、炸药、汽油、柴油、炮线、磁带、记录纸和劳保用品等的采购、运输、保管和发放。

2. 现场与营地管理工程造价

1）现场与营地管理基本直接费

现场与营地管理基本直接费＝人工费＋设备使用费＋专用工具摊销费＋材料费

2）现场与营地管理工作量确定

（1）计量单位：队月。

（2）计算方法：

定额折算施工队月＝设计总炮数（炮）÷队月工作量（炮/队月）＝设计总炮数（炮）÷采集日定额炮数（炮/d）÷21（d/队月）

地震勘探工程造价中，一个施工队月有效工作时间21d。

3）定员标准

现场与营地管理定员计算公式为

$$P_{xc} = K_{xc} \times (N + N_d) + C_{xc}$$

式中　P_{xc}——现场与营地管理职工、专职司机或民工人数；

　　　K_{xc}——现场与营地管理人员配备系数；

　　　N——仪器接收道数；

　　　N_d——备用道数；

　　　C_{xc}——调节常数。

参见表4-53，表4-54。

表4-53　现场与营地管理定员计算参数表

地　形	人　员	二　维		三　维	
		K_{xc}	C_{xc}	K_{xc}	C_{xc}
平原车装	职工	0.0075	30.938	0.0097	38.508
	民工	0.0016	3.5136	0.0009	2.1828
	专职司机	0.0035	6.5762	0.0029	10.242
平原人抬	职工	0.0075	30.938	0.009	42.845
	民工	0.0016	3.9356	0.0008	3.5332
	专职司机	0.0035	8.2641	0.0026	10.09
沙漠	职工	0.0077	29.268	0.0084	35.141
	民工	0.0013	3.0109	0.0008	1.5332
	专职司机	0.0039	7.8766	0.0008	13.074
草原	职工	0.0075	28.938	0.0084	32.141
	民工	0.001	2.774	0.0008	1.5332
	专职司机	0.0045	5.9238	0.0038	7.6894
戈壁	职工	0.0075	28.938	0.0084	32.141
	民工	0.001	2.774	0.0008	1.5339
	专职司机	0.0035	6.2641	0.0026	11.387
沼泽人抬	职工	0.0077	25.268	0.0045	42.564
	民工	$P_{xc}=3$		$P_{xc}=3$	
	专职司机	0.0055	6.1243	0.0034	9.2581
西南山地	职工	0.0062	34.209	0.0028	35.401
	专职司机	$P_{xc}=5$		0.0009	5.2129
西北山地	职工	0.0075	30.938	0.0034	47.029
	民工	0.0016	3.5136	0.0002	3.6496
	专职司机	0.0009	9.9764	0.0015	12.399
黄土塬弯	职工	0.0075	30.938	0.0034	47.029
	民工	0.0016	3.5136	$P_{xc}=4$	
	专职司机	0.0026	7.5998	0.0032	9.6281

地 形	人 员	二 维		三 维	
		K_{xc}	C_{xc}	K_{xc}	C_{xc}
黄土塬直	职工	0.0075	30.938	0.0034	47.029
	民工	0.0016	3.5136	$P_{xc}=4$	
	专职司机	0.0026	7.5998	0.0022	10.761
水网人抬	职工	0.0077	25.268	0.0045	42.564
	民工	$P_{xc}=3$		$P_{xc}=3$	
	专职司机	0.0055	6.1243	0.0034	9.2581
水网人抬（住船）	职工	0.0076	25.267	0.0041	43.884
	民工	$P_{xc}=3$		$P_{xc}=3$	
	专职司机	0.0132	16.612	0.0158	23.017
可控震源	职工	0.0073	26.233	0.0076	31.082
	民工	0.0009	2.6642	0.0004	1.5634
	专职司机	0.0042	6.2232	0.0026	9.0897

表 4－54 现场与营地管理定员标准表

维 别		二 维								三 维								
仪器接收道数		120	180	240	360	420	480	540	600	960	1200	1440	1680	1800	1920	2040	2280	2400
仪器备用道数		60	90	120	180	210	240	270	300	480	600	720	840	900	960	1020	1140	1200
平原车载	职工	32	33	34	35	36	36	37	38	52	56	59	63	65	66	68	72	73
	民工	4	4	4	4	5	5	5	5	3	4	4	4	5	5	5	5	5
	司机	7	8	8	8	9	9	9	10	14	15	17	18	18	19	19	20	21
平原人抬	职工	32	33	34	35	36	36	37	38	56	59	62	66	67	69	70	74	75
	民工	4	4	5	5	5	5	5	5	5	5	5	6	6	6	6	6	6
	司机	9	9	10	10	10	11	11	11	14	15	16	17	17	18	18	19	19
沙漠车载	职工	31	31	32	33	34	35	36	36	47	50	53	56	58	59	61	64	65
	民工	3	3	3	4	4	4	4	4	3	3	3	4	4	4	4	4	4
	司机	9	9	9	10	10	11	11	11	14	15	15	15	15	15	16	16	16
草原车载	职工	30	31	32	33	34	34	35	36	44	47	50	53	55	56	58	61	62
	民工	3	3	3	3	3	3	4	4	3	3	3	4	4	4	4	4	4
	司机	7	7	8	8	9	9	10	10	13	15	16	17	18	19	19	21	21
戈壁车载	职工	30	31	32	33	34	34	35	36	44	47	50	53	55	56	58	61	62
	民工	3	3	3	3	3	3	4	4	3	3	3	4	4	4	4	4	4
	司机	7	7	8	8	8	9	9	9	15	16	17	18	18	19	19	20	21
沼泽人抬	职工	27	27	28	29	30	31	32	32	49	51	52	54	55	56	56	58	59
	民工	3	3	3	3	3	3	3	3	0	0	0	0	0	0	0	0	0
	司机	7	8	8	9	10	10	11	11	14	15	17	18	18	19	20	21	21

维 别		二 维								三 维							
西南山 地人抬	职工	36	36	37	39	39	40	41	42	41	42	43	45	45	46	47	48	49
	民工	0	0	0	0	0	0	0	0	0	0	0	0	0	0	0	0	0
	司机	5	5	5	5	5	5	5	5	7	7	8	8	8	9	9	9	10
西北山 地人抬	职工	33	34	35	36	37	38	39	40	54	55	57	58	59	60	61	63	63
	民工	4	4	4	5	5	5	5	5	4	4	4	4	4	4	4	5	5
	司机	10	10	10	11	11	11	11	11	15	16	17	17	18	18	19	19	20
黄土塬 人抬	职工	32	33	34	35	36	36	37	38	52	53	54	56	56	57	57	59	59
	民工	4	4	4	4	5	5	5	5	4	4	4	4	4	4	4	4	4
	司机	8	8	9	9	9	9	10	10	14	15	16	16	17	17	17	18	19
水网 人抬	职工	27	27	28	29	30	31	32	32	49	51	52	54	55	56	56	58	59
	民工	3	3	3	3	3	3	3	3	3	3	3	3	3	3	3	3	3
	司机	7	8	8	9	10	10	11	11	14	15	17	18	18	19	20	21	21
可控 震源	职工	28	28	29	30	31	31	32	33	40	42	45	47	48	49	50	53	54
	民工	3	3	3	3	3	3	3	3	2	2	2	2	2	3	3	3	3
	司机	7	7	8	8	9	9	10	10	12	13	14	15	15	15	16	16	17

全队定员计算公式：

$$P_{pd} = \frac{N + N_d}{K_{qd} \cdot \left[1 + \dfrac{\left(\dfrac{N}{a}\right)^2}{480^{\frac{4}{5}}} \right]} + C_p$$

式中 P_{qd}——全队定员；

      N——仪器道数；

      a——施工方式调节值；

      N_d——备用道数；

      K_{qd}——全队定员调节系数；

      C_p——调节常数。

参见表 4-55，表 4-56。

表 4-55 全队定员计算参数表

序号	地 形	二 维			三 维		
		K_{qd}	C_p	a	K_{qd}	C_p	a
1	平原车装	2.2	114	120	3.5	163	480
2	平原人抬	1.5	180	120	1.9	258	480
3	沙漠车装	4.2	125	120	6.8	176	480
4	草原车装	4.5	114	120	6.8	160	480
5	戈壁车装	4.4	123	120	6.6	160	480
6	沼泽人抬	1.7	169	120	2.3	257	480

序号	地 形	二 维			三 维		
		K_{qd}	C_p	a	K_{qd}	C_p	a
7	西南山地人抬	1.1	295	120	2	390	480
8	西北山地人抬	2.8	255	120	3.6	305	480
9	黄土塬人抬	2.2	218	120	3	280	480
10	水网人抬	1.7	169	120	2.3	257	480
11	可控震源	5.5	100	120	6.2	105	480

表 4－56　全队定员表

维别	二 维								三 维								
仪器接收道数	120	180	240	300	360	480	540	600	960	1200	1440	1680	1800	1920	2040	2280	2400
队型 \ 定员																	
平原车载	195	235	273	310	345	408	436	461	563	655	743	825	864	901	937	1004	1035
平原人抬	299	357	413	467	518	611	652	689	995	1165	1326	1477	1549	1618	1684	1808	1865
沙漠车载	168	188	208	228	246	279	293	307	382	429	474	517	537	556	574	609	625
草原车载	154	173	192	210	227	258	271	284	366	413	458	501	521	540	558	593	609
戈壁车载	164	183	203	221	238	270	284	296	372	421	467	511	532	552	571	606	623
沼泽人抬	274	325	375	422	467	549	585	618	866	1006	1139	1264	1324	1380	1435	1537	1585
西南山地人抬	512	617	719	817	910	1078	1152	1220	1323	1539	1743	1935	2025	2113	2196	2353	2426
西北山地人抬	340	382	422	460	497	563	592	618	823	943	1057	1163	1214	1262	1309	1395	1436
黄土塬人抬	299	339	377	414	449	512	540	565	747	854	956	1052	1098	1141	1183	1261	1298
水网人抬	274	325	375	422	467	549	585	618	866	1006	1139	1264	1324	1380	1435	1537	1585
可控震源	132	148	164	178	192	217	229	239	293	337	378	416	435	452	469	501	515

4）现场与营地管理设备配备标准

现场与营地管理的设备按地震队队型和地区配备（表 4－57）。

表 4－57　现场与营地管理设备配备表

队型	仪器接收道数	二 维					三 维					
		120	180	240	360	480	960	1200	1280	1440	1920	2240
		设备配备数量										
平原车装	指挥车	1	1	1	1	1	2	2	2	2	2	2
	工农车	1	1	1	1	1	2	2	2	2	2	2
	生产运输车	1	1	1	1	1	3	3	4	4	4	4
	生活运输车	1	1	1	2	2	3	3	3	3	3	3
	生活水罐车	1	1	1	1	1	1	1	1	1	1	1
	送饭车	1	1	2	2	2	5	6	6	6	6	6
	油罐车	2	2	2	2	2	2	2	2	2	2	2

队型	仪器接收道数	二 维					三 维					
		120	180	240	360	480	960	1200	1280	1440	1920	2240
	设备配备数量											
平原车装	发电机	1	1	1	1	1	1	1	1	1	1	1
	锅炉	1	1	1	1	1	1	1	1	1	1	1
	营地电台	1	1	1	1	1	1	1	1	1	1	1
	微机	1	1	1	1	1	1	1	1	1		
	工程车	1	1	1	1	1	1	1	1	1	1	1
	水罐	1	1	1	1	1	2	3	3	3	3	3
	油罐	2	2	2	2	2	2	2	2	2	2	2
平原人抬	指挥车	1	1	1	1	1	1	1	1	1	1	1
	工农车	2	2	2	2	2	2	2	2	2	2	2
	生产运输车	1	1	2	2	2	2	2	2	3	3	3
	生活运输车	1	1	1	2	2	3	3	3	3	3	3
	生活水罐车	1	1	1	1	1	1	1	1	1	1	1
	送饭车	1	1	2	2	2	4	5	5	5	6	8
	油罐车	2	2	2	2	2	2	2	2	2	2	2
	发电机	1	1	1	1	1	1	1	1	1	1	1
	锅炉	1	1	1	1	1	1	1	1	1	1	1
	营地电台	1	1	1	1	1	1	1	1	1	1	1
	微机	1	1	1	1	1	1	1	1	1		
	工程车	1	1	1	1	1	1	1	1	1	1	1
	水罐	2	2	2	2	2	2	2	2	2	2	2
	油罐	2	2	2	2	2	2	2	2	2	2	2
戈壁车装	指挥车	1	1	1	1	1	1	1	1	1	1	1
	工农车	1	1	1	1	1	2	2	2	2	2	2
	生产运输车	1	1	1	1	1	3	3	3	3	3	3
	生活运输车	1	1	1	2	2	3	3	3	3	3	3
	生活水罐车	1	1	1	1	1	2	2	2	2	2	2
	送饭车	1	1	2	2	2	4	4	4	5	5	5
	油罐车	2	2	2	2	2	3	3	3	3	3	3
	水罐	2	2	2	2	2	2	2	2	2	2	2
	油罐	2	2	2	2	2	2	2	2	2	2	2
	发电机	2	2	2	2	2	2	2	2	2	2	2
	水处理设备	1	1	1	1	1	1	1	1	1	1	1
	锅炉	1	1	1	1	1	1	1	1	1	1	1
	营地电台	1	1	1	1	1	1	1	1	1	1	1
	微机	1	1	1	1	1	1	1	1	1		
	工程车	1	1	1	1	1	1	1	1	1	1	1
	卫星接收器	1	1	1	1	1	1	1	1	1	1	1

队型	仪器接收道数	二 维					三 维					
		120	180	240	360	480	960	1200	1280	1440	1920	2240
		设备配备数量										
西南山地	指挥车	1	1	1	1	1	1	1	1			
	工农车	1	1	1	1	1	1	1	1			
	生产运输车	1	1	1	1	1	2	2	2			
	生活水罐车	1	1	1	1	1	1	1	1			
	油罐车	2	2	2	2	2	3	3	3			
	发电机	1	1	1	1	1	1	1	1			
	锅炉	1	1	1	1	1	1	1	1			
	营地电台	1	1	1	1	1	1	1	1			
	微机	1	1	1	1	1	1	1	1			
	工程车	1	1	1	1	1	1	1	1			
西北山地	指挥车	1	1	1	1	1	1	1	1	1	1	1
	工农车	1	1	1	1	1	1	1	1	1	1	1
	生产运输车	3	3	3	3	3	4	4	4	4	4	4
	生活水罐车	1	1	1	1	1	2	2	2	2	2	2
	送饭车	1	1	1	2	2	3	3	3	3	3	3
	油罐车	2	2	2	2	2	3	3	3	3	3	3
	水罐	2	2	2	2	2	2	2	2	2	2	2
	油罐	2	2	2	2	2	2	2	2	2	2	2
	发电机	1	1	1	1	1	2	2	2	2	2	2
	水处理设备	1	1	1	1	1	1	1	1	1	1	1
	锅炉	1	1	1	1	1	1	1	1	1	1	1
	营地电台	1	1	1	1	1	1	1	1	1	1	1
	微机	1	1	1	1	1	1	1	1	1	1	1
	工程车	1	1	1	1	1	1	1	1	1	1	1
	卫星接收器	1	1	1	1	1	1	1	1	1	1	1
沙漠车装	指挥车	1	1	1	1	1	2	2	2	2	2	2
	工农车	1	1	1	1	1	2	2	2	2	2	2
	生产运输车	1	1	3	3	3	4	4	4	4	4	4
	生活运输车	1	1	1	2	2	2	2	2	2	2	2
	生活水罐车	1	1	1	1	1	2	2	2	2	2	2
	送饭车	1	1	1	1	1	3	3	3	3	3	3
	油罐车	2	2	2	2	2	2	2	2	2	2	2
	水罐	2	2	2	2	2	2	2	2	2	2	2
	油罐	2	2	2	2	2	2	2	2	2	2	2
	发电机	1	1	1	1	1	2	2	2	2	2	2

队型	仪器接收道数	二维					三维					
		120	180	240	360	480	960	1200	1280	1440	1920	2240
		设备配备数量										
沙漠车装	锅炉	1	1	1	1	1	1	1	1	1	1	1
	水处理设备	1	1	1	1	1	1	1	1	1	1	1
	营地电台	1	1	1	1	1	1	1	1	1	1	1
	微机	1	1	1	1	1	1	1	1	1	1	1
	工程车	1	1	1	1	1	1	1	1	1	1	1
	卫星接收器	1	1		1	1	1	1		1	1	1
黄土塬人抬	指挥车	2	2	2	2	2	2	2	2			
	工农车	2	2	2	2	2	2	2	2			
	生产运输车	1	1	3	3	3	4	4	4			
	生活运输车	1	1	1	1	1	3	3	3			
	生活水罐车	1	1	1	1	1	1	1	1			
	送饭车	1	1	2	2	2	6	6	7			
	油罐车	2	2	2	2	2	2	2	2			
	水罐	2	2	2	2	2	2	2	2			
	油罐	2	2	2	2	2	2	2	2			
	发电机	1	1	1	1	1	1	1	1			
	锅炉	1	1	1	1	1	1	1	1			
	营地电台	1	1	1	1	1	1	1	1			
	微机	1	1	1	1	1	1	1	1			
	工程车	1	1	1	1	1	1	1	1			
	卫星接收器	1	1	1	1	1	1	1	1			
草原车装	指挥车	1	1	1	1	1	1	1	1	1	1	1
	工农车	1	1	1	1	1	2	2	2	2	2	2
	生产运输车	1	1	1	1	1	1	1	1	1	1	1
	生活运输车	1	1	1	1	1	2	2	2	2	2	2
	生活水罐车	1	1	1	1	1	2	2	2	2	2	2
	送饭车	1	1	2	2	2	4	5	6	6	7	7
	油罐车	2	2	2	2	2	2	2	2	2	2	2
	水罐	2	2	2	2	2	2	2	2	2	2	2
	油罐	2	2	2	2	2	2	2	2	2	2	2
	发电机	1	1	1	1	1	1	1	1	1	1	1
	锅炉	1	1	1	1	1	1	1	1	1	1	1
	营地电台	1	1	1	1	1	1	1	1	1	1	1
	微机	1	1	1	1	1	1	1	1	1	1	1
	工程车	1	1	1	1	1	1	1	1	1	1	1
	卫星接收器	1	1	1	1	1	1	1	1	1	1	1

队型	仪器接收道数	二 维					三 维					
		120	180	240	360	480	960	1200	1280	1440	1920	2240
	设备配备数量											
沼泽人抬	指挥车	1	1	1	2	2	2	2	2			
	工农车	1	1	1	1	1	1	1	1			
	生产运输车	1	1	1	1	1	3	3	3			
	生活运输车	1	1	2	2	2	2	3	3			
	生活水罐车	1	1	1	1	1	3	3	3			
	送饭车	1	1	2	2	2	4	4	4			
	油罐车	2	2	2	2	2	3	3	3			
	发电机	1	1	1	1	1	1	1	1			
	锅炉	1	1	1	1	1	1	1	1			
	营地电台	1	1	1	1	1	1	1	1			
	微机	1	1	1	1	1	1	1	1			
	工程车	1	1	1	1	1	1	1	1			
	水罐	1	1	1	1	1	2	3	3			
	油罐	2	2	2	2	2	2	2	2			
	生产运输船	2	2	2	2	2	3	3	3			
	橡皮艇	6	6	6	6	6	9	9	9			
可控震源	指挥车	1	1	1	1	1	1	1	1	1	1	1
	工农车	1	1	1	1	1	1	1	1	1	1	1
	生产运输车	1	1	1	1	1	2	2	2	2	2	2
	生活运输车	1	1	2	2	2	3	3	3	3	3	3
	生活水罐车	1	1	2	2	2	2	2	2	2	2	2
	送饭车	1	1	2	2	2	4	4	4	4	4	4
	油罐车	1	1	1	1	1	2	2	2	2	2	2
	水罐	2	2	2	2	2	2	2	2	2	2	2
	油罐	2	2	2	2	2	2	2	2	2	2	2
	发电机	1	1	1	1	1	1	1	1	1	1	1
	锅炉	1	1	1	1	1	1	1	1	1	1	1
	水处理设备	1	1	1	1	1	1	1	1	1	1	1
	营地电台	1	1	1	1	1	1	1	1	1	1	1
	微机	1	1	1	1	1	1	1	1	1	1	1
	工程车	1	1	1	1	1	1	1	1	1	1	1
	卫星接收器	1	1	1	1	1	1	1	1	1	1	1
水网住陆	指挥车	1	1	1	2	2	2	2	2			
	工农车	1	1	1	1	1	1	1	1			
	生产运输车	1	1	1	1	1	3	3	3			
	生活运输车	1	1	2	2	2	2	3	3			

队型	仪器接收道数	二 维					三 维					
		120	180	240	360	480	960	1200	1280	1440	1920	2240
	设备配备数量											
水网住陆	生活水罐车	1	1	1	1	1	3	3	3			
	送饭车	1	1	2	2	2	4	4	4			
	油罐车	2	2	2	2	2	3	3	3			
	发电机	1	1	1	1	1	1	1	1			
	锅炉	1	1	1	1	1	1	1	1			
	营地电台	1	1	1	1	1	1	1	1			
	微机	1	1	1	1	1	1	1	1			
	工程车	1	1	1	1	1	1	1	1			
	水罐	1	1	1	1	1	2	2	2			
	油罐	2	2	2	2	2	2	2	2			
	生产运输船	2	2	2	2	2	3	3	3			
	橡皮艇	6	6	6	6	6	9	9	9			
水网住船	指挥车	1	1	1	1	1	1	1	1			
	工农车	1	1	1	1	1	1	1	1			
	生产运输车	1	1	1	1	1	1	1	1			
	生活运输车	1	1	1	1	1	1	1	1			
	生活水罐车	1	1	1	1	1	1	1	1			
	油罐车	1	1	1	1	1	1	1	1			
	拖轮	2	2	2	2	2	2	2	2			
	宿舍船	14	17	17	20	24	38	40	44			
	餐厅船	1	1	1	1	1	1	1	1			
	炸药船	1	1	1	1	1	1	1	1			
	雷管船	1	1	1	1	1	1	1	1			
	煤驳	1	1	1	1	1	1	1	1			
	发电船	1	1	1	1	1	1	1	1			
	锅炉卫生船	1	1	1	1	1	1	1	1			
	检修船	1	1	1	1	1	1	1	1			
	办公船	1	1	1	1	1	1	1	1			
	仪器船	1	1	1	1	1	1	1	1			
	油船	1	1	1	1	1	1	1	1			
	快艇	2	2	2	2	2	2	2	2			
	微机	1	1	1	1	1	1	1	1			

（1）一般队型现场与营地管理必须配备的设备：指挥车、工农车、生产运输车、生活运输车、送饭车、油罐车、发电机、锅炉、200W电台、微机、工程车、水罐、油罐。

（2）偏远地区：除要配备上述设备外，沙漠、草原、戈壁等地还需配卫星接收器。

（3）水质差的地区：除要配备一般队型所必需的设备外，需配水处理机。

（4）水上队：按一般队型所必需的设备配备，只是其中部分车辆换为船只。

（5）海滩队和湖滩队：除要配备上述设备外，需要配备部分两栖设备。

5）人工费计算

$$人工费 = 民工人工费 + 职工人工费；$$
$$民工人工费 = 民工工日单价 \times 定员 \times 工日数；$$
$$职工人工费 = 职工工日单价 \times 定员 \times 工日数。$$

定员标准见相应计算公式及表4-54。

6）设备使用费计算

$$设备使用费 = \sum 设备台班单价 \times 设备台班；$$
$$设备台班 = 施工队月 \times 设备配备数量。$$

设备配备标准见表4-57。

7）专用工具摊销费计算

现场与营地管理的专用工具主要是车装电台和对讲机。车装电台和对讲机按队型配备。车装电台240道以下队最少3台；240道队以上，每增加240道加1台，6年摊销；对讲机240道以下最少2部，240道以上每增加240道增加1部，4年摊销。

专用工具摊销费计算：

$$专用工具摊销费 = \sum 专用工具单位工程量摊销量 \times 专用工具单价 \times 工程量；$$
$$单位工程量摊销量（部/炮）=（配备数量/摊销年限）\div 年工作量（炮）；$$

或

$$专用工具摊销费 = \sum 专用工具日摊销量 \times 专用工具单价 \times 工日数；$$
$$日摊销量（部/d）=（配备数量/摊销年限）\div 年额定工作天数（d）；$$
$$年工作量（炮）= 日工作量 Q_B \times 年额定工作天数；$$

在地震勘探工程造价中，年额定工作天数为149d。

8）材料费计算

主要消耗煤、气、水，按人月计算，计算公式为

$$消耗量 = 消耗标准 \times 定员。$$

帐篷、活动房作材料库，以480道队为基数，最低配备6顶，每增加480道加1顶，按4年摊销，施工期按7.1个月计算。

低值易耗品包括办公桌、椅、柜、炊具等，240道以下最少配备1套；240道以上每增加240道，增加1套，2年摊销。海滩队由于在泥水中作业，增加救生衣每人两年1件，缆绳每队两年3条（表4-58）。

表4-58　现场与营地管理材料消耗量表

材料名称	消耗量
煤	63kg/（人·月）
气	0.84kg/（人·月）
水	3.4 t/（人·月）
帐篷、活动房	6+（仪器道数/480）
低值易耗品	（仪器道数/240）套

材料名称		消耗量
其他材料		4%
滩海队增加材料	救生衣	1件/(人·2a)
	缆绳	3条/(队·2a)

材料摊销量计算公式：年摊销量＝配备量÷摊销年限；

月摊销量＝配备量÷摊销月数；

摊销月数＝摊销年限×年施工月数。

材料费计算公式：

材料费＝∑（材料单价×消耗量）×（1＋占其他材料费比率）。

案例：华北平原Ⅱ类地区地震勘探，平原车装320道，设计工程量9700炮，道距25m，炮距50m，每道4串小线。计算完成该项工程现场与营地管理的基本直接费。

（1）日工作量计算：

现场与营地管理是为野外采集工作服务的，日工作量与排列收放工序相同，日工作量计算使用工程所在地区的计算公式、参数与设计的施工因素。计算结果是97炮/d。

（2）工日数计算：

计算公式：工日数＝工程量÷日工作量＝9700炮÷97炮/d＝100d。

队月数＝工日数÷月有效工日＝100d÷21d＝4.76月

（3）人工费计算：

查"现场与营地管理定员标准表"，平原车装320道二维地震队现场与营地管理定员是职工43人（包括司机），民工4人。按仪器接收道数所规定的定员标准、施工地区工日单价与工日数进行计算。

民工人工费＝工日单价×定员人数×工日数＝54.09元/工日×4人×100d＝21636元

职工人工费＝工日单价×定员人数×工日数＝175.49/工日×43人×100d＝754607元

人工费＝职工人工费＋民工人工费＝21636元＋754607元＝776243元

（4）设备使用费计算：

根据"现场与营地管理设备配备标准表"提供的设备使用数量，按照适合工区的设备型号计算出的台班单价以及工日数，分现场指挥车、工农车、生产运输车、生活运输车、生活水罐车、送饭车、油罐车、发电机、锅炉、200W电台、微机、工程车、水罐、油罐等逐项计算设备费。

计算结果：设备使用费＝∑（台班单价×台数×工日数）＝805763.57元

（5）专用工具摊销费计算：

320道二维地震队现场与营地管理按照专用工具配备标准，使用车装电台3台，6a摊销，对讲机2部，4a摊销，车装电台单价2800元/台，对讲机单价2010元/部。

专用工具摊销费合计＝车装电台摊销费＋对讲机摊销费＝3687.78元

（6）材料费计算：

现场与营地管理消耗材料有两种，一种是直接消耗材料，如煤、气、水等，按定员、消耗标准与工期计算；另一种是摊销材料，如帐篷、活动房、低值易耗品、救生衣等，按摊销办法计算。

直接消耗材料费计算：

现场与营地管理负责全队人员的材料消耗，包括煤、气、水。平原车装 320 道二维地震队人员用内插方法计算应是 324 人，工期是 4.76 个月，按照"现场与营地管理材料消耗标准"提供的消耗标准，煤 63kg/（人·月）、气 0.84kg/（人·月）、水 3.4t/（人·月）。

直接消耗材料费计算公式：材料费＝单价×消耗标准×人员数量×工期。

以煤为例计算。气费和水费计算方法完全相同。

煤费＝单价×消耗标准×定员标准×工期＝0.18 元/kg×63kg/（人·月）×324 人×4.76 月＝17489 元

直接消耗材料费＝煤费＋气费＋水费。

摊销材料费按摊销方法计算。

按照"现场与营地管理材料消耗量"，320 道二维地震队现场与营地管理摊销材料包括帐篷或活动房，配 6 顶（幢），4a 摊销；低值易耗品配 1 套，2a 摊销。

材料摊销量计算公式：

月摊销量＝配备量÷摊销月数；

以帐篷月摊销量为例进行计算。

帐篷月摊销量＝配备量÷摊销月数＝6 顶÷（7.1 月×4）＝0.21 顶；

摊销材料费＝单价×月摊销量×工期；

以帐篷摊销费为例进行计算。

帐篷摊销费＝2500 元/顶×0.21 顶/月×4.76 月＝2499.00 元；

摊销材料费＝帐篷摊销费＋低值易耗品摊销费；

其他材料费＝（直接消耗材料费＋摊销材料费）×4%；

材料费＝直接消耗材料费＋摊销材料费＋其他材料费＝25691.58 元。

（7）基本直接费计算：

基本直接费＝人工费＋设备使用费＋专用工具摊销费＋材料费＝776243 元＋805763.57 元＋3687.78 元＋25691.58＝1611386 元。

十、VSP 测井

VSP 测井是地震勘探的一种方式，与二维、三维施工一样，由专门的施工队来完成，不是二维、三维施工中的一个工序。

VSP 测井同样经过资料采集、处理、解释三个阶段。野外资料采集同样包括搬迁与施工两个过程。

1. VSP 测井的施工工艺

VSP 测井有二维观测和三维观测两种方式。由于近年多级检波器的成功应用，使 VSP 测井工艺发生了巨大变化，原来的二维 VSP 测井地面激发一次，井中只有一个点接收，需要测多少点，地面就要放多少炮，采用多级检波器接收，只需要放一炮就可以完成多点的接收；三维观测地面需要放很多炮，每放一炮就完成井中多点的接收，完成了地面放炮就完成了所有的接收。大大缩短了施工进度。

目前还没有制定使用多级检波器的劳动定额标准，现介绍单级检波器的标准供参考。

2. 使用单级检波器 VSP 测井的特点与各项标准

1）使用单级检波器 VSP 测井的特点

（1）使用单级检波器 VSP 测井是地表单点激发，井下单点接收，仪器单道记录。全部观测井段获得的记录拼接形成一张记录。

（2）VSP 记录使用的道数少，要求采样范围大，采样率可在 0.25～4ms 范围内任意选择。

（3）一般观测点距 10～20m。

（4）VSP 测井设备：

①专用检波器。具有耐高温、耐高压和好的封闭性能。检波器由推靠装置推靠到井壁上，保证接收信号质量。检波器拾取的振动信号转为电信号，经放大，通过电缆传送到地面记录仪。

②记录仪。可以用地面地震记录仪，一般用专用 VSP 记录仪。

（5）VSP 测井的条件：

①检波器与井壁耦合良好的井段。单层套管并已固井的井段最好。

②没有套管的裸眼井。

只有满足这两个条件之一才能保证采集到质量优量的资料。

2）使用单级检波器 VSP 测井的各项标准

参照 1997 年由中国石油天然气总公司勘探定额管理站编制，经中国石油天然气总公司勘探局批准发布的"VSP 测井预算办法"，将 VSP 测井队各项标准介绍如下。

（1）定员标准。

VSP 测井队人员由队部、后勤组、激发组、仪器组、解释组、绞车组和司机组组成，全队定员 36 人，见表 4-59。

表 4-59　VSP 测井队人员配备数量表

序号	组　别	岗　位	人 员 数 量		
			合计	干部	工人
		合计	36	11	25
1	队部	领导、会计、出纳、统计、报务、安全	6	2	4
2	后勤组	炊事、茶炉、医务	3		3
3	激发组	钻井、爆炸	2		2
4	仪器组	仪器操作员、布线工	5	2	3
5	解释组	资料处理、计算、质量控制	6	6	
6	绞车组	井口操作、绞车工、机械工	5	1	4
7	司机组	仪器车	9		1
		班车			1
		钻机车			1
		水罐车			1
		爆炸车			1
		运输车			2
		修理车			1
		绞车			1

（2）设备配备标准。

VSP 测井队设备配备共计 14 台，其中包括记录仪、测量仪器、微机和车辆。详细情况见表 4-60。

表 4-60　VSP 测井队设备配备数量表

序　号	设 备 名 称	单　位	配 备 数 量
1	记录仪	台	1
2	经纬仪	台	1
3	测距仪	台	1
4	微机	台	1
5	仪器车	台	1
6	班车	台	1
7	钻机车	台	1
8	水罐车	台	1
9	运输车	台	2
10	爆炸车	台	1
11	修理车	台	1
12	绞车	台	1
13	爆炸机	台	1
14	合计	台	14

（3）队年工作量。

VSP 测井队是在钻机停钻后进行作业。

VSP 测井队年工作量 11~17 口，测井周期一般为 8d（连续工作 72h，一天按 9h 计），另外还需要出工准备时间、收工整理时间和动迁往返时间。

一口井工作时间 = 测井周期 + 出工准备时间 + 收工整理时间 + 动迁往返时间。

出工准备时间 2d，其中在驻地出发前准备 1d，到井场摆放设备，做测井准备 1d；收工整理时间 2d，其中工地 1d，到驻地 1d；动迁往返时间根据路程计算，小于等于 500km 为 1d 路程，大于 500km 小于 1000km 为 2d。

（4）材料消耗标准。

VSP 测井队消耗炸药量以设计规定为准；雷管要求每炮用两发；炮线消耗量根据炮数计算，一般一炮平均消耗 3m 左右；35 炮用一盘磁带，55 炮用一卷记录纸，每口井需要固定井口用套管约 30m。

（5）专用工具配备标准。

VSP 测井队专用工具配备数量表见表 4-61。其中检波器、电缆、爆炸机、电台、对讲机摊销年限与地震排列收放工序相同，马龙头、井口装置、打捞器等 6a 摊销。

表 4-61　VSP 测井队专用工具配备数量表

序　号	名　　称	数　量	参 考 价 格
1	井下检波器	2 只	600000.00 元/只
2	子波检波器	1 只	74000.00 元/只
3	电缆	1 盘	455000.00 元/盘
4	马龙头	1 只	23000.00 元/只
5	井口装置	1 套	12000.00 元/套

序 号	名 称	数 量	参考价格
6	小折射电缆	1 套	10000.00 元/套
7	40W 电台	2 台	10000.00 元/台
8	对讲机	1 部	3300.00 元/部
9	打捞器	1 套	50000.00 元/套

（6）资料处理费、资料解释费。

VSP 测井资料处理费：零偏移距 15000 元/口井，非零偏移距 22500 元/口井。

VSP 测井资料解释费：22500 元/口井。

3. 单级检波器 VSP 测井工程造价

1）VSP 测井工程基本直接费

微地震测井基本直接费＝人工费＋设备使用费＋专用工具摊销费＋材料费。

2）VSP 测井工程量确定

（1）计量单位：口井。

（2）计算方法：

$$VSP 测井工程量＝设计总口数（口井）。$$

3）单口井工作时间计算

计算公式：

一口井工作时间＝测井时间＋出工准备时间＋收工整理时间＋动迁往返时间。

4）人工费计算

$$人工费＝职工工日单价×定员×工日数。$$

定员标准见 VSP 测井人员配备标准。

5）设备使用费计算

设备使用费＝Σ设备台班单价×设备台班；

设备台班＝工日数×设备配备数量。

设备配备标准见表 4－60。

6）专用工具摊销费计算

微测井使用专用工具配备数量见表 4－61。

专用工具摊销费计算：

专用工具摊销费＝Σ专用工具单位工程量摊销量×专用工具单价×工程量；

单位工程量摊销量（部/口井）＝（配备数量÷摊销年限）÷年工作量（口井）；

或

专用工具摊销费＝Σ专用工具日摊销量×专用工具单价×工日数；

日摊销量（部/d）＝（配备数量/摊销年限）÷年额定工作天数（d）；

在地震勘探工程造价中，年额定工作天数为 149d。

7）材料费计算

VSP 测井单井材料消耗量见材料消耗标准。

材料费计算公式：

$$材料费＝\Sigma（材料单价×消耗量）。$$

案例：在塔里木盆地有一 5000m 钻井需要进行 VSP 测井，采用非零偏移距方法，150 炮，每炮 2kg 中密度炸药，2 发雷管，施工井场距 VSP 测井队驻地 800km。计算该井 VSP 测井的基本直接费。

（1）工作日计算：

一口井工作时间 = 测井时间（8d）+ 出工准备时间（2d）+ 收工整理时间（2d）+ 动迁往返时间（2d×2）= 16（d）。

（2）人工费计算：

由 "VSP 测井队人员配备数量表" 查出，VSP 测井队职工 36 人，按西北沙漠地区工日单价计算人工费。

人工费 = 工日单价 × 定员人数 × 工日数 = 210.78 元/(人·d) × 36 人 × 16d = 121409 元。

（3）设备费计算。

根据 "VSP 测井队设备配备数量表" 提供的设备使用数量，按照适合工区的设备型号计算出的台班单价以及工日数，分记录仪、经纬仪、测距仪、微机、仪器车、班车、钻机车、水罐车、运输车、爆炸车、修理车、绞车、爆炸机等逐项计算设备费。

计算公式：设备费 = ∑（台班单价 × 台数 × 工日数）。

（4）专用工具摊销费计算：

根据 VSP 测井队专用工具配备数量、摊销年限及参考价格，使用公式计算专用工具摊销费。

摊销量计算公式：摊销量 = ［配备数量 ÷（摊销年限 × 年有效工日）］× 工日数。

摊销费计算公式：摊销费 = ∑（单价 × 摊销量）。

（5）材料费计算：

炸药量设计规定为 2kg/炮；雷管要求每炮两发；炮线消耗量根据炮数计算，一炮消耗 3m，共 150 炮；35 炮用一盘磁带，55 炮用一卷记录纸，套管使用 30m/井。

炸药费 = 单价（6.10 元/kg）× 消耗标准（2kg/炮）× 工程量（150 炮）。

雷管费 = 单价（1.20 元/发）× 消耗标准（2 发/炮）× 工程量（150 炮）。

磁带费 = 单价（76.00 元/盘）× 消耗标准（1 盘/35 炮）× 工程量（150 炮）。

记录纸费 = 单价（152.00 元/盘）× 消耗量（1 卷/55 炮）× 工程量（150 炮）。

套管费 = 单价（30.00 元/m）× 消耗标准（30m/井）。

材料费 = 炸药费 + 雷管费 + 磁带费 + 记录纸费 + 套管费。

（6）基本直接费 = 人工费 + 设备费 + 专用工具费 + 材料费。

（7）资料处理费 = 22500 元/口井。

（8）资料解释费 = 22500 元/口井。

十一、地震勘探中的质量控制和 HSE 管理措施

地震勘探生产过程中，人们越来越重视工程质量与安全、健康、环保的管理，根据近年来管理经验的总结，归纳出以下管理措施。

1. 质量控制措施

（1）严格执行有关质量标准，严格按照采集技术设计进行施工。

（2）成立专门的质量管理组，对项目实施全过程质量控制。

（3）实行工序质量管理，坚持工序互检制度，使工序检查贯穿于生产过程的各个环节。

（4）实行质量责任量化管理，责任到人，各负其责，相互配合。

（5）进一步推广应用全面质量管理方法，队质量监督组对影响各工序质量的主要问题进行方法攻关。

（6）当测线过干扰区时，应加强警戒，尽量避免排列上人为因素的干扰。

（7）完善以队长为首，以质量管理小组为核心，对各工种、各工序进行网络控制的完整采集质量保证体系。

（8）积极支持配合驻队监督的工作，对监督指出的问题及时予以整改。

2. HSE 管理

（1）严格执行《地球物理施工安全手册》中的要求，设立安全总监，地震队成立健康、安全、环保领导小组，以人为本，进一步完善 HSE 管理体制，加强 HSE 知识教育，提高全员 HSE 意识。

（2）严格执行 84♯ 、85♯ 库 24h 值班制度、规范操作规程，抓好 84♯ 、85♯ 进出库账目、交接过程中的账目及使用过程中的账目管理；运输过程中要求装运车辆不超载，并采用专用车辆装运，专人押送方式。

（3）建立完善的清线制度，清线应做到不遗留一发雷管、不遗留一根炮线、不遗留 1kg 炸药。

（4）针对冬季和夏季施工的不同特点，做好防冻防寒和防暑工作。

（5）搞好环境卫生工作，重视全体员工的身心健康，建立定期医疗检查的制度。

（6）成立强有力的综合后勤服务网，建立完善的通信系统，加强各种物资和生活供应，解决一线职工的后顾之忧。

十二、地震勘探工程结算注意问题与解决办法

工程结算中可能出现的问题大致有以下几种。

一是结算中，工作量的确定以达到设计覆盖要求为准。对未达到的部分，若数量小，可忽略不计，对数量较大的，按一定比率进行折算或是双方在合同中约定。

工程设计中，已经计算好了满覆盖工作量（段，面积）。由于施工中的特殊的原因，如堤坝、管线、电缆等特殊设施附近、文物区等法律规定不能放炮的地方，造成了覆盖次数与设计不一致，这些情况经常发生。在结算时，以"炮"为单位计算，是不存在问题的，要以满覆盖段（面积）计算就不合理，应按达到满覆盖次数的比例来折算满覆盖工作量或双方另有约定。

二是废炮不计入工作量。对施工中可能出现的废炮须及时补炮，只有通过补炮合格后才能计入工作量。

三是在目前地震勘探工程造价中，试验炮工程量通常是以设计中规定的试验炮数量或是实际试验炮进行计算，造价按照正常生产炮价格一致。这种方式在试验工作量较小时是可以的，但在试验工作量较大时，则有较大误差，双方应按照试验内容进行费用测算或是在合同中约定试验费用。

第四节　地震资料处理内容与工程造价

地震资料处理是地震勘探三大基本生产环节（采集、处理、解释）的中间环节，既要适应野外采集条件多变的情况，又要满足资料解释的各种需要。

野外所采集的资料，由于客观存在的各种干扰，在野外条件下不可能完全把这些有用的

信息充分突出出来，在数字地震仪器记录的资料中既包含有效波，又隐含着各种干扰（规则干扰、随机干扰）波，因此需要通过资料处理解决这个问题。

资料处理就是把采集得到的数据进行加工，去除干扰信息，保留需要的信息，突出决定地质目标的真信息，并且尽可能地使它真实、准确、有效，更加直观、形象，以使后继的资料解释有一个可靠的基础。

一、资料处理的目的

地震资料数字处理的目的是将野外数字磁带上记录的信息变成人们熟悉的，可以用来进行地质资料解释的资料，主要是得到信噪比高、分辨率高和位置正确的剖面图。

地震资料数字处理的基本目标是"三高一准"，即高信噪比、高分辨率、高保真度和准确成像。

1. 提高信噪比

信噪比一般定义为信号与噪声的振幅比或能量比。

信噪比是衡量地震资料质量优劣的一个重要指标，地震资料的信噪比越高其质量越好，处理结果就越可信。准确合理地估计和评价地震资料的信噪比，无论对处理人员还是对解释人员，都有一定的参考价值。

提高地震资料的信噪比，其实质就是采取各种技术方法压制或剔除各种干扰信息，突出有效信息。野外采集采取的主要措施是组合和多次覆盖。组合（包括组合检波和组合激发）主要是通过压制面波，或地滚波等规则干扰波来提高信噪比；多次覆盖技术是在野外采用多次观测，室内进行水平叠加，主要通过对多次波的压制作用来提高记录的信噪比。

在数字处理方面，提高地震资料信噪比的主要措施是以各种滤波方法为主进行处理，利用有效波与干扰波频率的差异滤除干扰波，保护有效波。

2. 提高分辨率

高分辨率地震资料处理是提高分辨率的一个主要措施，主要方法是谱白化、展宽有效波频带的方法、压缩地震子波延续时间的方法；测井约束反演的方法等。如谱白化就是在规定的有效信号频带内，将输入道的振幅谱控制在同一水平，而对频带以外频率的振幅进行压制，使有效信号信噪比提高，分辨能力增强。

需要说明的是，地震信息中包含的各种频率成分有不同的用处，应该当作一个整体来考虑。提高分辨率的目的就是要查明地下薄储层。要搞清地下5～30m厚度的储层，就目前的技术水平来看，最重要有效频段是0～160Hz。无论是常规地震还是高分辨率地震，低频成分都是需要的。此外，分辨率与信噪比密切相关，这是因为信噪比是分辨率的基础，分辨率是由信噪比所定义的。

3. 提高保真度

保真度是指经数字处理后的地震剖面或数据体，与地下实际地质情况的吻合程度，提高保真度就是提高这种吻合程度的一种努力和尝试。主要包括以下内容：

（1）正演模拟过程中模型设计。获取给定地质模型的地震响应的过程就是正演过程，其间地质模型的设计就涉及保真度的问题，提高这方面的保真度，应该尽量多地收集各种相关资料，综合分析后设计出与实际地质情况相一致的正演模型。正演模拟的实现过程包括物理的和数学的，具体方法可参考相关书籍。

（2）地震剖面与地质剖面的一致性。常规处理中的动、静校正，水平叠加，偏移等就是追求两者完全一致的努力和尝试。

（3）地震波动力学特征的保真度。地震波动力学特征包括振幅、频率、相位、波形、极化特点、吸收衰减特性等。准确反演上述特征参数对储层横向预测、油藏特征描述等大有益处。真振幅恢复、地震属性分析等都应考虑其保真度。

（4）高分辨率处理中的保真度。最终剖面上的分辨率约为半个视周期，可分辨的地层厚度为四分之一视波长，称之为真分辨率，即地震资料本身所达到的分辨率。

4. 准确成像

所谓准确成像就是研究反射界面的波场特征、振幅和反射率等的空间变化。医学上的 X 射线 CT（Computer Tomoh－raphy）就是一种层析成像。

地球物理层析成像则是利用地震波、电磁波或其他场的数据实现对地球内部的成像。

就地震勘探而言，地震成像作为相应观测资料的一种处理与解释技术，在油气勘探领域中已使用多年。地震成像的目的是使反射波或绕射波恢复到产生它的地下位置上去。目前地震成像主要包括两方面内容：一是确定反射点的空间位置；二是恢复反射波的波形和振幅特征。

地震成像的具体实现方法是地震偏移。地震偏移准确成像就是使经过偏移处理后的地震剖面或数据体与地下实际情况具有最佳吻合。

过去，由于客观条件的限制，地震偏移工作一直是在叠后的时间域中进行。在构造复杂、横向速度变化剧烈的地区，这种方法已不能使地下构造正确成像，这是因为这些地区所得到的 CMP（共中心点）道集记录中的反射波旅行时已不再是双曲线形式，常规 CMP 叠加的一些原则已经失效，CMP 叠加的结果不完全等价于自激自收的零炮检距剖面。

目前解释构造复杂、横向速度变化剧烈地区的地震偏移正确成像的最佳方法是叠前深度偏移。关于叠前深度偏移技术将在地震资料的特殊处理中详细介绍。

二、我国数字处理技术的发展过程、现状和前景

1. 我国数字处理技术的发展过程

地震数字处理在我国发展速度是很快的。

1973 年年底，处理出第一条模拟数字剖面——留路 272.7 水平叠加剖面，时隔数月成功处理了南海 Ⅱ 测线，拉开了数字处理的序幕。当时的应用软件只有水平叠加、速度分析、频谱分析三个程序。

1975 年编制了叠加偏移与时深转换程序，这两个程序在当时地质解释中起到了明显作用。

1977 年，加速了对软件的应用与开发，在常规处理中增加自动剩余静校正、反褶积等技术。

1980 年开始了以保持振幅为主的处理，并在 2～3a 内得到了很快发展。在这个阶段，地震数字处理中心在全国不断涌现，整个处理水平上了一个大台阶。

1983 年，开始引进大型机，三维处理是这个阶段的主要标志，在技术上引进了叠前偏移及围绕提高分辨率处理的一整套技术，这套技术目前仍在不断发展。

2. 我国数字处理技术的发展现状

地震数字处理技术的迅速发展与石油工业的需要是分不开的。西北战场，塔里木、吐鲁番、柴达木、准噶尔、鄂尔多斯等盆地地形起伏大，不是沙漠覆盖，就是黄土巨厚或砾石或盐碱壳，激发条件差。推复体发育（图 4－48），给数字处理提出了新课题。

东部地区断层发育，勘探程度较高，要扩大储量，一是要进一步查清断层位置，二是要

向外围与深度发展，三是要找隐蔽圈闭，所有这些要求与西部是不同的。

地震技术还要应用于油田开发，开发地震给地震处理提出了新的课题。

另外，新的地质理论，如地震地层学、储层地层学、盆地模拟、数学地质等都会向数字处理提出新的要求。

3. 我国数字处理技术的发展前景

地震数据处理技术有广阔的发展前景，在

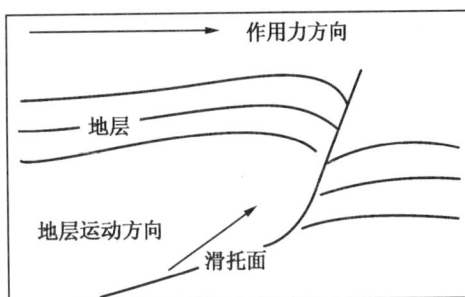

图 4-48　推覆体示意图

油气勘探与开发中起着愈来愈重要的作用，它的基础工作是处理好每一条剖面，使它达到"高信噪比、高分辨率、高保真"的要求（图 4-49）。

图 4-49　地震资料处理

叠加是提高信噪比的主要方法，实现完美的叠加，主要是提高动静校正精度，其次是实现三维空间真正共反射点叠加。

在提高分辨率方面，今后的焦点是有效展宽频带信号，使用好测井资料，使地震数据的分辨率接近测井数据的分辨率；在偏移归位方面，今后的发展将从叠后转向叠前，从时间转向深度，从二维转向三维。

在"三高"的基础上，要展开各种特殊处理，从数据中提取多种参数，向综合利用方面发展，向预测领域发展。如 AVO 技术，波阻抗，模型反演，垂直地震剖面，井间地震等。

三、数据处理系统的基本功能

地震数字处理为满足野外采集多变的条件和资料解释的各种要求，一个好的处理系统，处理功能应是很全面的，效率也应是很高的。一般来讲，应该具备以下功能。

（1）能准确识别野外采集数据磁带各种记录格式和用于处理各种数据磁带格式。

（2）能有效压制噪声，增强有效信号。

（3）能有效展宽信号频带宽度，提高信号分辨率。

（4）能校正或补偿信号在传播过程中产生的畸变，恢复信号的特征参量。

（5）能准确校正信号时空位置的失真。

（6）能形成和输出各种各样的图件。

四、地震资料的常规处理

资料处理有常规处理和特殊处理两种。

所谓常规处理，即普通处理，是相对特殊处理而言的，具有共同的处理流程和功能。

特殊处理是为了某种特殊要求而进行的专门处理。

常规处理包括资料预处理、滤波、反褶积、速度分析、动、静校正、水平叠加、偏移、输出等作业内容。

1. 预处理过程

预处理过程是指数据处理前的准备工作，可以定义为把野外采集的数据磁带转换成处理系统能接收的共中心点道集带的全过程。包括数据解编与重排、不正常道和炮的处理、可控震源记录信号的相关、炮记录的分选与合并、垂直叠加、道头信息生成等。

数据解编与重排：是从野外数据带各种各样记录格式中，把地震采样数据读出来，按规定的格式重新组装，按炮和道的顺序重新排列。

道头信息生成：每一地震道前面，都有道头块，是存放描述这个记录道特征信息的，如测线号，炮号，记录道号，CMP（共反射点）号，炮检距，采样间隔等。

不正常道和炮的处理：主要是处理废炮、废道、野值（不正常数据）、切初值等。

可控震源记录信号的相关：可控震源野外原始采集的数据只有经过相关处理后才能进行分析和进一步处理。

可控震源施工震源系统中有一个扫描信号发生器，接收系统也有一个扫描信号发生器，前者是控制振动器产生地震波，称为反射扫描信号；后者产生的扫描信号直接送往接收系统，记录到辅助道上，为真扫描信号。只有通过二者的相关处理，才能转录野外地震信号。

炮记录的分选与合并：根据道头字信息对道顺序进行重新排列和组合，如接收点相同，可抽成共接收点道集；如炮号相同，可抽成共炮点道集（单炮记录）；如中心点相同可抽成共中心点道集等。

垂直叠加：是指进行数据采集时，在同一炮点位置，或接近同一位置，排列不动，连续激发几炮，然后叠加成一炮记录，目的是提高信噪比。

垂直叠加就是对采样点的幅值进行相加，后面讲到的水平叠加是相对垂直叠加而言，是指在水平方向不同采样点的叠加（图 4-50）。

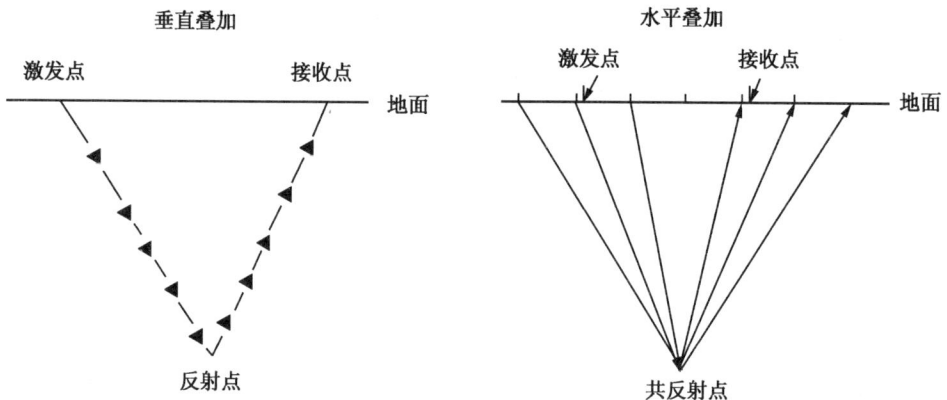

图 4-50　垂直叠加与水平叠加示意图

2. 滤波

利用有效波与干扰波频谱特征的不同来压制干扰波，突出有效波的数字处理方法称为数字滤波。数字滤波是指用数学运算的方式通过计算机来实现滤波。数字滤波的种类很多，图 4-51 是同一叠加段，经不同频带处理的剖面图。

3. 反褶积

消除激发信号在传播过程中所受滤波作用的处理方法称为反褶积，也称反滤波，它是某种滤波过程的逆过程，有很多具体方法。实际上，地震波从激发到接收，经过了许多滤波过

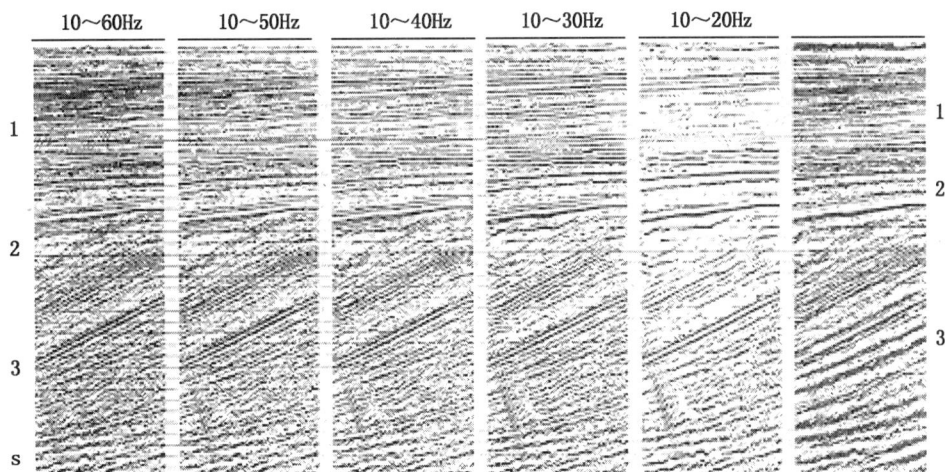

图 4-51 同一 CMP 叠加剖面段经不同通频带的滤波结果

程，统称为大地滤波作用。在实际的反褶积处理过程中，一种方法只能消除某一个或几个滤波器的影响。因此在实际工作中，要根据输入数据的品质，合理选取和使用反褶积方法。

图 4-52 是内蒙古地区的一条野外常规施工、室内常规处理、使用了单道脉冲反褶积的水平叠加剖面。图 4-53 是同一资料在室内使用两步法反褶积得到的水平叠加剖面。两图相比，后者无论是信噪比，还是分辨率都较前有较大的改进。

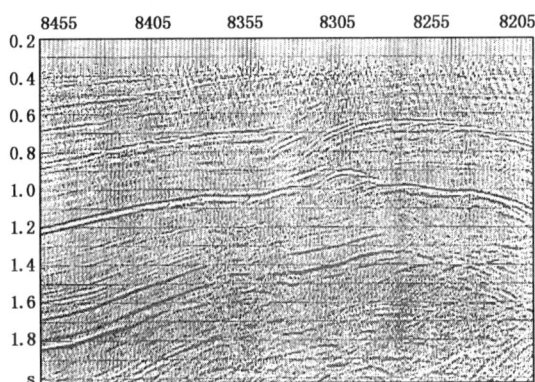

图 4-52 未经反褶积处理的水平叠加剖面

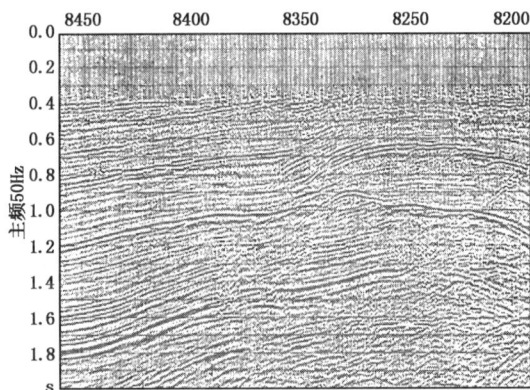

图 4-53 同一资料经反褶积的水平叠加剖面

4. 速度分析

地震波在地下地层中的传播速度是地震资料数字处理和解释的重要参数。地震勘探所涉及的速度含义有平均速度、均方根速度、叠加速度、层速度等，有关各种速度的概念、求取方法、应用等在此不作讨论。

速度分析是指从实际资料中求取叠加速度的过程。

在数字处理中，由速度分析求取的速度是否准确，需要一定的准则加以判断，这些准则称为速度分析准则。目前使用的速度分析准则有：叠加振幅（或叠加能量）最大准则和相似系数最大准则。

与频谱的概念类似，把地震波的能量或相似系数相对应的曲线称为速度谱，求取方法是在共反射点道集上给出一组速度值进行试算（扫描），以能量最大为准则。图4-54是三种表达方式的速度谱。

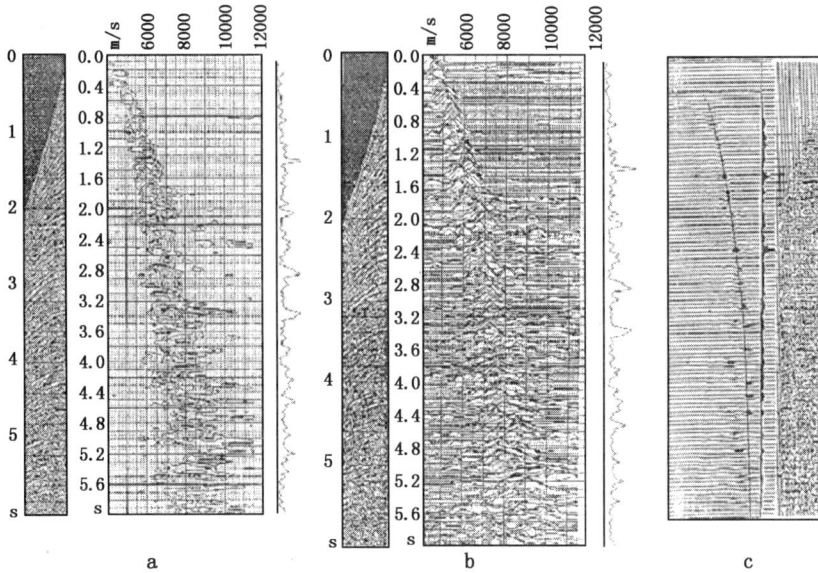

图4-54　叠加速度谱
a—等高线；b—波形；c—变面积

速度谱的用处很多。例如，求取最佳叠加速度；检查水平叠加剖面的质量；发现多次波，以便消除它；研究速度的横向变化，以助于综合地质解释；提供层速度资料进而研究岩性变化、寻找地层圈闭等。

5. 动、静校正

1）动校正

在界面水平情况下，由于炮检距不同，共反射点反射波旅行时不同，在叠加处理时，必须消除它们与零炮检距反射波旅行时之差，这个过程叫动校正。

2）静校正

在观测面是一个平面、激发点和接收点在一条直线上，而且地下介质均匀的假设条件下，才可把反射波时距曲线视为一条双曲线。但是，在野外实际观测时，观测面往往是起伏不平的，山区、沙漠、丘陵、黄土高原等地区尤为突出；加之地下介质不均匀，这时观测到的时距曲线不是一条双曲线，而是一条畸变了的曲线，因此不能准确地反映地下的构造形态，研究地形、地表结构对地震波传播时间的影响。设法把由于激发和接收时地表条件变化所引起的时差求取出来，再对其进行校正，使畸变了的时距曲线恢复成双曲线，以便对地下构造做出准确解释，这一过程称为静校正。

静校正中"静"字的含义是指静校正量不随旅行时而改变，即一个记录道对应着一个固定的静校正量。静校正分基准面校正和剩余校正两种。

基准面校正是据野外测得的表层参数（激发点、接收点高程等）计算其相应的静校正量，把激发点、接收点都校正到同一海拔高度的基准面上。基准面校正包括井深校正、地形校正。

剩余静校正是消除基准面校正之后由于低速带速度、厚度的横向变化引起的剩余静校正量。

6. 水平叠加

水平叠加是利用野外多次覆盖资料，把共中心点道集记录，经动、静校正之后再叠加起来，以压制多次波和随机干扰，提高信噪比为主要目标的处理方法。其原理与过程见叠加技术示意图（图3－35）。

7. 偏移

水平叠加剖面上的各道都已经转换为自激发自接收记录，当地下界面水平时，反射点在接收点的正下方；当反射面倾斜时，反射点不在接收点正下方，而向界面的上倾方向偏移，如图4－55所示。图中地面观测点 A、B 两点，在水平叠加剖面上对应的反射波同相轴位置在 A'、B' 处。将水平叠加剖面上各反射点移到其本来位置的处理称为偏移处理。

经过偏移后的剖面与水平叠加剖面效果可见图4－56。

8. 输出

常规处理的最后一步就是把处理结果表示出来，通常有下列方式：

（1）记带——把最终处理结果记在磁带上，以便永久保存和后续处理；

（2）传输——把处理结果通过网络系统传输到交互解释系统，以便解释人员在工作站上进行交互解释；

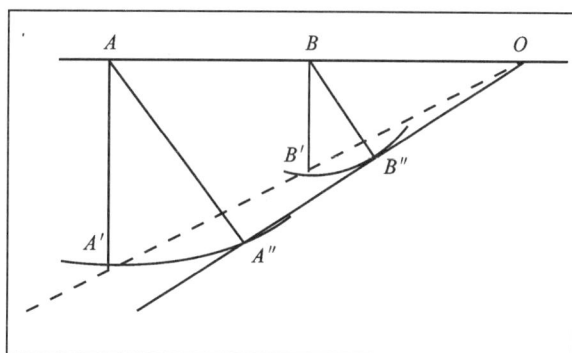

图4－55　反射界面倾斜时记录剖面与真实界面的关系

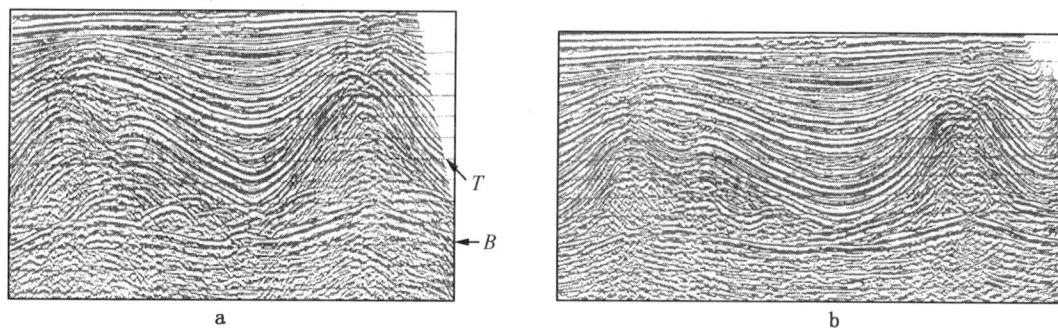

图4－56　水平叠加剖面（a）与偏移剖面（b）的比较

（3）显示——通过绘图仪等专用设备把处理结果绘制出来，以便质量控制或地质解释用。

三维地震资料与二维地震资料的处理，本质上没有区别，个别地方稍微复杂一些，如偏移处理，二维只沿纵向偏移，三维要沿纵向和横向两个方向偏移；二维施工只沿一个方向，炮序是固定的，三维要沿两个方向放炮，炮序要进行重新编排。

9. 处理流程图

图4－57为地震资料处理流程图。

对处理流程需作进一步说明。

（1）一般情况下，叠前处理工作量比叠后大得多，叠前数据量是叠后的 n（覆盖次数）倍，叠前处理多数是以道处理，如滤波，反褶积，动校正等，也有以组道（道集）进行的，

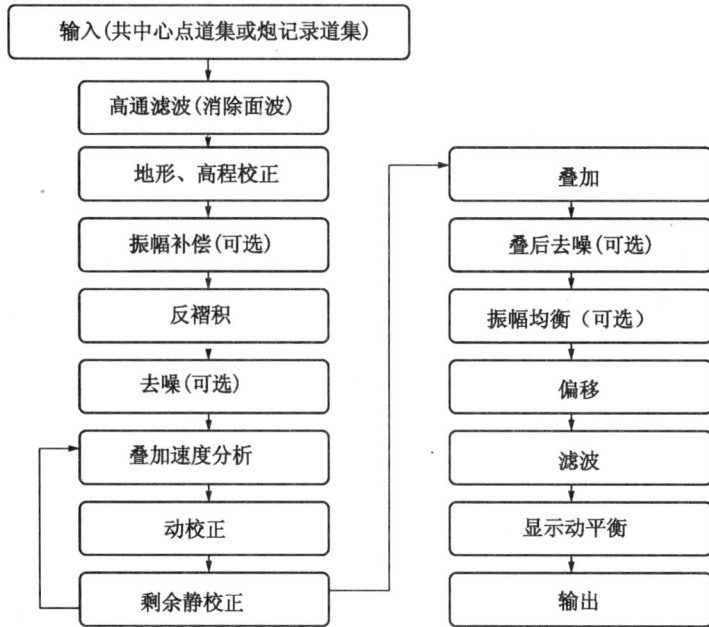

图 4-57 处理流程图

道集多以共中心点为道集。

（2）叠前处理方法，要想得到满意效果，需要重复使用同一模块，类似数学的迭代法，如剩余静校正量，反复多次，满意为止。

（3）发展叠前处理技术，是提高处理质量的主要方向。

（4）处理任务不同流程也不相同，随着处理技术的提高，处理流程也将不断发展。

五、地震资料的特殊处理

地震资料的特殊处理通常指为了达到地质上的某种要求而设计的专门处理流程，包括的方法内容较多，在此仅介绍亮点技术、测井约束地震反演技术、AVO 处理技术、叠前深度偏移技术等。

1. 亮点技术

亮点技术是首项利用反射波振幅检测油气取得成效的方法技术。所谓亮点，狭义地说，是指在地震反射剖面上，由于地下油气藏的存在所引起的地震反射波振幅相对增强的"点"，因为在剖面底片上这组强反射透明得发白（在剖面图上是黑的），而与其上下左右的反射相比，更显其明亮，因此叫亮点，如图 4-58 所示。

亮点资料处理的重要目标是反射波的振幅强弱，它能够定性地反映出相应反射界面的反射系数的大小，这就要求亮点资料的处理过程能够保持反射波的相对振幅关系，特别是保持亮点剖面横向的反射波相对振幅关系不变，称之为相对振幅保持处理。

经过亮点处理后的反射波振幅异常是指示油气藏存在的主要标志，但还需要综合利用极性反转、水平界面、速度降低及吸收系数增大等一系列标志，才能比较可靠地确定油气藏的存在，减少解释的错误。

实例：济阳坳陷新近系地层中有河流相沉积，薄砂岩夹在大套泥岩中，在地震剖面上呈现明显的亮点特征（图 4-59）。

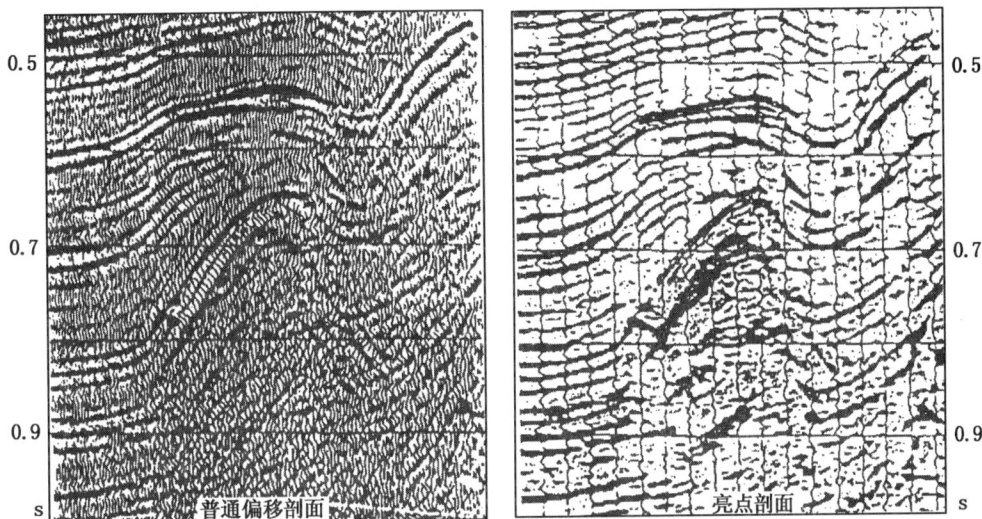

图 4 - 58　砂岩气藏的常规剖面与亮点剖面图

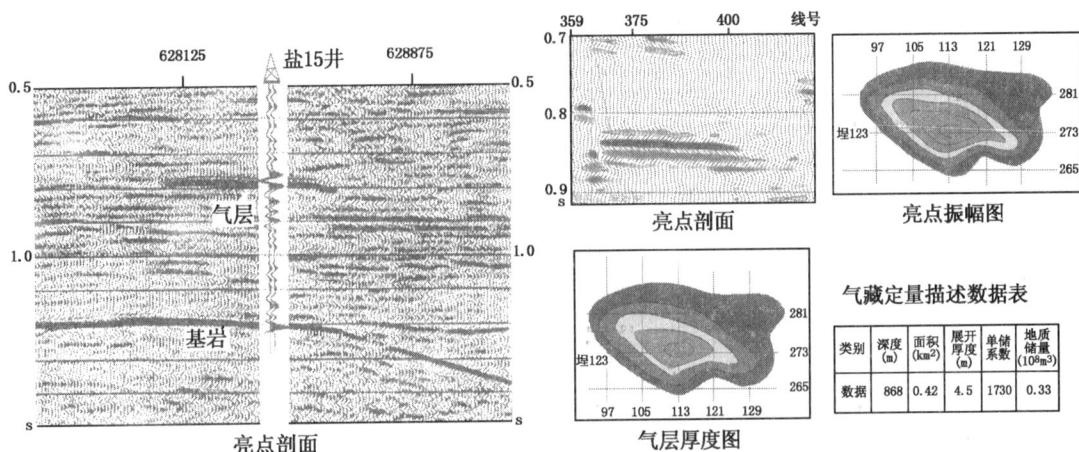

气藏定量描述数据表

类别	深度 (m)	面积 (km²)	展开厚度 (m)	储层系数	地质储量 (10⁸m³)
数据	868	0.42	4.5	1730	0.33

图 4 - 59　济阳坳陷地震亮点剖面与平面图

确定含气边界：砂岩含气后形成强反射，可以用振幅值确定气藏边界。

求取气层厚度：含气层为大套泥岩中的透镜体，根据统计，气层厚度与反射振幅呈线性关系，可把振幅值转换成气层厚度。

2. AVO 技术

AVO 技术是利用共反射点道集，分析反射波振幅随炮检距（或入射角）的变化规律，来研究介质的弹性参数，进而推断地层岩性和含气情况的处理方法。共反射点道集中的地震波虽然反射点一样，但行走的路径不一样（图 4 - 60）。由于地层的各向异性，它们经过的介质性质存在差异，会造成反射的差异。通过差异来推测与验证原因，与含气的关系。

实例：

前提条件：济阳坳陷新近系聚集有天然气，作为特殊介质，天然气与油、水物性差异很大，该区储层埋藏浅，空隙度大，含气后速度将剧烈降低，具有使用 AVO 技术的基础。

使用技术：叠前偏移处理（为保证共反射点的归位）、分炮检距叠加剖面、分角度叠加

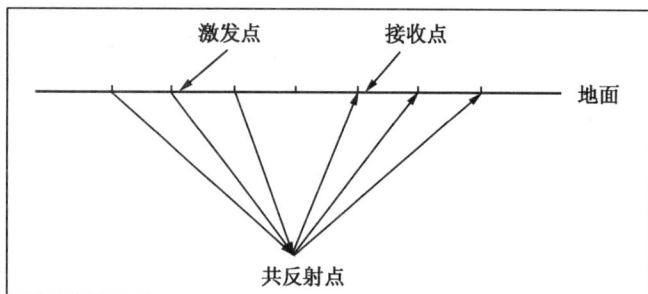

图 4-60　共反射点道集反射波行走路径示意图

剖面等。

效果分析：在 10°与 15°剖面上基本看不到气藏反射，随角度的增大，反射逐渐增强，35°时最大（图 4-61）。

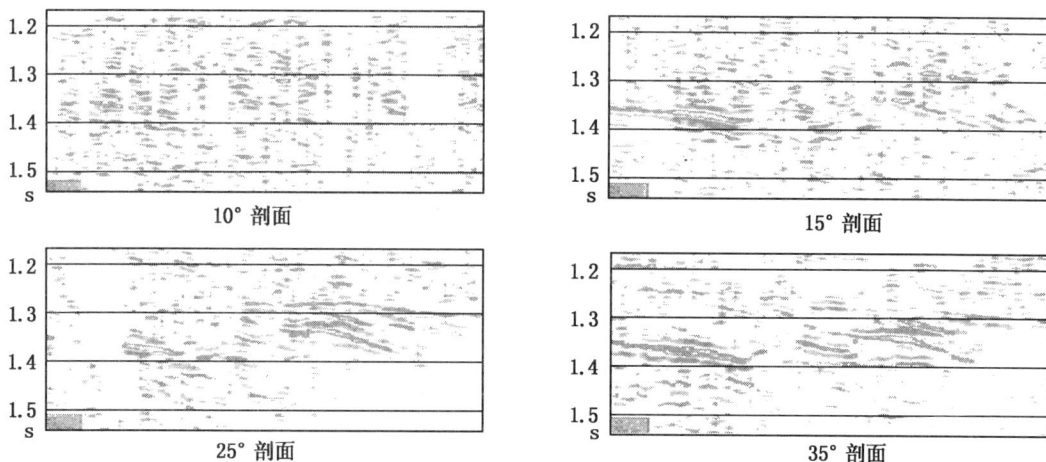

10° 剖面

15° 剖面

25° 剖面

35° 剖面

图 4-61　AVO 处理剖面

3. 叠前深度偏移技术

为了提高地震资料采集的信噪比，采用多次覆盖技术。在倾斜界面条件下，观测点资料一般不是来自该点正下方，需要偏移归位，归到地下真正的反射点位置上。所谓叠前偏移是指先偏移，归位后再叠加；叠后偏移是指先叠加后偏移归位。

目前对地震资料处理最有影响力的是叠前深度偏移技术，该方法已成为复杂地层情况下找油找气的关键技术。其特点是方法精细，运算量大。常规叠后时间域处理是假设地下介质为均匀或水平层状，它只适用于缓变介质或不甚复杂地质构造的油气勘探。其方法较为简单，运算量小。

图 4-62 是叠后时间偏移剖面与叠前深度偏移剖面效果的比较。

随着处理软件的开发，处理速度的提高，有些油田已把它归入常规处理。

4. 测井约束地震反演技术

对已知条件求结果是正命题，或叫正演；已知结果求条件是反命题，或叫反演。地震资料地质解释过程就是一个反演的过程。

地震资料是波形资料，与地下岩性没有明显的、直接的联系，直接用地震资料无法进行

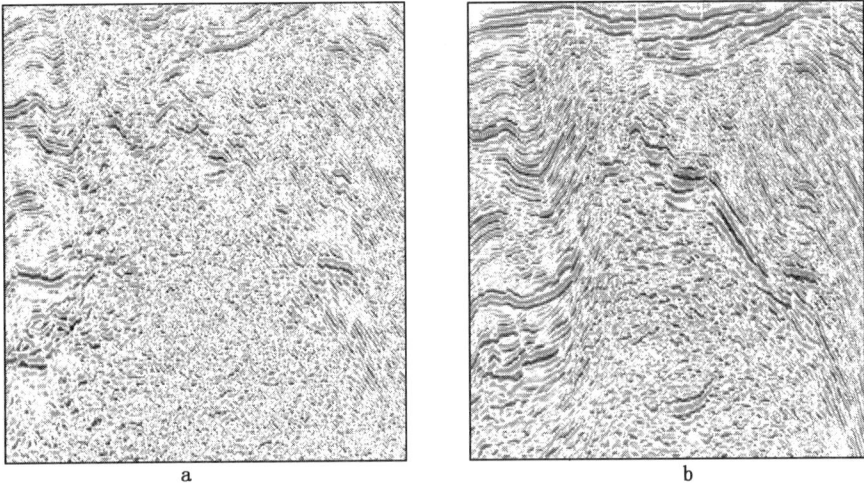

图 4-62 叠后偏移和叠前偏移效果对比图

a—叠后偏移剖面；b—叠前偏移剖面

岩性解释。怎么办呢？地震勘探的基本原理告诉我们，反射系数仅与地层介质的波阻抗差有关，波阻抗是反映地下岩性的一个重要参数。根据地震方法原理，运用数学方法手段，把地震资料转化为波阻抗资料，即地层的速度和密度资料，就是地震波阻抗反演，简称地震反演。

用波阻抗资料可以比较直观地进行岩性解释。但是，仅用地震资料反演的波阻抗资料进行岩性解释，往往难以把握，可靠性差。这是因为：第一，地震资料存在各种干扰噪声，这会影响地震反演的波阻抗资料；第二，地震方法是地面观测间接了解地下地质情况的地球物理方法，它在横向上有密集的数据，但在垂向上分辨率低。而测井资料是通过井眼观测，直接了解地下地质情况的地球物理方法，刚好弥补这方面的不足，两者结合，可以取长补短。这种把测井资料结合到地震反演中去，用测井资料标定和约束地震反演，以提高波阻抗反演资料的可靠性、准确性的方法技术，就是测井约束地震反演技术。

测井约束地震反演过程是一个反复修正模型的过程，直到两者误差最小，效果满意为止。图 4-63 是测井约束地震反演流程图。

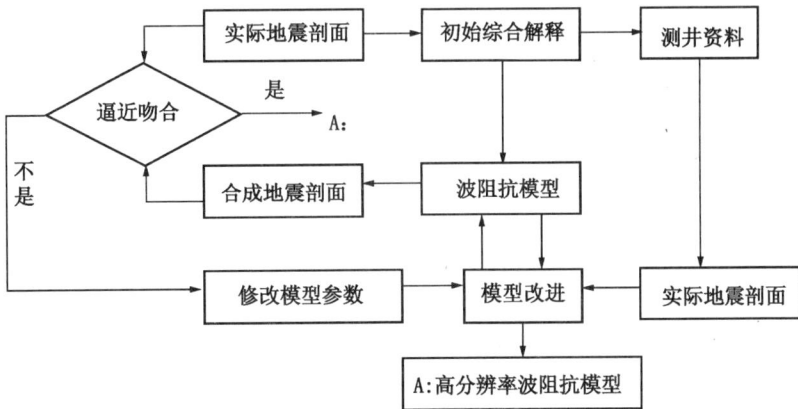

图 4-63 测井约束地震反演示意图

六、地震资料的目标处理与交互处理

目标处理与交互处理指的是地震资料处理的两种方式，而不是指的方法与内容。

传统的地震资料数字处理以批量处理方式为主要特征，在20世纪80年代中期以前也是唯一的处理方式。它适用于大批量的数据处理，特别是在对一个地区的数据情况比较了解，处理流程和处理参数基本确定的情况下，这种处理方式具有较高的处理效率。然而，这种处理方式在作业的执行过程中，人机不能对话，处理人员不能干预，因此，这种处理方式不适于精细处理和目标处理，也不利于处理和解释的结合。

20世纪80年代中期以后，随着人机交互解释系统的出现，相继出现了目标处理和交互处理两种方式。

1. 目标处理

目标处理是指根据特定的地质任务或目标，而设计处理流程所进行的一系列处理过程。比如特殊处理项目中的某项处理、高分辨处理等。

2. 交互处理

交互处理是随工作站的兴起而发展起来的一门技术。采用人机交互处理方式，处理人员可随时监控处理的每一个环节，实现最佳处理参数的选取和控制，并通过可视化图像的瞬时分析研究，可以搞清影响地震资料分辨率、信噪比和保真度的主要因素，进而提高处理成果的质量。促进了处理解释一体化的进程，为开发服务的地震资料处理，应该综合钻井、地质、测井、油藏模型、岩石物理等资料。只有充分掌握这些资料才能大幅度提高资料处理的地质效果，进而减小或降低油气勘探的风险和成本。为了适应这种演变，地球物理学家必须扩充自己的知识，包括地震采集、处理、解释、地质、测井、岩石物理和计算机技术等。

与传统的批量处理方式相比，人机交互处理方式具有明显的优势。

七、地震资料处理成果

资料处理提供的成果仍然是地震信息，可以记录在磁带上，以便永久保存和后续处理；也可以传输到交互解释系统，以便解释人员在工作站上进行交互解释；还可以通过绘图仪等专用设备把处理结果绘制出来，以便地质解释使用。

图4-64是某地区一张实际的，通过照相系统显示的常规处理时间剖面。剖面上边是地表面，剖面中，可以清楚地看出各个不同岩层的分界面。可以看出构造的基本形态展布，可以观察到构造主体和周边地层的接触关系。

八、地震资料处理工程造价

地震资料处理费的价格，与野外采集的地表条件、地下构造复杂程度、地质任务的要求有很大关系。地震资料复杂，处理精度要求高，处理难度就大，流程也就复杂，占用的"机时"要多，消耗的人工费、设备费、材料费等项费用都高，如果地震资料简单，处理精度要求不高，消耗的各项费用都较低。

资料处理费采用综合计费的办法，二维和三维资料处理费是完全价格，包括直接费、间接费、风险、利润、税金等所有费用。

资料处理分为常规处理和附加处理。

由于二维和三维地震资料处理的内容、计量单位及计算公式不同。计算费用时按二维、三维分别计算。

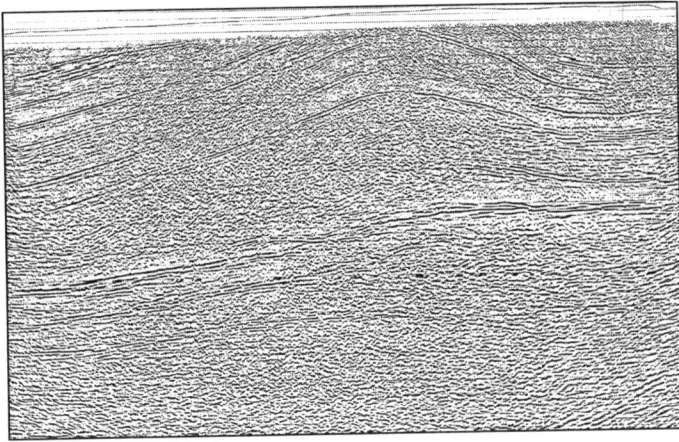

图 4-64　处理时间剖面

1. 地震资料处理工程量确定

1）二维资料常规处理工程量确定

常规处理基本流程分为：输入（数字输入、调节带）、预处理（解编、校偏、编辑、静校正）、叠前处理（多次波消除、振幅补偿、反褶积、子波处理与转换、滤波、谱白化、速度分析）、叠加（动校正、相干叠加、中值叠加、垂直叠加、部分叠加）、叠后处理（相干加强、反褶积、滤波、谱白化、浅层加权、振幅补偿、道内均衡、数据压缩）、偏移、时深转换、显示。

（1）工程量计量单位：km。

（2）工程量计算方法：

以处理资料剖面长度计算。

二维地震资料处理工程量 = 二维地震一次覆盖工程量（km）。

2）三维资料常规处理工程量确定

常规处理基本流程分为：输入，包括数字输入、格式转换等；预处理，包括解编、校偏、排列图形定义、野外静校正量应用等；叠前处理，振幅处理、子波处理、去噪、反褶积；剩余静校正，地表一致性自动剩余静校正、非地表一致性自动剩余静校正；叠加，速度分析、动校正、叠加；叠后处理，叠后去噪、滤波、增益等；叠后深度偏移，偏移速度分析、叠后深度偏移；显示结果，基础图件主要包括炮点—检波点分布图、最大最小炮检距图、覆盖次数图、CDP点位置图等；一定比例与间隔的剖面包括纵向剖面、横向剖面、水平切片。

（1）工程量计量单位：km^2。

（2）工程量计量方法：

以处理资料面积计算。

三维地震资料处理工程量 = 三维地震一次覆盖工程量（km^2）。

2. 资料处理工程造价

1）二维地震勘探资料处理工程造价

（1）计算方法：

$$二维资料处理费 = 二维常规处理费 \times (1 + \sum 附加处理系数)。$$

（2）二维常规处理费计算：

二维常规处理费＝常规处理费标准×（1＋采样间隔系数＋处理长度系数＋地形地表系数＋道间距调节系数）×工程量。

常规处理计费标准（表4-62）：陆上二维资料常规处理费以50m道间距，4ms采样，6s处理长度作为基础标准用公式计算，不同采样间隔、处理长度、地表条件和不同道间距用系数换算。

表4-62　陆上地震勘探二维资料常规处理费基础标准表　　　单位：元/km

覆盖次数（n）	48	72	96	192	288	384	480	840	…
处理费标准	452	518	570	718	822	905	975	1175	…

计算公式：

$$C_{g2d} = B_{2d} \times \left(\frac{n}{n_j}\right)^{\frac{1}{3}}$$

式中　B_{2d}——陆上二维资料常规处理基础价格，570元/km；

n——覆盖次数；

n_j——基础覆盖次数，$n_j = 96$。

海上二维资料常规处理费用＝C_{g2d}×80%；

不同处理采样间隔、处理长度、地表条件和不同道间距计费标准见表4-63、表4-64、表4-65、表4-66。是相对以50m道间距，4ms采样，6s处理长度为基础标准常规处理费增加的比例。

表4-63　不同采样间隔系数表

采样间隔	4ms	2ms	1ms	0.5ms
系数	0	0.15	0.25	0.40

表4-64　不同长度系数表

处理长度	6s	每增减1s
系数	0	增减0.05

表4-65　不同地表条件系数表

地表条件	山地、黄土塬	戈壁、沙漠	其他地形
系数	0.35	0.25	0

表4-66　二维不同道间距调节系数表

道间距（m）	50	40	30	25	不大于12.5
道间距系数	0	0.1	0.25	0.3	0.5

2）三维地震勘探资料处理工程造价

（1）计算方法：

三维资料处理费＝三维常规处理费×（1＋∑附加处理系数）。

（2）三维资料处理费计算：

三常规处理费 = 常规处理费标准×(1 + 采样间隔系数 + 处理长度系数 + 地形地表系数)×面元调节系数×工程量。

常规处理计费标准（表 4 - 67）：陆上三维资料常规处理费以 25m×50m 面元，4ms 采样，6s 处理长度作为基础标准用公式计算，不同采样间隔、处理长度、地表条件和不同道间距用系数换算。

表 4 - 67　陆上地震勘探三维资料常规处理费基础标准表　　　　单位：元/km²

覆盖次数（n）	24	48	60	72	96	120	240
处理费标准	6484	8169	8800	9351	10293	11087	13969

计算公式：

$$C_{g3d} = B_{3d} \times \left(\frac{n}{n_j}\right)^{\frac{1}{3}}$$

式中　B_{3d}——陆上三维资料常规处理基础价格，8800 元/km²；

　　　n——覆盖次数；

　　　n_j——基础覆盖次数，$n_j = 60$。

海上地震勘探三维资料常规处理费用 = $C_{g3d} \times 80\%$。

不同处理采样间隔、处理长度、地表条件计费标准见表 4 - 63、表 4 - 64、表 4 - 65。在标准处理模式价格上加减相应比例。不同面元处理费用不同面元换算系数换算，换算系数见下式，即

$$M_y = \left(\frac{25 \times 50}{m \times n}\right)^{\frac{1}{4}}$$

式中　m——面元实际纵向距离（m）；

　　　n——面元实际横向距离（m）。

3）资料附加处理项目与处理费调整系数

附加处理是指常规处理技术以外新增加的项目（表 4 - 68）。

表 4 - 68　地震资料特殊处理费系数表

序　号	单项处理项目	系　数
1	初至波剩余静校	0.25
2	DMO 处理	0.10
3	CRS 叠加	0.35
4	AVO	0.19

序　号	综合处理项目	系　数
1	弯线处理	1.25
2	高分辨率处理	1.20
3	叠前时间偏移资料处理	1.30
4	宽线处理（每增加一接收线）	1.50
5	叠前深度偏移资料处理	1.8

序　号	综合处理项目	系　数
6	叠前反演资料处理	1.5
7	多波处理	2.0

（1）宽线处理以两条接收线为标准。

（2）特殊处理费系数是相对于常规处理费的价格系数。单项处理是指在常规处理流程之外进行的单独处理项目，综合处理是包括常规处理流程的特殊处理项目。

第五节　地震资料解释内容与工程造价

一、地震资料解释的发展过程与任务

1. 地震资料解释的发展过程

地震资料解释的发展大致可分为三个阶段，即构造解释、地层岩性解释和开发地震解释。20 世纪 70 年代以前，地震勘探方法和技术在解决地质问题过程中，主要以地震资料的构造解释为主，即利用由地震资料提供的反射波旅行时、速度等信息，查明地下地层的构造形态、埋藏深度、接触关系等。在这一阶段中，地震勘探技术在各种构造圈闭的油气藏勘探中做出了重大贡献。

随着人类对能源需求的不断增长和构造油气藏的大量发现和开发，比较容易找到的构造油气藏已经越来越少，于是人们不得不设法寻找非构造油气藏。与此相应，在地震勘探技术发展的基础上，对地震资料的解释工作提出了更高的要求。于是，在 70 年代后期出现了地震资料的地层岩性解释。地层岩性解释包括两部分内容，一是地震地层学解释，即根据地震剖面特征、结构来划分沉积层序，分析沉积岩相和沉积环境，进一步预测沉积盆地的有利油气聚集带。二是地震岩性学解释，即采用各种有效的地震技术（如地震资料的各种分析及特殊处理方法），提取一系列地震属性参数，并综合利用地质、钻井、测井资料，研究特定地层的岩性、厚度分布、孔隙度、流体性质等。

油田进入开发阶段后，地震技术为开发服务则产生了开发地震解释，包括油藏精细描述、储层参数预测、油藏动态监测等。

2. 地震资料解释的任务

地震资料中蕴藏着丰富的地质信息，一是运动学信息，二是动力学信息。运动学信息主要是指地震波反射时间，速度等。利用这些信息可以进行构造解释，把地震波传播时间转换为深度，绘制地质构造图，搞清岩层之间的界面，断层和褶皱的位置及展布形态等。动力学信息主要是指地震反射特征，如反射波的振幅、频率、吸收衰减特性、极化特点、连续性、反射波的内部结构，外部几何形态等。从这些地震信息中可以提取非常有用的地层岩性信息，借此确立地震层序、分析地震相、恢复盆地的古沉积环境，预测生油相带、储油相带的分布，寻找地层或岩性圈闭油气藏。

除此之外，借助于地震波的振幅、频率、极性等动力学信息并结合层速度以及钻井、测井资料，提取岩性和储层参数，如储层厚度、液体成分与性质、孔隙度等，进行地震资料的岩性分析及烃类检测。

地震资料解释就是通过解释人员的工作，把地震资料中蕴藏着的这些丰富的地质信息，转化为能说明地质问题的资料。地震资料解释的任务，就是根据地震资料，确定地质构造形

态和空间位置，推测地层的岩性、厚度，以及层间接触关系，确定地层含油气的可能性，为钻探提供准确井位。

因此，地震勘探的地质成效，在很大程度上取决于地震资料解释的正确与否。而要正确地解释地震资料，必须了解地震波的反射特性及其与地质因素的内在联系，了解并掌握地质现象及其变化规律的地震响应，要善于识别和区分地震假象，要明确地震资料解释往往具有多解性和局限性，从复杂的信息中做出正确合理的推断。

二、地震资料解释的作业内容

地震资料解释的作业内容包括构造解释、地层岩性解释与储层横向预测、综合解释与油藏描述三方面内容。

1. 地震资料的构造解释

构造解释是整个地震资料解释工作的重点和基础，地层与岩性解释一般都是在构造解释工作的基础上进行的。

构造解释主要包括时间剖面的对比、反射波的分析、时间剖面的地质解释、深度剖面与构造图的绘制、含油气远景评价等工作。

1）时间剖面的对比

时间剖面对比是地震资料解释中的一项最重要的基础性工作，对比工作的正确与否直接影响地质成果的可靠程度。在反射波法地震资料解释中，有效波总是以干扰波作为背景而被记录下来的。因此，解释工作的首要任务即是要在地震剖面上识别和追踪反射波。

在地震时间剖面上反射层位表现为同相轴（地震记录上波峰或波谷的连线）的形式。在时间剖面上对反射波的追踪实际上就是对同相轴的对比。

根据反射波的一些特征来识别和追踪同一反射界面反射波的工作称之波的对比。

2）反射波的识别标志与方法

（1）反射波的识别标志。

同一界面的反射波，受该界面埋藏深度、岩性、产状及覆盖层等因素的影响。如果这些因素在一定的范围内变化不大，具有相对的稳定性，就会使同一反射波在相邻接收点上反映出相似的特点，其特点主要表现在振幅、波形、相位等几个方面。反射波的对比追踪以此为标志。

（2）反射波对比方法与步骤。

①收集和分析工区的地质、测井及其他物探资料，了解资料采集和处理的方法与使用因素，做到心中有数。

②从主测线开始对比，然后引申到其他测线上去。重点对比标准层（具有较强振幅、同相轴连续性较好、可在整个工区内追踪的目的反射层）。

③根据振幅、波形、相位、波组（几个同相轴的组合）特征对比后，沿测线追踪对比同一界面的反射波。

④对断层的断面、凹界面处产生的异常反射波做出解释。

⑤在对时间剖面进行了初步对比后，把沿地层倾向或走向的各个剖面按次序排列起来，综观各反射波的特征及其变化，借以了解地质构造及断裂在横向上、纵向上的变化，这有助于对剖面作地质解释和作构造图等工作。

3）时间剖面的地质解释

在对地震剖面进行对比分析之后，接着就要对时间剖面做出地质解释。进行剖面的地质解释之前，应尽量收集前人的资料，做好对本工区有关情况的调查研究，这是必不可少的准备工作。

时间剖面地质解释的任务有三：一是划分构造层；二是确定反射层的地质属性，了解地层厚度的变化及接触关系；三是对断层等地质构造做出解释。

具体解释步骤如下：

（1）划分构造层。

在地层沉积过程中，受构造运动的影响往往出现不同时期构造变动在地层中的不同反映。不同时期的地层决定地震剖面上的不同波组特征。不同时期构造变动之间出现地层的不整合接触，这些不整合面是划分不同构造层的标志，在地震剖面上根据纵向出现的不整合，往往可以划分出几个构造层。

（2）标定反射层位。

要把地震剖面变为地质剖面，其中很重要的一项工作，就是要对反射层进行层位的标定。标定工作同时需借助于已知的探井、测井、垂直地震剖面等资料。

在常规的地震资料解释中，是用井的资料来标定过井地震剖面上的反射层位。根据声速测井的资料，制作过井的合成地震记录，把它置于过井的地震剖面上来标定地震层位。另一种方法就是用垂直地震剖面的资料进行解释，由于垂直地震剖面本身资料的精确性，可使标定工作的精度得以提高。

图 4－65 是用钻井层位、层速度，来标定地震层位的实例。钻井层位 J_1、J_2、J_3、J_4、J_5 在层速度、合成记录、地震道的相同部位都有相应的反映，以此可以确定该反射的地质层位。

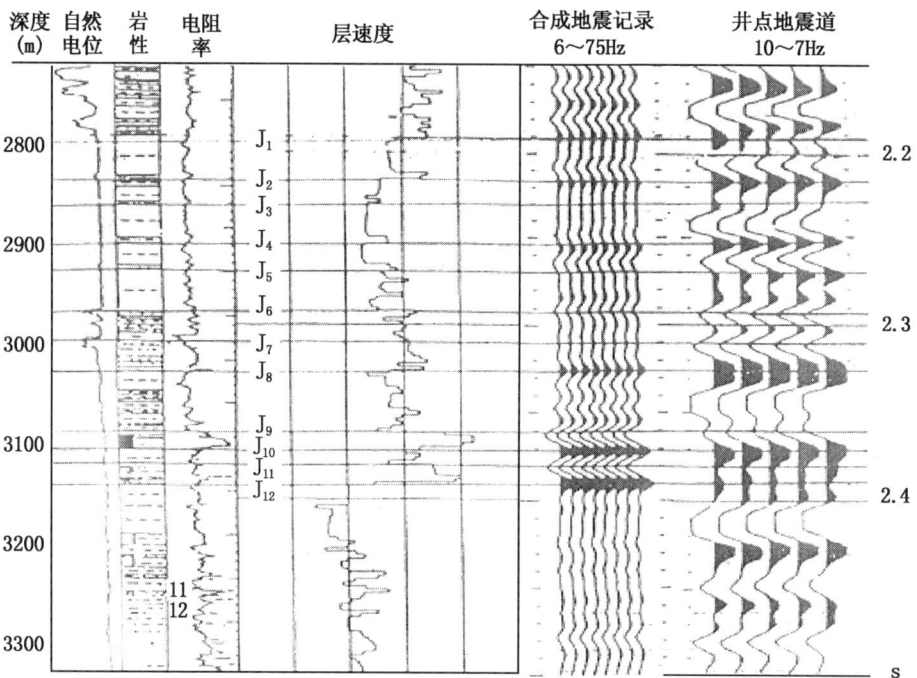

图 4－65　钻井层位在井点地震道上的标定实例

（3）解释断层。

要对断层做出地质解释，首先要在地震剖面上把它识别出来。断层在地震剖面上的标志是：反射波同相轴错断、分叉、合并、扭曲、强相位转换；同相轴突然增减或消失；反射同相轴产状突变；出现断面波、绕射波等。

（4）特殊地质现象的解释。

特殊地质现象主要指的是不整合、超覆、退覆和尖灭、古潜山等。

①不整合、超覆、退覆和尖灭。

不整合面（图 4-66）是地壳升降运动引起的沉积间断，它与油气聚集有密切关系。

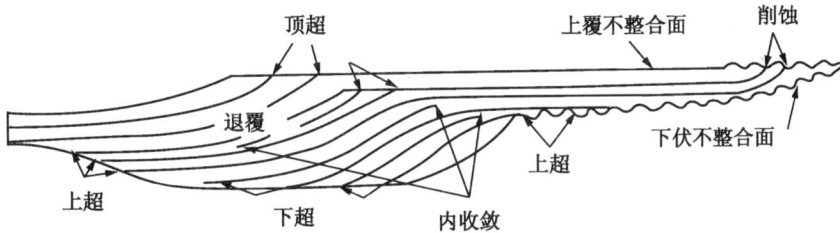

图 4-66 不整合、超覆、退覆和尖灭示意图

超覆是海侵发生时，新地层依次超越下面老地层、沉积范围扩大所形成的。

退覆是海退时新地层的沉积范围依次缩小而形成的。

超覆和退覆（图 4-66）发育于盆地边沿和斜坡带。在时间剖面上它们都是同时存在几组互不平行，逐渐靠拢合并和相互干涉的反射波同相轴。

尖灭就是岩层的厚度逐渐变薄以至消失，一般可分为岩性尖灭、超覆尖灭、退覆尖灭、不整合尖灭等。在时间剖面上总的表现形式也是同相轴的合并靠拢、相位减少。

②古潜山。

古潜山是指在年青地层底下，埋藏的古老山头。图 4-67 就是在不整合面以下的古潜山。它在一定条件下可以形成古潜山圈闭油气藏。

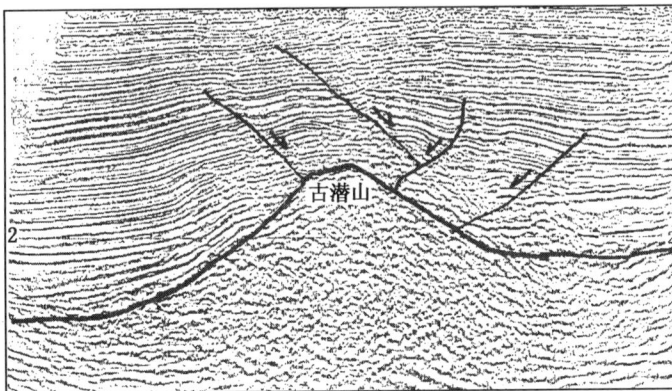

图 4-67 古潜山在地震剖面上的特征

古潜山顶面通常是不整合面，波阻抗差大，反射波能量强，频率低，相位较多。

（5）水平切片的解释。

利用三维地震数据体的水平切片进行构造解释并绘制相应的构造图，是三维地震资料解释的工作内容之一。

水平切片是从三维数据体得到的一种很有用的资料，对了解地下构造形态和查明某些特殊地质现象有独特优点；通过对一系列水平切片的解释来绘制等时间构造图，尤其方便。

水平切片就是用一个水平面去切三维数据体得出某一时刻各道的信息，等时切片也称地震露头图，因为它反映了不同地层在同一时间的出露情况。从切片上可以识别断层，观察构造形态，见图4-68。

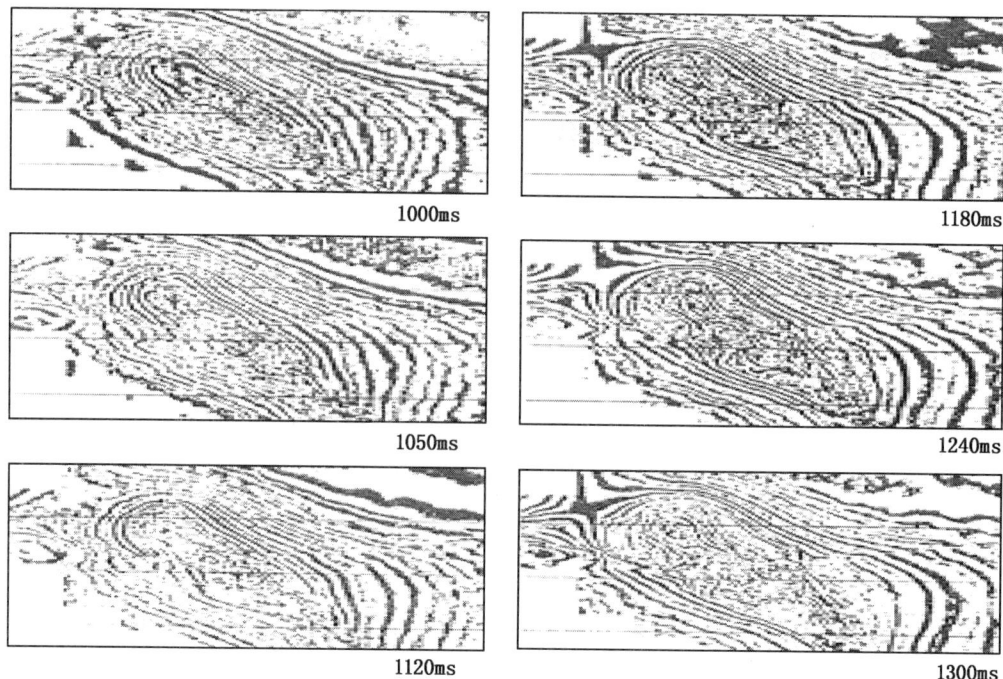

1000ms

1180ms

1050ms

1240ms

1120ms

1300ms

图4-68 水平切片

4）构造图、等厚图的绘制

（1）构造图的绘制。

构造图包括时间构造图和深度构造图两类。

时间构造图是利用解释好的同一层位的反射波在时间剖面上读出的时间，由人工或计算机直接勾绘而成，它反映了地下地质构造的空间变化形态。

深度构造图利用解释好的同一层位的时间，经过时深转换后，再由计算机绘制而成。它是地震资料构造解释的基本成果之一，用于含油气远景评价和钻探井位的部署等。

目前，构造图的绘制都采用人机交互解释系统来完成，由工作站解释好的层位数据直接传输到计算机的绘图系统，解释人员利用工作站的专用绘图软件实现构造图的输出。

（2）等厚图的绘制。

表示两个地震层位之间的沉积厚度图，称为等厚图（图4-69）。它反映地层在地下的厚度分布情况和沉积时的沉积环境。

2. 地震资料的地层岩性解释及储层横向预测

1）地震资料的地层解释

地震地层学理论是地震技术与沉积理论结合的新范畴。它根据地震剖面总的地震特征来

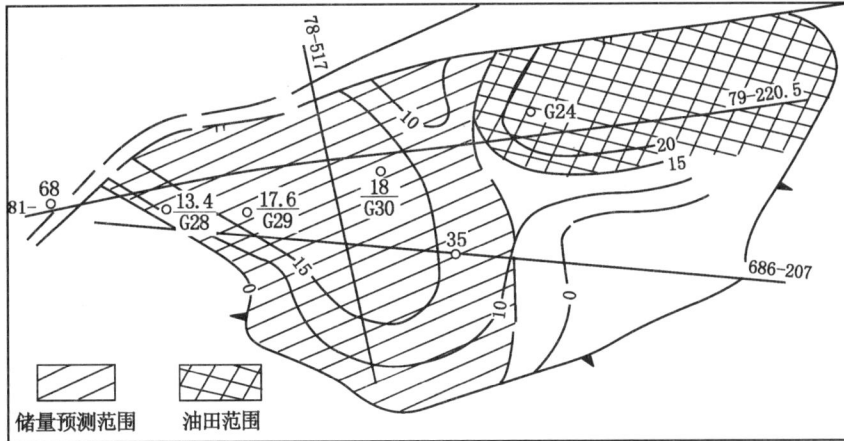

图 4-69 某地区含油砂岩等厚图

划分沉积层序，分析沉积相和沉积环境，进一步预测沉积盆地的有利油气聚集带。

地震地层学研究的主要内容就是利用地震资料进行地层岩相解释。形象地说，也可以称作"相面法"或"模式对比法"，它主要依据常规剖面上反射波组的产状、外形、振幅、连续性、频率等肉眼可定性识别的特征来划分不同类型的地震相，进而研究地层的宏观特征，包括地层层序及分布、沉积相或沉积体系类型及展布、预测有利的生储油相带。

2）地震资料的岩性解释

（1）地震波速度资料的岩性解释。

不同的岩性具有不同的速度值，只要计算出各种岩性的层速度，再根据层速度来解释岩性就能达到速度的岩性解释。

（2）地震波振幅与岩性的关系。

地震波振幅信息的利用表现在：利用薄层反射振幅来估算薄层厚度；利用反射振幅在纵横向上的差异变化来进行储层预测及烃类检测。

3）储层横向预测

储层研究是油气勘探及开发工作中的重大课题之一。储集体的储集性质及其变化规律、分布规律，是储层研究的重要任务，涉及开发地震解释的部分内容，在此只介绍储层横向预测与油藏描述技术的一般性问题。

建立在地震资料分析和处理基础上的储层横向预测研究，主要包括两个方面：一是有利储层的横向预测（三角洲、沉积体、冲积扇、沙砾岩体、生物灰岩、火成岩及盐体等）；二是储层含油气面积的横向预测与储量估算。

（1）储层横向预测的任务。

有利储层的横向预测，主要是分析地震波的速度、振幅、相位、频率等地震参数的变化，以此确立储集岩体的分布范围、储集特征等。

在研究区域内的特定地震地质条件下，储层的物性及流体性质是有一定的变化规律的，反映在上述地震参数上也应有一定的规律，其间的联系可以通过钻井资料、测井资料、地震模型的正、反演技术加以验证。

（2）储层中含油气范围及储量预测的主要依据。

储层中含油气范围及储量预测的主要依据是地震波波形的变化，即阻抗、振幅、相位、极性、频率等的变化。这是由于当储层中含有流体或流体性质变化时，会造成地震波速度等属性参数的变化，继而导致波阻抗、振幅、相位、极性、频率等的变化，在地震剖面上有可能出现"平点"和"亮点"等地震响应。

地震反射波能量的强弱主要与反射界面上下层的波阻抗差成正比。

地震反射波的传播速度主要与岩性、孔隙度、孔隙中充填物的性质有关。

大量储层研究的实践揭示：有针对性的成网的精细处理和特殊处理的地震资料是储层横向预测的基础；目的层正确标定是储层横向预测的关键；各种地震信息的综合分析、制图是储层横向预测的主要内容；模型的正、反演和已知井资料是校核储层预测效果的有效手段。

（3）储层横向预测方法。

该方法的地震资料解释常用的是"由已知推未知"（即从井出发的横向追踪）的各种标定方法、各种分析解释方法、储层横向预测的专项技术。

3. 综合解释与油藏描述

1）综合解释

地球物理资料综合解释简单来说就是将具有内在联系的多种类型数据进行综合分析，确立较为完整的地质——地球物理模型，再综合地质和其他相关资料，进行更为详细的地质推断的过程。

地震、地质和测井三种资料的综合解释与分析是油气勘探和开发过程中最基本、最重要的一种综合分析手段，也是油藏描述最基本的分析方法。这种综合分析与解释是油气勘探和开发赖以成功的关键。

2）油藏描述

油藏描述是以沉积学、石油地质学、构造地质学、数学地质、地震地层学和测井地层学的最新成果为理论基础，以计算机和自动绘图技术为手段，对地质、物探、测井、钻井、分析化验以及地层测试资料进行综合分析和处理，用于研究和描述油气藏的一项技术系统。

油藏描述是综合地震、测井和岩心等多项资料，在综合解释的基础上，对油藏建立模型、求证各项参数（面积、高度、孔隙度、饱和度等），对油藏进行的定量说明。

油藏描述包括地质描述、地震描述、测井描述、综合评价四个方面。每一方面各具特色，互为依托，共为一体。

地质描述旨在建立油藏的总体概念。

地震描述是要提供油藏构造和储集体几何形态等方面精细的解释成果。测井描述最终提交井位点处精确的各种储层参数。综合评价则需要完成油藏总体的定量描述成果。

图4-70是三种资料综合解释的基本流程。

由于地震数据、测井资料和岩心资料三者的垂直分辨尺度大不同相。因此，在进行三种资料综合应用或解释时，必须对各类数据进行预处理。一方面，对地震数据而言，应尽量提高其垂直分辨率。另一方面，对测井资料进行适当的"粗化"，以使两者的垂直分辨率的数量级尽可能地趋近，达到两者间可对比的目的。

图4-65钻井层位在井点地震道上的标定实例，同时也是一个地震、测井和岩心资料进行储层标定实例，钻井在3100m处的含油砂岩层，在层速度曲线上有明显的台阶，在合成地震记录与井旁地震道上有相应反映。

4. 地震资料解释提交的成果

地震资料解释是根据地质任务要求，或合同要求进行工作，并提供相应成果。

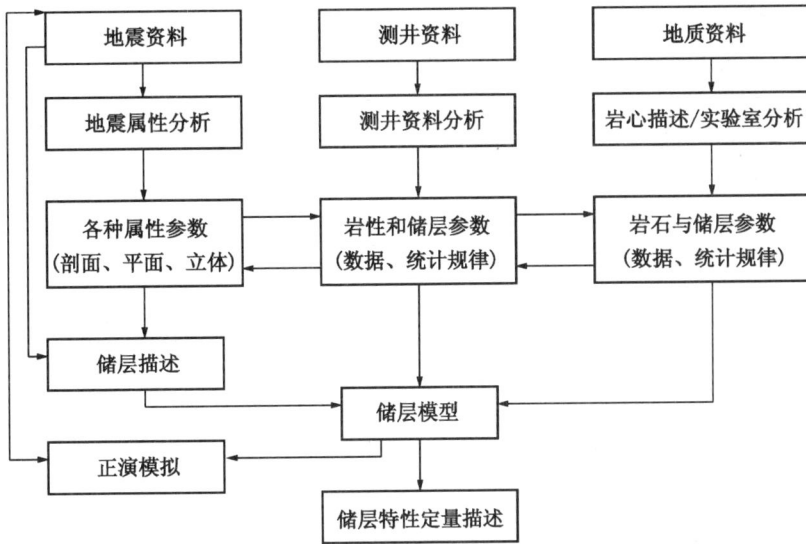

图 4-70　地震、测井、地质资料综合解释基本流程

按一般情况，把需要提交的成果分为：图件和文字报告。图件分为基础图件、成果图件。

基础图件包括：测线位置图和各类处理剖面等。

成果图件包括：各类解释剖面、各层构造图、等厚图、地震相图、沉积相图、其他分析图件（砂泥岩含量图、含油气预测图、空隙度图、渗透率图、饱和度图、砂岩厚度图等）、综合评价图等。

综合报告要写明地质任务、工区情况、地震资料解释过程与依据、取得的成果、结论与建议等。

三、地震资料的人机联作解释

地震资料解释大致分为两种方式，一种是手工纸剖面解释，另一种是人机联作解释（图4-71）。

手工解释　　　　　　　　　　　　人机联作解释

图 4-71　地震资料的手工解释与人机联作解释

人机交互解释与传统的手工纸剖面解释比较，有几个突出特点：

一是工作方式轻松、方便、灵活。传统的手工纸剖面解释使用铅笔、橡皮和尺子，在纸剖面上进行解释，既费力，又费时，也难以保管。人机交互解释是在机器上进行，用鼠标在荧光屏上进行对比、追踪，计算机就自动记录层位、断层数据，以备作图时使用。

二是高效率和高精度。在工作站上解释地震资料，计算机承担了大部分繁重费事的工作，与手工纸剖面解释相比，大大提高了工作效率。利用解释系统的多种手段，提高了解释精度。

人机交互解释，对解释人员的综合素质要求更高，既掌握地震、地质、测井知识，具有综合解释能力，又会使用计算机，了解各种软件的功能。

地震的二维与三维资料都可以在解释工作站上进行解释，二者的差别在于三维资料比二维资料信息量大，潜力大，精度高，可作的解释内容也多，像油藏描述这样的研究项目，只有使用三维地震资料才有意义。其特点归纳出来用图4－72表示。

手工解释基本特点	人机联作解释的特点
(1) 使用纸质资料；	(1) 各种资料都存储在磁盘中，随时可调用；
(2) 使用简单文具(铅笔、橡皮、直尺、计算器等)；	(2) 资料解释在屏幕上进行，实现了动态观察；
(3) 对反射波横向追踪采用视觉判断；	(3) 层位自动追踪，速度快、精度高，质量可靠；
(4) 手工等值线作图；	(4) 提高了作图速度与精度；
(5) 正式图件的人工统计	(5) 数据处理能力强，运算快，精度高；
手工解释的局限性	(6) 有利于精细处理，勘探效果得到提高；
(1) 简单机械的手工繁重劳动；	(7) 充分利用正、反演技术，成果可靠性强；
(2) 效率低；	(8) 输出手段多，提供多种成果资料；
(3) 资料利用率低；	(9) 资料可用磁带、软盘、光盘等存储，有利于长期保存和方便使用
(4) 精度低；	
(5) 地震反射信息利用率低	

图4－72　手工解释与人机联作解释特点对比图

1983年，石油物探局与美国地球物理服务公司在中原油田三维勘探项目中合作，第一次使用解释系统。

1985年后，中国石油天然气总公司开始少量引进解释系统。

1988年后，大批量引进，至今石油系统已形成一支庞大的人机交互解释系统。掌握了解释系统的使用、管理与技术，全面进行地震资料的构造、地层、岩性、储层、油藏描述研究，取得了良好勘探效果。同时，各单位结合地质任务，开发和编制了一批有使用价值的解释、处理及地质分析应用软件。

目前，我国的人机交互解释技术正紧密跟踪国际先进技术的发展。

对于人机交互解释的发展前景可以归纳为三个方面。

第一方面：地震解释工作的处理功能与能力将日益加强。地质目标的解释性处理将融汇在整个解释过程，处理将变成资料解释的一种手段，高性能计算机的出现使可视化将变为现实，也必然推动处理、解释一体化进程。

第二方面：地震、测井、地质等多专业横向综合将更加密切。高性能计算机和软件技术的飞速发展，完全可能把地震、测井、地质等多专业信息综合在一起，从而预测出可靠的油气藏范围与储量。

第三方面：对地质体的分辨能力会明显提高。随着高分辨三维的实际应用及可视化日益成熟，会导致解释质量与效果质的飞跃，油藏动态监测会得到普遍应用，对油田采收率提高有着不可估量的影响。

1. 解释工作站

人机联作解释站是指在配置齐全、性能优良的计算机支持下，能够完成地质、地球物理资料综合解释的工作环境。

1) 人机联作解释站的配置

人机联作解释站通常称为人机联作解释系统，它包括相应的硬件和软件系统。人机联作解释系统的硬件配置应包括：基本系统（主机、输入系统、控制器、输出系统、监视器）与外围设备（数字化仪、打印机、绘图仪）两大部分。软件系统包括操作系统、数据库系统和图形软件包。

2) 解释工作站的技术特点

工作站是具有多任务操作系统（处理功能）和高分辨率图形能力（显示功能）的高性能计算机，可以单独使用，也可以通过局部网络互连或连接到其他计算机系统。

工作站不仅具有数据处理能力，还有着高分辨率、高清晰度大屏幕、多屏幕图像监视器特点。

多媒体技术使工作站具有处理和管理声音、文字、图形等功能。

虚拟现实技术是高度逼真的模拟人在现实世界中视、听、动等行为的人机界面技术。

磁带机：可以将数字信号或模拟信号通过磁头转换成磁信号，并保存在磁介质上，读出时再将其转换成电信号或模拟信号。

绘图仪：静电绘图仪及热敏绘图仪是目前解释系统中广泛使用的绘图仪，精度较高。

数字化仪：用于采集地震剖面的层位和断层，测井曲线、地形地物等图形数据。

打印机：用于打印文本资料及表格。

工作站网络是连接在一起可以相互传输信息，且共享资源的一组计算机。工作站网可增强功能、共享程序和文件等计算机资源，共享外围设备。

3) 解释工作站软件系统的功能

操作系统：是和硬件联系在一起的最底层软件系统，是所有应用软件与硬件的接口。

操作系统作用：

（1）对存储资源的管理，如为程序分配空间。

（2）对外部资源进行管理，如对打印机的驱动与终止。

（3）进程管理，调度程序运行。

（4）为用户提供上机操作命令，如建立文件。

数据库系统：是管理数据库的软件系统，包括数据库、数据库管理、数据库支持三部分。

数据库主要是存储功能。

数据库管理具有对数据库的定义、描述、建立、管理、维护等功能。

数据库支持系统要在操作系统支持下，运行最底层系统，如输入、输出管理。

用户界面：是指支持实现人机交互作用的物理界面（键盘、鼠标等）和软件界面（操作系统、应用软件）。它给人机交互提供计算机环境，实现人与计算机的通信和对话，主要内容是复杂信息交换，包括输入数据、操作程序、信息反馈等。

图形软件包：可以实现把解释成果绘制成各种图件，并在屏幕上显示出来。

2. 人机交互解释基本方法与技术

1）上机前的资料准备工作

（1）收集资料的内容。

①有关工区资料：各测点的有关数据与坐标，工区的海拔高度、地名、城镇、村庄、公路、铁路等地形地物；

②地震资料：经处理后的各类地震资料；

③井资料：井位、测井数据、岩性图、分层数据表、综合解释成果等。

（2）数据加载：包括测网数据、地震数据、井数据及其他数据从磁带输入到磁盘上。

（3）数据备份：把加载在解释系统上的数据复制到磁盘上备用，避免数据的丢失。

2）地震资料的解释性目标处理

（1）概念：解释性目标处理是指针对具体地质目标，根据解释工作需要，对已经加载到解释系统上的地震数据进行再处理，这种处理不同于计算中心的批量处理，是针对地质体在工作站上进行一些精细处理。

（2）目标处理目的：计算中心进行的批量处理要浅、中、深层同时兼顾，对局部目标不可能处理得很细致，有些地质现象反映不出来，满足不了要求，如果全部作特殊处理，工作量太大，不可能。目标处理是一种经济实惠的方法。

3）解释工作站上配备的模块

（1）叠前处理模块：主要有读写数据、解编、道编辑、重采样、静校正、面波处理、速度分析、频谱分析等，具体配备不亚于大型机的配备。

（2）叠后处理模块包括：提高信噪比的处理模块、提高分辨率的模块、振幅处理的模块、叠后偏移模块等。

（3）解释性处理模块：主要包括瞬时信息计算，各种地震反演，各种切片，子波提取，AVO等。

4）各类数据的显示

屏幕上显示的内容包括平面图、地震数据、井数据、立体透明图、色标等。

（1）平面图显示：在开展地震交互解释时，要有一个平面图窗口，便于观察解释成果图件。这个窗口可以让用户用鼠标在屏幕上画一个窗口，窗口范围内可以包括整个工区，也可以是其中一部分。

①设置平面图的显示内容：主要应包括工区人文地理背景图、测线位置、井分层数据、断层数据、反射层数据等，以上内容，用户可以根据需要用鼠标控制。

②窗口显示图形的放大与缩小：由于显示屏尺寸有限，在窗口内显示的内容繁简不同，当大范围显示时细节看不清，必须调换比例尺，放大或缩小。

③图形注解：对图形注解的内容、字体与颜色等用户可以自定义。

（2）地震数据的显示：在平面图窗口内用鼠标选择测线，以便显示地震剖面或切片，供解释人员进行解释。

①建立一个地震剖面窗口：用户用鼠标可以在屏幕上建一个地震剖面窗口，也可以用复制方式建立，便于多测线对比解释。

②地震数据的显示类型：常规地震数据显示类型有变密度、波形、变面积等，根据需要选择不同类型，见图4－73。

③建立显示比例：便于对地震数据的放大或缩小。

④地震窗口内容设置：目前地震窗口有未组合断层线（on/off），组合断层线（on/off），地震道（on/off），反射层数据，井分层。需要显示置on状态，不需要置off状态，如果只打开地震道，得

图4－73　地震数据的显示类型图

到的是地震剖面；如果全打开则显示有地震道、解释的层位数据、断层解释方案。

⑤地震数据的显示方式包括：测线某一段显示、中心点显示、闭合圈显示、线条显示、切片显示、动画显示等。

⑥层拉平显示：当解释人员把某反射层拉平后，得到的状态相当于当时该地层沉积时的古地理情况，解释人员可以根据拉平后的数据对古地质进行解释。

（3）井数据的显示：目前解释系统上常用的钻井资料有井位、井孔轨迹、分层数据、测井曲线。

（4）立体透明图显示：为了观测解释方案（包括反射层与断层）在空间的分布情况，用立体透明图显示，并可以加以旋转，能使解释人员从多角度检查方案在空间分布的合理性，如图4－74所示。

（5）色标的设置：许多丰富的地震信息在黑白两极颜色中是难以被肉眼识别的，而丰富的色彩把地震信息的动态范围分级别显示出来，提高了视觉分辨率，如图4－74所示。

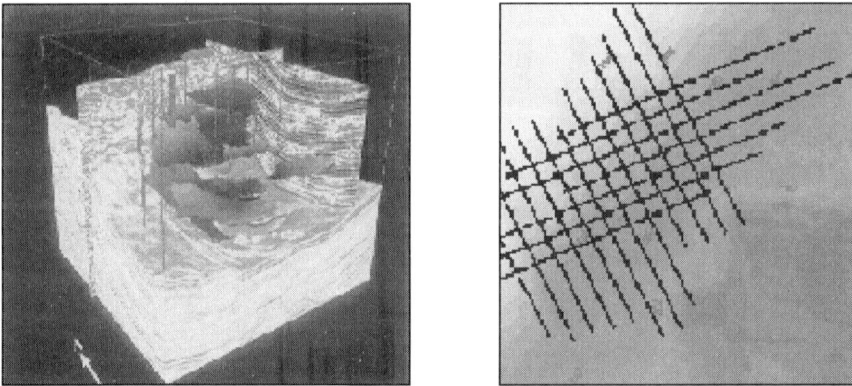

图4－74　立体透明图与色调显示

5）地震资料的交互解释

地震数据加载到磁盘进行地震交互解释，主要内容有：地震地质层位标定、反射层位解释、断层解释、构造作图、精细构造解释、反射层位数据运算、地震信息提取。

（1）地震地质层位标定：根据测井提供的资料，作人工地震合成记录，并插入地震道中，利用解释系统的功能，采用多种方法进行速度调整和综合精细对比，使合成记录与地震道吻合很好，这样利用井确定的地质层位帮助确定地震层位（图4－65）。

（2）反射层解释。

①定义反射层的属性：对反射层的名称、极性、颜色、数据类型等给出定义。

②反射层的拾取：所谓反射层的沿道自动拾取就是通过鼠标，对反射层的时间值进行数字化；拾取的方法有：点方式、倾角自动拾取、沿道自动拾取等（图4-75）。

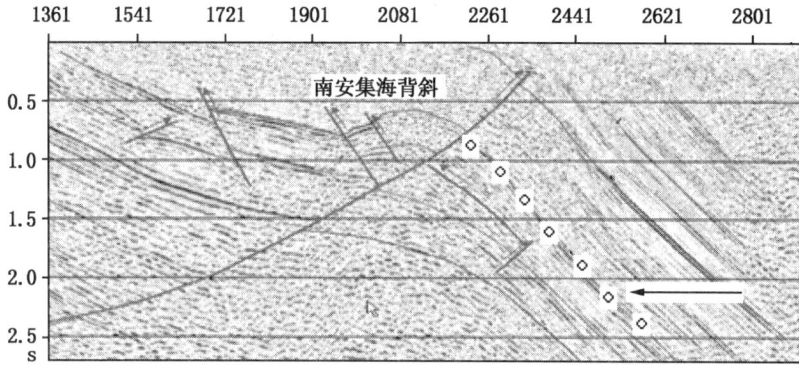

图4-75　反射层的拾取

点方式即手动方式，用手控制鼠标，使光标位于反射轴上，起始点按"1"，以后沿同向轴逐点按"2"，依次对反射层数字化，并记入文件；倾角自动拾取是对一段倾斜反射层，在起始位置按"1"，结束位置按"2"；沿道自动拾取是相邻道自动沿道自动拾取。

（3）断层解释。

①建立断层文件：建立断层名，定义性质、确定颜色。

②断层线拾取：在断层拾取状态下，用人工移动鼠标，使光标在剖面或切片的断点处画上断层线，断层线应与反射层相交（图4-76）。

③计算断距：断层解释之后，要计算出垂直断距与水平断距，供作图使用。

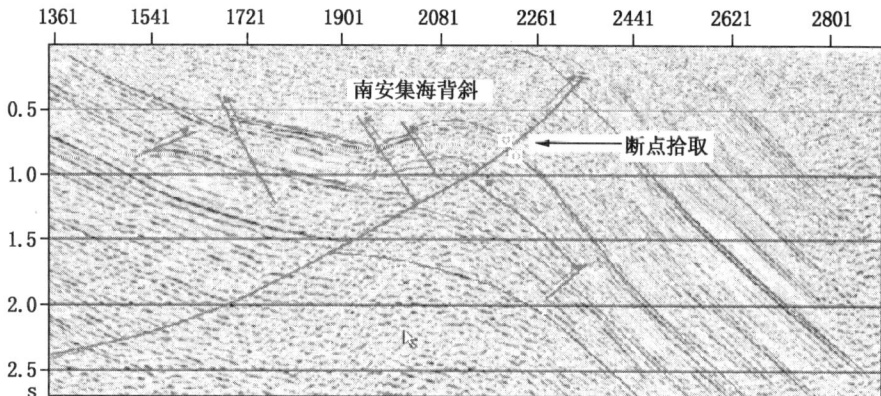

图4-76　断点的拾取

（4）构造作图（图4-77）。

①设置成图比例和等值线底图，底图包括各种注释、人文与地物标记等。

②设置绘制等值线的范围与间隔。

③标注等值线的参数，使用颜色或数据。

④对采集的数据进行等值线编辑，可以增加控制点或删除异常点，也可由解释人员直接增加或删除等值线。

⑤显示，可以用彩色充填，或立体透视图显示。

（5）地震信息提取。

在地震记录中，蕴藏着丰富的地震信息，利用解释系统的提取功能，可以快速提取有用的地震信息，信息包括：沿层信息（瞬时频率、瞬时相位、瞬时包络等）、某时窗信息（振幅特征、分辨率、信噪比等）及层间信息（振幅绝对值、速度、波阻抗等）。

把以上提取的地震信息，利用工作站的分析功能，通过与井资料的对比转换成地质资料。

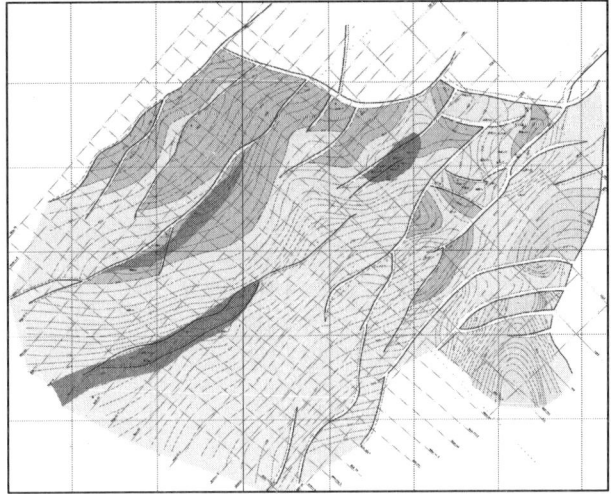

雁68-高20井区T₄反射层构造图

图4-77 构造图

实例：从 B1、B2、B3、B4 井开发信息（测井曲线与试油成果图，图 4－78a）得知 B1 井油层厚 4m，B2 井油层厚 3m，B3 井油层厚 7m，B4 井油层厚 9m；从地震信息中提取的平均振幅（图 4－78b），经作图，可以建立振幅异常与油层厚度的关系，从平均振幅图可看出油层的变化趋势。

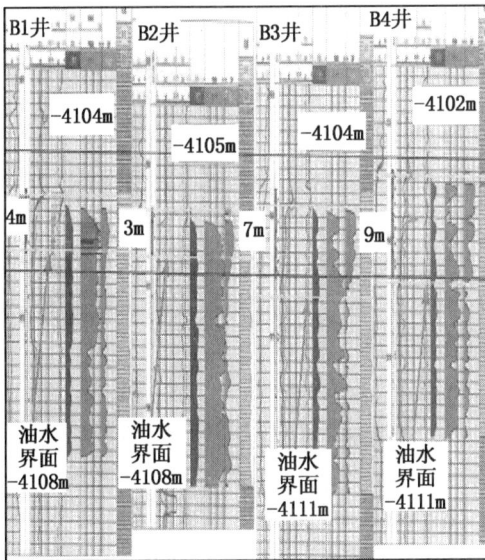
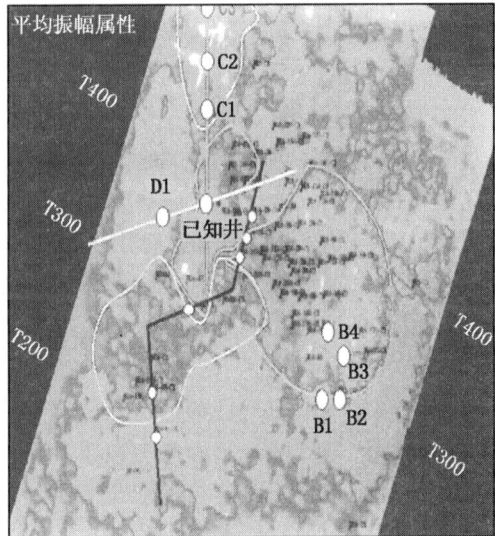

图4-78 振幅异常与油层厚度关系图

6）模型正演技术

模型正演（由岩性求反射特征）是物探人员根据对地下地质结构的认识和设想，设计的地质模型，进而计算出地质模型对地震的响应，用这种地震响应与实际地震剖面上的复杂现象对比，帮助解释人员从中去伪存真，得出合理的解释方案。

实例：大家知道，地下介质广泛存在各向异性，在均匀各向异性介质中，地震波传播速度与传播方向有关，点震源所产生的地震波波前面不再是球面，而是椭球面，对于各向异性介质沿不同方向观测，结果各不相同。为研究炮检距、方位角的变化对反射纵波的反射时间的影响，假设方位角从 0°～360°，炮检距从 500～2000m，计算结果见图 4-79，含气裂隙反射时间随方位角变化为椭圆，纵向变化大。含气裂隙变化大，含水裂隙变化小。

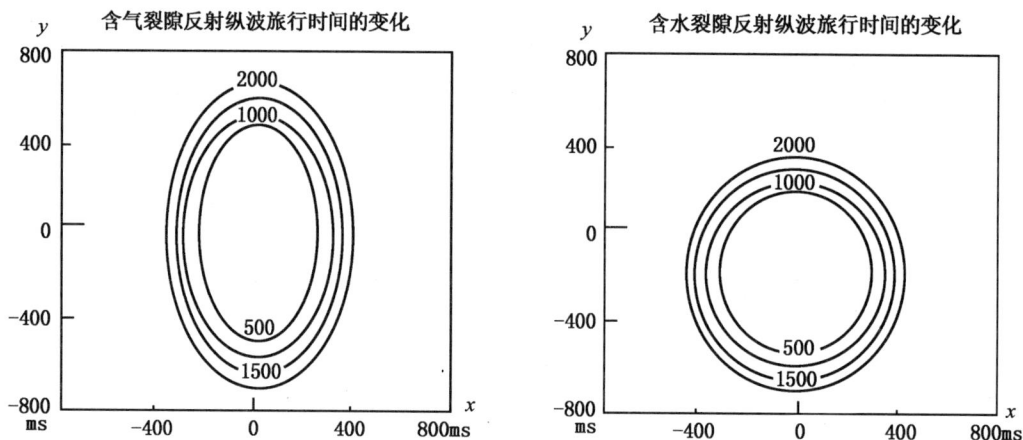

图 4-79 模型正演图

7）油气藏地震描述

（1）储层几何形态描述。

①储层顶面的几何形态：通过层位标定、解释与时深转换，获得储层顶面的几何形态。

②储层厚度的求取：储层厚度与地震波波长具有相关性（见本章第四节亮点技术的应用实例），利用地震波振幅值推算储层厚度。

（2）储层物性计算。

①孔隙度计算：通过测井曲线、过井剖面进行处理，用相关滤波方法，预测孔隙度的分布。

②渗透率与饱和度的求取：利用已知井孔隙度与渗透率的关系，将求得的孔隙度转换成渗透率平面图；通过统计，利用地震信息（振幅、速度等）与饱和度的关系，把地震信息平面图转换成饱和度平面图。

（3）油气综合判别。

通过提取多种地震特征参数进行模式识别，实现储层横向预测和油气分布预测。

通常反映油气藏的地震异常有以下几种。

振幅异常：取决于储层与盖层之间的波阻抗差，可能出现亮点或暗点现象。

能量异常：含油气储层与围岩相比，具有较高的吸收系数，在油气藏部位出现地震能量降低现象。

频率异常：因含油气地层对地震波的吸收作用而引起的频率变低现象。

速度异常：是由于地层含油气后引起的地层速度的降低。

使用数学模糊分类分析或通过统计分析法，建立一套地震多参数综合研究的数学模型，通过计算，将地震数据转换为地质语言。

四、地震资料解释工程造价

1. 地震资料解释工作流程

资料解释工程分为二维和三维，按工作内容和流程又分为常规资料解释与油藏描述，即二维常规解释、二维油藏描述；三维常规解释、三维油藏描述。

1）常规解释基本流程

常规解释主要包括构造解释的内容，基本流程是资料收集与整理、层位标定、地震反射层对比追踪与解释、作图和编写报告。

2）油藏描述基本流程

油藏描述包括构造解释、岩性解释、储层横向预测及油藏描述所有解释内容，基本流程是建立模型（构造、地质、油气藏）、地震因子的分析与判别、综合研究与评价、作图、编写报告。

2. 地震资料解释工程量确定

1）二维地震资料解释工程量确定

（1）工程量计量单位：层·km。

（2）工程量计算方法：

资料解释是对地震反射层进行工作的，既有层的因素，又有长度因素。比如，对一条10km长的地震剖面，解释一层为10层·km，解释两层为20层·km。对一条20km长的地震剖面，解释一层为20层·km，解释两层为40层·km。

二维地震资料解释工程量以资料剖面长度（或一次覆盖长度）为准。

二维地震资料解释工程量＝解释剖面长度×层数

随着资料解释的层数的增加，解释工作量及难度并不是以同等倍数增加。在地震资料解释工程造价中，对解释工程量的确定规则如下：

①解释层数≤4层：

二维地震资料解释工程量＝资料处理剖面长度（km）×解释层数

②解释层数＞4层：

二维地震资料解释工程量＝0.8×（1＋解释层数）×资料处理剖面长度（km）

③非成图层按15％折算。

2）三维地震资料解释工程量确定

（1）工程量计量单位：层·km^2。

（2）工程量计算方法：

三维地震资料解释工程量以资料剖面面积（或一次覆盖面积）为准。

三维地震资料解释工程量＝解释面积×层数

三维地震资料解释相同，随着资料解释的层数的增加，解释工作量及难度并不是以同等倍数增加。在地震资料解释工程造价中，对解释工程量的确定规则如下：

①解释层数≤4层：

三维地震资料解释工程量＝资料处理剖面面积（km^2）×解释层数

②解释层数＞4层：

三维地震资料解释工程量＝0.8×（1＋解释层数）×资料处理剖面面积（km^2）

③非成图层按15％折算。

3. 地震资料常规解释工程造价

1）地震资料解释费构成

资料解释费采用综合计费的办法，二维和三维资料解释费都是完全价格，包括直接费、间接费、风险、利润、税金等所有费用，不再单独计算其中单项费用。

2) 二维地震资料常规解释工程造价

影响解释计费价格差异有两个重要因素，一是勘探程度，二是资料复杂程度。

二维资料解释费＝二维标准解释费×资料复杂程度系数×工程量

不同勘探程度二维地震剖面解释费用标准见表4－69。

表4－69 二维地震资料解释每层·km费用标准表 元/(层·km)

勘探程度	精查	详查	普查	概查
解释费	106	84	70	56

(1) 概查：主测线距大于4km，联络测线距可大于8km；

(2) 普查：主测线距2～4km，联络测线距4～8km；

(3) 详查：主测线距1～2km，联络测线距1～4km；

(4) 精查：主测线距小于1km，联络测线距小于或等于1km。

资料解释复杂程度系数，见表4－70。

表4－70 资料解释复杂程度系数表

项 目	简单层	一般层	复杂层
系数	0.8	1	1.2

(1) 复杂层：地震剖面反射波反射不强，波组特征不明显，不易追踪对比，断层发育，断点较不清晰，地下构造形态不清晰，解释难度较大。

(2) 一般层：地震剖面反射波反射较强，波组特征较明显，较易追踪对比，断层较发育，断点清晰，地下构造形态清晰，较易解释。

(3) 简单层：地震剖面反射波反射强，波组特征明显，易追踪对比，断层小或断层不发育，地下构造形态清晰，易解释。

3) 三维地震资料常规解释工程造价

三维资料解释费＝三维标准解释费×资料复杂程度系数×面元调节系数×工程量

三维常规地震解释计费以面元25m×50m为标准，单价为700元/(层·km²)。

资料复杂程度系数见表4－70。

不同面元换算系数见下式，即

$$M_y = \left(\frac{25 \times 50}{m \times n}\right)^{\frac{1}{4}}$$

式中 m——面元实际纵向距离（m）；

n——面元实际横向距离（m）。

4. 油藏描述工程造价

油藏描述费＝地震资料常规解释费×油藏描述费用系数。

油藏描述费用系数见表4－71。

表4－71 油藏描述费用系数表

项 目	常规二维、三维解释	油藏描述
系数	1	1.7

5. 配合处理的地质建模工程造价

1) 工作内容

利用中间处理成果完成标准层及地质体的层位和断层解释，进行测井、钻井资料的分析，以满足叠前偏移地质建模的需要，并协助对偏移速度及偏移成果进行分析。

2）工程造价

按二维、三维的解释作图层位费用的40％计算。

复习与思考

（1）熟悉各地形地类的划分标准。

（2）简要说明清障适用的地形及清障比例规定。

（3）简要说明测量工作量点数与公里数之间的换算关系。

（4）简要说明井炮、可控震源和气枪震源各适应的地形。

（5）简要说明钻机分类、特点及适用地形。

（6）简要说明二维地震与三维地震施工排列摆放的区别。

（7）说明表层调查需在地震正式开工前完成的原因。

（8）简要说明 VSP 测井与微地震测井的异同点。

（9）简要说明资料处理的目的。

（10）简要说明数据处理系统的基本功能。

（11）简要说明叠后偏移处理与叠前偏移处理工作方法与效果的不同点。

（12）简要说明地震资料解释的作用。

（13）简要说明手工解释与人机联作解释各有哪些基本特点。

第五章　物化探工程概（预）算编制

第一节　物化探工程概（预）算定义与要求

石油物化探工程概算是技术设计的重要组成部分，概算经批准后，是确定石油物化探工程项目投资额、编制和安排石油物探工程计划、签订工程项目合同、实行工程包干、控制物化探工程投资和预算、考核物化探工程设计经济合理性和工程成本的依据。

石油物化探工程概算由设计单位编制，由造价管理部门负责审核。

概算编制单位应按不同的设计阶段编制概算和修正概算，在编制概算或修正概算中，应全面了解工程所在地的施工条件，掌握各项基础资料，正确引用定额及概算指标、取费标准、材料预期价格，应严格按本办法的规定进行编制，使概算能完整、准确地反映初步设计内容。

石油物化探工程预算是施工设计文件的重要组成部分，预算经审定后，是确定石油物探工程造价、签订石油物探工程合同、实行建设单位和施工单位投资包干和办理工程结算、实行经济核算和考核工程成本的依据。

石油物化探工程预算通常由施工单位编制，由造价管理部门负责审核。

预算编制单位应根据石油物化探工程施工设计的工程量和施工方法，按照规定的定额、取费标准和人工单价、材料预算价格、设备台班单价，严格按规定在施工前编制并报请批准。

以施工设计进行招标的石油物化探工程，经审定后的预算是编制工程标底的依据。

概、预算编制人员要严格执行国家有关的方针、政策，对工程造价的正确性负责。要实事求是，对施工工程的具体条件，包括自然条件、施工条件等可能影响工程造价的各种因素，进行认真的调查研究。在定额的套用上、费用标准和价格水平的取定上，切实做到概、预算完整地反映设计内容，合理地反映施工条件，正确地确定工程造价。

各设计、施工、造价管理单位应加强造价管理工作，配备和充实概、预算造价管理专业人员，切实做好概、预算的编制、审查工作；实行造价管理人员考核上岗制度，经考核合格获得相应资格证书，方可编制与审核概、预算及标底，确保概预算编制及审核质量。

石油物探工程概、预算书须符合设计、施工技术规范，达到符合规定、结合实际、经济合理、提交及时、不重不漏、计算正确、誊写端正清晰、装订整齐完善。

概、预算编制人员应在批准的工程项目总投资额内，积极配合工程项目设计人员，做好造价限额工作，以保证估算、概算、预算的层层控制作用。在编制石油物探工程预算的过程中，编制人员应针对施工设计做好预算方案的技术经济对比工作，在保证地质勘探目的的前提下，选出技术先进、经济合理的预算方案。

第二节　物化探工程概（预）算编制依据、原则

石油物探工程概算依据《石油物探工程投资估算参考指标》、《石油物探工程概算定额》、《石油物探工程技术设计》、《石油物探工程概、预算编制办法》及其他有关技术经济文件

编制。

石油物探工程预算依据《石油物探工程预算定额》（包括《石油物探工程基础定额》、《石油物探工程设备台班费用定额》、《石油物探工程费用定额》、《石油物探工程地震资料处理、解释费用定额》），《石油物探工程施工设计》，《石油物探工程概、预算编制办法》及其他有关技术经济文件编制。

石油物探工程概、预算编制坚持科学、合理、客观、公正原则。

第三节　物化探工程概（预）算费用项目

石油物化探工程费按费用性质可由采集工程费、资料处理费、资料解释费、建设方费用、预备费五部分组成。

石油物探工程采集工程费是石油物探施工队伍施工准备、资料采集、资料上交整个施工作业过程中发生的人工、材料、专用工具、设备及其他直接费、间接费、不可预见费、计划利润、税金等费用的总和。

地震勘探资料处理费是对野外采集的地震资料进行一系列的加工处理，最终利用来自地下反射界面的反射信号对地下岩层界面进行成像，获得以地震图像形式来反映地下岩层构造形态、岩性及含油性工作所发生的人工、材料、机时及其他直接费、间接费、计划利润、税金等费用的总和。

地震勘探资料解释费是对经过处理后的地震剖面（数据），通过解释来说明地下岩层的接触关系、各类构造形态、油气成藏情况，为发现油气圈闭、确定钻探目标、部署钻探井位及油气田开采、开发工作所发生的人工、材料、机时及其他直接费、间接费、计划利润、税金等费用的总和。

建设方费用是指建设方在进行矿产登记、工程项目可行性研究、项目立项、项目设计、项目运作、项目监督管理过程所发生的费用。

建设方费用由矿产登记费、工程设计费、工程监督费、建设方管理费等组成。其中：

矿产登记费指建设方为取得油气勘探及开发权力，向国家矿产资源部门进行资质登记而交纳的费用。

工程设计费指建设方进行可行性研究，项目立项，委托设计单位进行技术设计所发生的人工、材料、设备等费用总和。

工程监督费指建设方在工程项目实施全过程中对工程进行监督监理所发生的人工、材料、设备等费用总和。

建设方管理费指建设方在工程项目实施全过程管理中所发生的人工、材料、设备等费用总和。

预备费指在进行施工设计和施工过程中，在批准的技术设计和概算范围内由于工程量增加、施工方法发生较大变化等设计方原因增加的费用；对一般自然灾害所造成的损失和预防自然灾害所采取的措施的费用；在工程建设期限内因设备、材料价格上涨而增加的费用。

通常所说的物化探概预算即施工概预算，为承包方（乙方）承揽工程的费用。费用包括采集工程费、资料处理费、资料解释费三部分构成。

一、采集工程费用项目构成

石油物化探工程采集工程费是石油物化探施工队伍施工准备、资料采集、资料上交整个施工作业过程中发生的人工、材料、专用工具、设备及其他直接费、间接费、不可预见费、计划利润、税金等费用的总和。

采集工程费由直接工程费、间接费（企业管理费、HSE 费、科技进步发展费）、不可预见费、计划利润、税金五部分组成。采集工程费用结构见图 5-1。

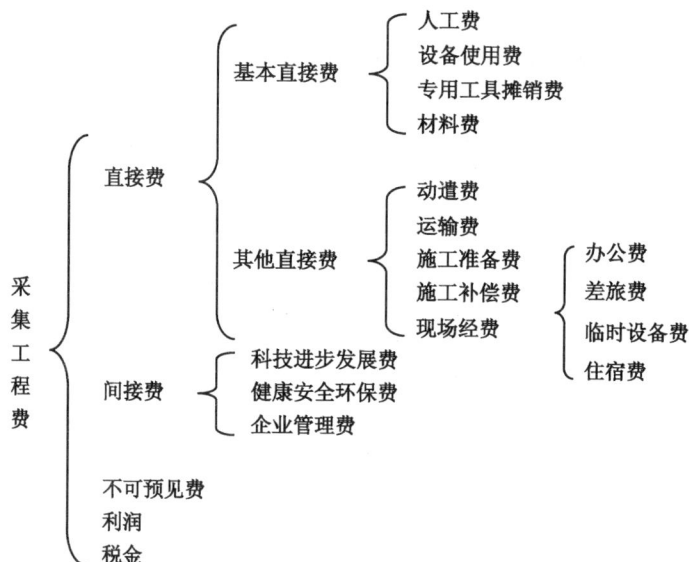

图 5-1　采集工程费用结构图

1. 直接工程费

由基本直接费、其他直接费构成。

1）基本直接费

基本直接费指施工过程中直接消耗的人工费、材料费、专用工具摊销费、设备使用费。

（1）人工费。指物探施工队在生产活动中支付给施工人员的各项费用。包括：

①基本工资：是指物探施工队在一定时期内支付给施工人员的劳动报酬。具体包括：技能工资、岗位工资、工龄工资；工资性补贴：包括书报费、洗理费、交通费；出工津贴：出工期间发给施工人员的各种补贴和津贴等。

②工资性计提费用：指按职工工资计提的由企业交纳的有关费用。包括福利费、工会经费、职工教育经费、养老保险、失业保险、医疗保险、工伤保险、生育保险、住房公积金。

（2）材料费。是指物探工程地震资料采集施工过程中直接消耗的主要材料、辅助材料及其他材料费用。材料费用包括：材料原价（或供应价）；供销部门手续费；包装费；运输费用；材料自来源地运至中心仓库或指定堆放地点的装卸费、运输费及合理的途耗；采购及保管费。

（3）专用工具摊销费。指专用工具按使用年限与工作量挂钩摊销的费用。

（4）设备使用费。指在物探工程施工中，使用设备所发生的台班费用。内容包括：折旧费；修理费；燃料动力费（运输、钻井、震源设备）；计量校验费（仪器仪表类设备）；设备保险费；养路（航养）费、车船使用税（运输、钻井、震源设备）。

2）其他直接费

其他直接费指物探工程施工过程中除基本直接费以外的其他直接消耗的费用。内容包括：动遣费、运输费、施工准备费、施工补偿费、现场经费。

（1）动遣费。指施工队伍动员、遣返过程中搬迁队伍、物质及设备等发生的公路、铁路、水运、航空等费用。

（2）运输费。是指施工队伍在施工期间使用外部车辆所发生的费用。

（3）施工准备费。是指正常施工前进行的工区踏探、前期调研等施工准备费用。

（4）施工补偿费。指施工队施工期间对地面建筑物及农、林、牧、渔和环境等所造成损害的补偿及水土资源保持费。

（5）现场经费。指为工区驻地搭建临时设施、施工准备、组织施工生产和管理所需费用。内容包括：临时设施费、现场管理费。

①临时设施费：指为保障正常施工所必需的生活和生产用的临时建筑物和其他临时设施费用。包括：临时建的充发电房、食堂、茶炉房、油库、雷管和炸药仓库、加工修理房，以及规定范围内的道路、水、电、暖、管线等临时设施和小型临时设施（指临时设施的制构、搭设、维修、拆除、清理等）。

②现场管理费：指在野外施工组织与管理过程中所发生的费用。内容包括：办公费、差旅交通费、住宿费。

a. 办公费：指在现场管理办公所发生的邮政、书报、会议、电传、电话等费用。

b. 差旅交通费：指职工在施工期间内因公出差所发生的旅费、住勤补助费、交通费、工地迁移费等。

c. 住宿费：指野外施工人员所发生的住宿费用（沙漠、戈壁等地区配营房车、住宿船的单位不计算此项费用）。

2. 间接费

间接费包括企业管理费、健康安全环保（HSE）费、科技进步发展费。

1）企业管理费

企业管理费指物探公司（地调处）及上级主管部门为管理地震资料采集施工所发生的费用。

2）健康安全环保（HSE）费

健康安全环保（HSE）费指施工过程中所需的健康、安全、环保管理及预防费用。

3）科技进步发展费

石油物探新技术、新方法的研究、攻关、实验等所发生的费用。

3. 不可预见费

不可预见费指施工过程中由于物价变化及其他不可预见情况出现时所发生的费用。

4. 计划利润

计划利润是指按规定计入石油物探工程总造价的利润。

5. 税金

税金指企业按国家税法规定的纳税项目和纳税标准应缴纳的税费。

二、资料处理费项目构成

资料处理费是为了解地下地质构造，采用大型计算机设备对野外地震勘探资料进行处理所发生的人工、材料、设备、其他直接费、间接费、利润、税金等费用。

在物化探工程造价中，通常以综合单价表现。

三、资料解释费项目构成

资料解释费是指从地震勘探资料处理结束开始，对资料进行的整理、层位标定、层位对比、岩性分析、绘制图件、编写报告、答辩验收至成果上交等工作所发生的人工、材料、机时、其他直接费、间接费、利润、税金等费用。

在物化探工程造价中，通常以综合单价表现。

第四节 物化探工程概（预）算文件

（1）石油物探工程项目的技术设计概算，由如下文件组成。

①石油物探工程技术设计；

②经建设单位主管部门审批的相应文本；

③石油物探单位工程综合概算书；

④石油物探分部工程概算书；

⑤其他应附资料。

（2）石油物探工程项目的施工设计预算，由如下文件组成。

①石油物探工程施工设计；

②经建设单位主管部门审批的相应文本；

③石油物探单位工程综合预算书；

④石油物探分部工程预算书；

⑤其他应附资料。

（3）石油物探工程概、预算书内容。

①封面。主要内容为工程概（预）算书名称、建设单位、编制单位、编制日期。

②内封。主要内容为工程技术设计（初步设计）或施工设计编号、工程概（预）算编号、档案号、工程名称、编制单位、编制人、编制人资格等级（章）、编制日期、编制单位负责人、审核日期、编制单位公章、造价审核单位、审核人、审核人资格等级（章）、审核日期、造价单位公章，建设单位批准人、批准日期、建设单位公章。

③目录。主要内容为编制说明、石油物探单位工程技术设计参数或预算参数、石油物探单位工程总概（预）算、石油物探分部工程概（预）算、石油物探工程概（预）算分析、附件。

石油物探工程预算还需增加分部工程预算、石油物探资料采集分部工程基本直接费计算、人工、设备、专用工具、主要材料、油料预算价格等内容。

④编制说明。概、预算编制说明包括以下内容：

a. 工程概况。

概算编制包括说明施工项目来源、立项目的、勘探任务、施工规模、资金来源的渠道及总投资、施工项目的批准单位、所批准的设计任务书或可行性研究报告及技术设计的文号、工区基本情况、工程技术设计参数、工程量统计、其他。

预算编制包括工程概况主要说明施工项目来源、勘探任务、工程概算额度、施工项目的批准单位、所批准的设计任务书或施工设计的文号、施工的地理位置、工区基本情况、工程施工设计参数、分部工程及分项工程量统计、其他。

b. 概、预算编制依据。

施工项目的概算编制依据要说明编制概算所依据的工程技术设计提供的与造价有关的工程参数；所采用的指标、定额、材料预期价格、各项取费标准的年份、文件、规定、建设方费用及预备费项目及取费标准。

施工项目的预算编制依据要说明编制概算所依据的工程设计提供的与造价有关的工程参数；所采用的预算定额、人工单价、主要材料及油料预算价格、施工机械台班单价、各项取费标准的年份、文件、规定。

c. 概、预算分析与建议。

概预算分析主要是做出以工程费用性质划分的投资分析和以工程项目性质划分的投资分析，对石油物探工程总费用和单位费用进行综合评价并提出合理性建议。

d. 其他需说明事项。

⑤石油物探单项工程概、预算参数。

概算依据工程技术设计，摘录相关施工参数。参数表分施工基本情况、资料采集参数、资料处理参数、资料解释参数等四部分。参数主要包括维别、地形、地类、测量方式、激发方式、钻井方式、动迁里程、采集工程量、仪器接收道数、覆盖次数、炮间距；资料处理工程量、处理方式；资料解释工程量、解释目的层数等。

预算依据工程施工设计，摘录相关施工参数。参数表分施工基本情况、清障参数、测量参数、钻井参数（或可控震源参数）、排列、激发、采集参数、地表调查参数、资料处理参数、资料解释参数等部分。参数主要包括维别、施工地形、地类、测量方式、激发方式（炸药、可控震源、空气枪）、钻机钻井方式、采集工程量、动迁里程、日定额采集工程量、定额折算队月数、测线、炮线长度及物理点距、钻井组合井数、井深、仪器接收道数、单条排列仪器接收道数、单条排列接收线条数、道间距、纵向及横向炮间距、纵向及横向覆盖次数、横向炮点数、每道小线根数、仪器备用道数、单炮药量、记录时间长度、浅层折射工程量、浅层折射排列长度、浅层折射间距、微测井工程量、微测井井点距、微测井井深、微测井垂直炮间距、微测井炮数；资料处理工程量、处理长度、采样间隔、道间距（或面元）调节系数、附加处理系数、非常规处理系数；资料解释工程量、解释目的层数、作图层数、勘探程度、解释难度等。

⑥石油物探单位工程总概、预算。

石油物探单位工程总概算即是包括资料采集、资料处理、资料解释三项分部工程概算及建设方概算费用的汇总。

石油物探单位工程总预算即是包括资料采集、资料处理、资料解释三项分部工程预算的汇总。

⑦石油物探分部工程概、预算及资料采集分部工程基本直接费计算。

石油物探分部工程概算即是依据初步设计对资料采集、资料处理、资料解释三项分部工程分别计算其工程概算。

石油物探分部工程预算即是依据施工设计，按相应预算定额对资料采集、资料处理、资料解释三项分部工程分别计算其工程预算。

石油物探资料采集分部工程基本直接费计算即是依据相应预算定额，对采集分部工程表层调查、清障、测量、钻井、排列收放、激发、数据采集、现场资料整理与处理、现场与营地管理等各分项工程的基本直接费进行计算并汇总。

⑧人工、主要材料、油料预算价格。

资料采集分部工程预算基本直接费计算时所参照的人工单价、主要材料及油料预算价格标准。

⑨石油物探工程概、预算分析与建议。

将石油物探单位工程总费用与分部工程费用及部分费用项目对比，以对工程合理性、经济性等进行分析，并依据分析出的问题对概预算项目提出合理化的建议和意见。

⑩附录。

主要内容为编制概（预）算需附的与概（预）算有关的委托书、协议书、会议纪要文件、图表、图件及有关说明等。

第五节　物化探工程概（预）算计算方法

一、石油物探工程概、预算计算程序

1. 石油物探工程概算计算程序

（1）依据石油物探工程项目技术设计确定所需设计参数，填写"石油物探单位工程概算参数表"。

（2）依据采集、资料处理、资料解释各分部参数，套用相应《石油物探工程概算定额》或《石油物探工程概算指标》，按《石油物探概、预算编制办法》，计算采集工程费、资料处理费、资料解释费。

（3）依据《石油物探工程概算定额》或《石油物探工程概算指标》，按《石油物探概、预算编制办法》，计算建设方费用及预备费。

（4）汇总石油物探单位工程概算造价。

（5）对"石油物探工程概算分析表"进行计算，做出工程合理性、经济性分析。

2. 石油物探工程预算计算程序

（1）依据石油物探工程项目各分部工程《施工设计》或《技术设计》确定所需设计参数，填写"石油物探单位工程预算参数表"。

（2）对于参数表中的"日定额采集工程量"参数，依据预算定额相应计算。

（3）依据参数及"工程量计算规则"计算各分项工程的工程量。

（4）依据施工方法，套用相应《石油物探工程预算定额》，按《石油物探概、预算编制办法》计算采集工程各分项工程基本直接费，汇总计算采集工程基本直接费。

（5）依据《石油物探工程费用定额》，按《石油物探概、预算编制办法》，计算其他直接费、间接费、利润、不可预见费、税金。

（6）汇总采集工程预算造价。

（7）依据资料处理参数、资料解释参数与《石油物探工程地震资料处理、解释费用定额》，按《石油物探概、预算编制办法》，计算石油物探工程资料处理费、解释费。

（8）将采集工程费、资料处理费、资料解释费汇总石油物探单位工程预算造价。

（9）对"石油物探工程预算分析表"进行计算，做出工程合理性、经济性分析。

二、石油物化探单项工程概预算

1. 石油物探单项工程概算

石油物探单项工程概算＝采集工程费＋资料处理费＋资料解释费＋建设方费用＋预备费。

1）石油物探采集工程工程概算

采集工程费＝技术设计采集工程量×概算指标。

2）石油物探资料处理工程概算

资料处理费＝技术设计处理工程量×概算指标。

3）石油物探资料解释工程概算

资料解释费＝技术设计解释工程量×概算指标。

4）石油物探工程概算中建设方费用

建设方费用＝（采集工程费＋资料处理费＋资料解释费）×概算费率；

或建设方费用＝矿产登记费＋工程设计费＋工程监督费＋建设方管理费。

（1）矿产登记费。

矿产登记费＝（采集工程费＋资料处理费＋资料解释费）×概算费率。

（2）工程设计费。

工程设计费＝（采集工程费＋资料处理费＋资料解释费）×概算费率。

（3）工程监督费。

工程监督费＝（采集工程费＋资料处理费＋资料解释费）×概算费率。

（4）建设方管理费。

建设方管理费＝（采集工程费＋资料处理费＋资料解释费）×概算费率。

5）石油物探工程概算中预备费

预备费＝（采集工程费＋资料处理费＋资料解释费）×概算费率。

2. 石油物探单项工程预算

石油物探单位工程费＝采集工程费＋资料处理费＋资料解释费。

1）石油物探采集工程工程预算

采集工程费＝直接工程费＋间接费＋不可预见费＋计划利润＋税金。

（1）直接工程费。

直接工程费＝基本直接费＋其他直接费。

①基本直接费。

基本直接费＝∑分项工程基本直接费；

分项工程基本直接费＝人工费＋材料费＋专用工具摊销费＋设备费。

a. 人工费。

人工费＝职工工日消耗量×职工工日单价＋民工工日消耗量×民工工日单价。

b. 材料费。

材料费＝∑单位工程量材料消耗量×材料预算价格。

c. 专用工具摊销费。

专用工具摊销费＝∑单位工程量专用工具消耗量×专用工具价格。

d. 设备费。

设备费＝∑单位工程量设备台班消耗量×设备台班单价。

②其他直接费。

其他直接＝动遣费＋施工准备费＋运输费＋施工补偿费＋现场经费。

a. 动遣费。

动遣费＝动遣里程×定额。

b. 施工准备费。

施工准备费＝基本直接费×定额费率。

c. 运输费。

运输费＝基本直接费×定额费率。

d. 施工补偿费。

施工补偿费＝设计满覆盖总炮数×补偿费用标准。

e. 现场经费。

现场经费＝临时设施费＋现场管理费。

临时设施费＝人工费×定额费率。

现场管理费＝办公费＋差旅交通费＋住宿费。

办公费＝人工费×定额费率。

差旅交通费＝人工费×定额费率。

住宿费＝人工费×定额费率。

（2）间接费。

间接费＝企业管理费＋HSE费＋科技进步发展费。

①企业管理费。

企业管理费＝工程直接费×定额费率。

②健康安全环保（HSE）费。

健康安全环保（HSE）费＝工程直接费×定额费率。

③科技进步发展费。

科技进步发展费＝工程直接费×定额费率。

（3）不可预见费。

不可预见费＝工程直接费×定额费率。

（4）计划利润。

计划利润＝工程直接费×定额费率。

（5）税金。

税金＝（工程直接费＋间接费＋不可预见费＋计划利润）×税率。

2）石油物探资料处理工程预算

（1）二维地震资料处理。

二维资料处理费＝二维常规处理费×（1＋∑附加处理系数）。

①二维地震资料常规处理。

常规处理费＝常规处理费标准×（1＋采样间隔系数＋处理长度系数＋地形地表系数＋道间距调节系数）×工程量。

②二维地震资料处理有关说明。

二维地震资料附加处理系数、二维地震资料常规处理费标准、采样间隔系数、处理长度系数、地形地表系数、道间距调节系数详见有关说明。

（2）三维地震资料处理。

三维资料处理费＝三维常规处理费×（1＋∑附加处理系数）。

①三维地震资料常规处理。

常规处理费＝常规处理费标准×（1＋采样间隔系数＋处理长度系数＋地形地表系数）×面元调节系数×工程量。

②三维地震资料处理有关说明。

三维地震资料附加处理系数、三维地震资料常规处理费标准、采样间隔系数、处理长度系数、地形地表系数详见有关说明。

面元调节系数计算见第四章相关内容。

（3）非常规地震资料处理。

非常规地震资料处理费＝常规处理费×非常规处理费系数。

非常规处理费系数详见定额。

3）石油物探资料解释工程预算

（1）二维地震资料解释。

资料解释费＝二维标准解释费×资料复杂程度系数×工程量。

二维标准解释费、资料复杂程度系数详见有关说明。

（2）三维地震资料解释。

资料解释费＝三维标准解释费×资料复杂程度系数×面元调节系数×工程量。

三维标准解释费、资料复杂程度系数、面元折算系数详见有关说明。

（3）油藏描述。

油藏描述费＝二维、三维解释费×1.7。

3．概、预算编制有关说明

1）技术设计补充、调整及变更

概算应根据补充、调整及变更的技术设计及时依据概算定额或概算指标进行编制。

预算应根据补充、调整及变更的施工设计及时依据预算定额进行编制。

2）工程量的确定

概算根据规定的计算规则及技术设计进行工程量的计算。

预算根据工程量计算规则及说明、有关施工设计文件进行工程量的计算。

3）定额的套用

概（预）算定额或指标的套用须与单位工程的特征、内容相匹配。若概（预）定额或指标的内容、规定与单位工程的特征有较大差异时，不可套用概（预）算定额或指标。

4）价差调整

套用概（预）算定额或概算指标时，若与工程预期或预算人工单价、主要材料、油料预期价格、设备台班单价有较大出入时，应进行价差调整。其中人工单价、设备台班单价由石油工程造价管理部门依据国家、行业有关文件规定进行调整并择时发布；概算主要材料、油料价格可按价格波动趋势调整，预算主要材料、油料价格可按经建设方签认的施工期实际价格进行调整。

5）石油物探工程预算中高寒地区降效

北纬46°以北地区冬季施工实行降效，降效期12月至次年2月，劳动效率降效10％，设备降效10％。

6）石油物探工程预算中高原地区降效

高原地区施工依据工区不同海拔实行劳动效率降效，降效幅度参见表5－1。

表5－1　高原地区效率系数表

平均海拔高度（m）	≤2000	2001～2500	2501～3000	3001～3500	3501～4000	4001～4500	>4500
效率系数 K_h	1.00	0.95	0.90	0.80	0.70	0.60	0.50

7）石油物探工程预算定额人工单价套用标准

预算定额中的人工单价是以先地区后地形进行套用。

《石油物探工程预算定额》依据施工工区不同的地理位置划分为东北区、华北区、西北区、西南区、南方水网五个部分，每一区可按相应的地形进行归类。

东北区：吉林、黑龙江、辽宁与内蒙古的东部地区；

华北区：山西、河北、天津、山东、河南及内蒙古的中部地区；

西南区：云南、贵州、四川、重庆广大山区；

西北区：新疆、青海、甘肃、宁夏及内蒙古的西部地区；

南方区：我国长江以南广大地区。

8）石油物探工程预算中加密炮计算

黄土塬宽线施工，若加密炮密度小于等于2炮/km，加密炮费用不计；大于2炮/km，超出部分炮数进行费用计算，炮数计算方法：

$$追加炮数 = \left(\frac{加密的总炮数}{满覆盖工程量} - 2 \right) \times 满覆盖工程量$$

其他地形施工项目所含加密炮的计算与处理由建设方与承包商方协商解决。

三、石油物化探采集工程有关单价费用及费率

1. 人工单价测算

石油物化探工程中的人工费是指施工中支付给施工人员的各项费用。包括基本工资（技能工资、岗位工资、工龄工资）、工资性补贴和津贴（书报费、洗理费、交通费、出工津贴、生活补贴费）、工资性计提（福利费、工会经费、职工教育经费、养老保险金、失业保险金、医疗保险金、工伤保险金、生育保险金、住房公积金），见表5-2。

表5-2 职工人工费项目构成表（以华北地区为例） 单位：元/（人·月）

序号	项 目	施工期	休整期	标准及依据
	人工费总计	2157.3	1468.8	
一	基本工资	872	872	按中国石油天然气集团公司中油人劳字（1999）第516号文件精神计算，基本工资部分均统一执行原石油企业六类区的技能工资标准
1	技能工资	322	322	其工资级别按各地区平均级别13级副322元
2	岗位工资	520	520	岗位工资按野外作业人员11级520元
3	工龄工资	30	30	工龄工资按平均15年30元计算。新拟岗位和技能工资标准不再分类区设置，取消工资标准类区差别，保留高类区的地区生活费补贴，原工资标准类区差别调整后并入高类区的生活补贴
二	工资性补贴	88	88	按油（96）财字第27号规定，各地区执行统一标准
1	书报费	32	32	中级以上人员40元/人月、其他技术和一般管理人员35元/（人·月）
2	洗理费	31	31	洗理费男同志30元/人月、女同志40元/（人·月）
3	交通费	25	25	交通费25元/（人·月）
三	出工津贴	450		出工津贴按照中油人劳字（1999）第516号文件精神，按不同地区分别制定标准
1	津贴费	450		参加计提费用计算，每月按30d计算
2	生活补贴费	0		不参加计提费用计算，每月按30d计算。华北生活补贴费是0

序号	项目	施工期	休整期	标准及依据
四	工资计提费用	747.3	508.8	参照国家、集团公司及各油田有关规定确定，按工资总额比例提取
1	福利费	179.4	134.4	提取比例14%
2	工会经费	28.2	19.2	提取比例2%
3	职工教育经费	21.15	14.4	提取比例1.5%
4	养老保险	289.05	196.8	提取比例20.5%
5	失业保险	28.20	19.2	提取比例2%
6	医疗保险	56.40	38.4	提取比例4%
7	工伤保险	14.1	9.6	提比例取1%
8	生育保险	14.1	9.6	提取比例1%
9	住房公积金	98.7	67.2	提取比例7%

依照上述人工费各项内容与地区标准，按年工作8.1个月（动迁1个月，施工7.1个月），休整3.9个月的规定，把全年人工费总额分职工、民工（民工无休整期工资和各项计提）分别平分到有效工期，即施工期7.1个月（149d）中，求出平均工日单价。表5-3、表5-4是用上述方法计算的工日单价表，供参考。

表5-3　各地区民工工日单价表　　　　　　　　单位：元

地区	华北			西北			东北	华东 华南	青海	西南
地形	平原草原	滩海	其他	山地	沙漠	其他				
工日单价	54.09	60.13	57.11	61.83	60.13	60.35	58.33	58.33	62.89	59.39

表5-4　各地区职工工日单价表　　　　　　　　单位：元

地区	华北		西北				东北		华东华南	青海	西南
地形	平原草原	滩海	山地	沙漠	其他			高寒			
工日单价	175.49	195.25	239.81	210.78	192.35	175.60		197.33	168.20	266.96	192.66

2. 设备台班单价的测算

设备通常分为两类，一类是动力设备。可以行走或转动，需消耗燃料或电力。如车辆，发电机；另一类属非动力设备。如电子设备，仪器等。它们需要的费用项目不同。

按功能又分为：运载设备和非运载设备。

运载设备使用费由以下五项构成：折旧费、修理费、燃料动力费、航养费及车船使用税、保险费。

非运载设备无航养费及车船使用税。

非动力设备又分为仪器仪表类和其他。此设备使用费中不包括航养费、车船使用税及燃料动力费。其中仪器仪表类设备需增加计量校验费（表5-5）。

设备台班单价由折旧费、修理费、计量校验费（仪器仪表类）、燃料动力费（机械设备类）、养路费（航养费）及车船使用税、保险费六项构成。

表 5 - 5　设备分类表

序号	类别			费用项目
1	动力类	运载类	车辆与船只	折旧费、修理费、燃料动力费、航养费及车船使用税、保险费
2		非运载类	发电机、人抬钻机等	折旧费、修理费、燃料动力费、保险费
3	非动力类	仪器仪表类	仪器、仪表	折旧费、修理费、计量校验费、保险费
4		其他类	营房车、罐、锅炉等	折旧费、修理费、保险费

1）折旧费

折旧费是指设备在使用期内收回其原值的费用。

设备原值减去 3％的残值，即是该设备在使用期内的折旧费，根据规定折旧年限内的施工天数进行分摊，就是一个台班的折旧费。

计算公式为

$$台班折旧费 = [设备原值 × (1 - 3％)] ÷ 耐用总台班$$

$$耐用总台班 = 折旧年限 × 149d$$

2）修理费

修理费是指设备在使用期内发生的修理费用。

台班修理费是以设备原值为基数，用指数和系数求取。

计算公式为

$$台班修理费 = [系数 × 设备原值^B] ÷ 耐用总台班$$

式中　仪器类系数 = 0.20；

　　　动力类系数 = 0.57；

　　　其他类系数 = 0.46；

　　　B = 0.96。

3）燃料费

燃料费是指设备在使用时耗用的燃料费。

台班燃料费以相应设备功率一个台班（一台设备工作一日）消耗量乘燃料价格求取。

计算公式：

$$台班燃料费 = 台班消耗量 × 燃料价格$$

台班消耗量计算公式：$Q = K_w × K_1 × K_2 × K_3 × K_4 × G × 9$

式中　Q——台班耗油量（kg/台班）；

　　　K_w——发动机额定功率（kW）；

　　　K_1——时间利用系数；

　　　K_2——能力利用系数；

　　　K_3——车速油耗系数；

　　　K_4——油料损耗系数；

　　　G——额定功率单位时间耗油量，[kg/(km·h)]；

　　　9——石油物化探造价中，规定每台班工作 9h。

公式中各项系数与设备类型有关，不同类型的设备系数不同（表 5 - 6）。

表 5-6 台班燃料耗油量系数表

设备类型 \ 系数	K_1	K_2	K_3	K_4
车装钻机	0.65	0.60	0.60	1.04
罗利冈、泥里爬	0.45	0.60	0.60	1.04
人抬钻机	0.70	0.70	0.70	1.04
可控震源车	0.65	0.65	0.70	1.04
气枪船	0.65	0.62	0.70	1.04
运输车、轿车、工程车	0.45	0.60	0.60	1.04
船只	0.50	0.60	0.60	2.08
拖轮	0.42	0.60	0.75	1.04
推土机	0.70	0.70	0.65	1.04
发电机	0.70	0.60	0.60	1.04
营房车	0.65	0.80	1.20	0.80
水处理设施	0.50	0.80	1.20	0.80

4）养路费及车船使用税

养路费（包括船只航养费）及车船使用税是国家规定缴纳的费用，一般按年计费。

相应设备年费除以年额定施工台班数，即为该设备一个台班养路费及使用税额。

计算公式为

台班养路费及使用税＝设备年养路费及使用税÷年施工台班

养路费以月计费，以"元/（吨·月）"为单位，养路费以 9 个月（工作 8.1 个月，需买 9 个月）计算。车船使用税。以年计费，以"元/（吨·年）"为单位。

5）计量校验费

计量校验费是指国家技术监督局对仪器仪表检查校验的费用，以年计费，按设备原值的比率取值。

相应设备年计量校验费除以年施工台班数，即为该设备一个台班的计量校验费。

计算公式：

台班计量校验费＝年计量校验费÷年施工台班数

6）保险费

保险费主要包括设备损失、第三方责任、和附加保险三项内容。保险费以年计费，台班保险费等于年保险费除以年施工台班数。

计算公式为

台班保险费＝年保险费÷年施工台班

依据各项台班费用相加，即可求出设备的台班单价（表 5-7）。

表 5-7 部分设备台班单价表

序 号	设备名称	型 号	台班单价（元）
1	地震钻机	Wt－50/eq140	554.1
2	山地钻机	Wtz－30j/5120tsz	921.11

序　号	设 备 名 称	型 号	台班单价（元）
3	地震钻机	Ct－300/bv－206	1657.43
4	地震钻机	Qpy－30	128.40
5	可控震源	Kz－20	2092.46
6	气枪震源船	Hb（海豹）－1	14592.39
7	运输车	Eq－140	346.61
8	吉普车	Bj2024q1	263.89
9	油罐车	Ca－141	358.51

物探工程设备品种和型号很多，在此只能举例说明。

3. 动遣费单价的测算

资料采集是在距驻地有一定距离的野外工作，施工队伍在施工之前必须将人员、设备和物质搬迁到工地，收工之后又必须搬迁到驻地。人员设备动迁有一定的工作内容和工作量，同时也必须消耗一定的费用。

计算动遣工程量和动遣费主要参数有人员数量、设备及物质吨位、运输里程和单价。

1）计量单位

（1）人员：人；

（2）设备及物质：吨（t）；

（3）运输里程：km；

（4）差旅费单价：元/人·km（包括车船费和路途补助费，车船费按里程计价，路途补助费按日行程折算成里程计价）；

（5）运费单价：元/t·km。可以是铁路、公路或水路运输，运输方式不同价格不同。

2）动遣费计算公式

动遣费 = 人员差旅费 + 设备及物质运费

人员差旅费 = 该队型定员人数×差旅费单价×里程

设备及物资运费 = 运费单价×队设备及物资吨位×运输里程

动迁费各专业计算方法相同，只是人员、设备标准不同。

地震勘探工程动遣费标准参见表5－8。

表5－8　地震勘探施工队动遣费单价　　　　　　　　单位：万元/100km

序号	地　形	仪器道数（N）				
		N≤240	240＜N≤480	480＜N≤960	960＜N≤2000	N＞2000
1	平原 草原 黄土塬	2.66	3.45	4.20	5.40	6.30
2	戈壁 沙漠	3.19	4.14	5.04	6.48	7.56
3	滩海 水网沼泽	2.26	2.93	3.57	4.59	5.36
4	山地	3.19	4.14	5.04	6.48	7.56

4. 施工补偿费标准的测算

施工补偿费指施工期间对地面建筑物、设施及农、林、牧、渔、环境造成损失的补偿。

地震施工补偿费标准是根据各油田多年统计资料确定的，分地区类别，以炮为单位计价。施工补偿费标准参见表5-9。

表5-9 地震施工补偿费标准表　　　　元/炮

序号	地 区	代表地区	地 形	标 准
1	东北地区	黑、吉、辽	平原	85
2	南方地区	江、浙、赣	水网Ⅰ	50
			水网Ⅱ	70
			水网Ⅲ	100
3	陕甘宁地区	陕、甘、宁	草原农田	100
			沟壑	40
			黄土塬	80
4	华北地区 东北地区	冀、鲁、豫	平原	85
		渤海湾地区	极浅海	80
			滩海	200
5	西南地区	云、贵、川、黔	山地Ⅰ、Ⅱ	100
			山地Ⅲ、Ⅳ	90
			山地Ⅴ、Ⅵ	80
6	西北地区	新、青、甘、宁	戈壁	20
			沼泽	20
			沙漠边缘	8
			草原农田	50
			山地Ⅰ、Ⅱ	20
			山地Ⅲ、Ⅳ	15
			山地Ⅴ、Ⅵ	10

非地震施工补偿费是根据原石油物探局第五地质调查处提供的标准（表5-10），仅作参考。

表5-10 非地震施工补偿费标准表　　　　单位：元/队年

地 形	电 法			重力、磁力	化探	备 注
	车装队	轻便队	可控源队			
平原	50000	30000	30000	40000		队年施工补偿费标准与年定额工作量相对应
草原	50000	30000	30000	50000		
山地	20000	15000	15000	15000		
水网	30000	20000	20000	20000		
湖泽	30000	20000	20000	20000		

5. 其他直接费、间接费、不可预见费、计划利润及税金计算基数及费率

其他直接费、间接费用、不可预见费、计划利润及税金是以基本直接费、或人工费、或其他费为基数，确定相应比例系数进行测算的。各项费用方法见表5-11。

表 5-11 物化探其他直接费、间接费、计划利润及税金计算方法表

费用项目名称	取费基数与计算公式	费率
运输费	基本直接费×费率	0.6%
施工准备费	人工费×费率	3.5%
办公费	人工费×费率	1.00%
差旅交通费	人工费×费率	1.00%
住宿费	人工费×费率	4.00%
临时设施费	人工费×费率	1.00%
企业管理费	直接工程费×费率	13.00%
HSE 费用	直接工程费×费率	1.00%
科技进步发展费	直接工程费×费率	1.00%
不可预见费	直接工程费×费率	2.00%
计划利润	(直接工程费 + HSE 费用 + 科技进步发展费 + 企业管理费 + 不可预见费)×费率	3.00%
税金	(直接工程费 + HSE 费用 + 科技进步发展费 + 企业管理费 + 不可预见费 + 计划利润)×费率	1.00%

参 考 文 献

[1] 常子恒．石油勘探开发技术．北京：石油工业出版社，2002

[2] 俞寿朋．高分辨率地震勘探．北京：石油工业出版社，1994

[3] 王强等．地震资料人机交互解释．北京：石油工业出版社，1995

[4] 熊翥．地震数据数字处理应用技术．北京：石油工业出版社，1993

[5] 郝石生等．石油地球化学勘探方法与应用．北京：石油工业出版社，1994

[6] 袁照令．油气勘探中的高精度重磁方法．武汉：中国地质大学出版社，2000

[7] 王家映．石油电法勘探．北京：石油工业出版社，1992

[8] 严良俊等．电磁勘探方法及其在南方碳酸盐岩地区的应用．北京：石油工业出版社，2001

[9] 宋玉龙．三维 VSP 地震勘探技术．北京：石油工业出版社，2005

[10] 阎世信等．山地地球物理勘探技术．北京：石油工业出版社，2000

[11] 阎世信等．黄土塬地球物理勘探技术．北京：石油工业出版社，2002

[12] 何展翔等．综合物化探技术新进展及应用．石油地球物理勘探，2005（1）

[13] 冯连勇．世界石油物探行业及技术发展趋势．石油地球物理勘探，2005（1）

[14] 熊翥．我国物探技术的进步及展望．石油地球物理勘探，2005（1）

[15] 王宏琳．物探软件技术进步与《石油地球物理勘探》．石油地球物理勘探，2005（2）

[16] 曲寿利．地震勘探技术的发展促进油气勘探新发现．石油地球物理勘探，2005（3）